理论物理
创新前沿

李政道

二〇二三年七月

理论物理专款成立 30 周年：

为理论物理的发展做出中国人的重要贡献。

杨振宁

2023 年 8 月

纪念理论物理专款30周年。

希望此专款能支持一门正在迅速发展中的新物理学。向复杂性物理学进军！

特别是大力支持"信息⊠能量"的复杂性物理学的研究！如正在迅速发展中的"信息⊠能量"的经济物理学！

中国科学院 理论物理研究所

研究员

何祚庥

2023年5月17日

作为一名职内燃爱好者,
感谢崔全委坚持,
望沉奶煜学科长期稳定
的支持

安泽冰
二〇二五·五·

理论物理专款实施30年对发展中国理论物理学科及培养理论物理人才做出了重要贡献。

欧阳钟灿
2023年5月18日

助力理论物理卅年奋斗，
奠基科技未来初心依旧。

孙昌璞

2023年8月25日

专数三十砥砺行
东西并进锻精英

向凑

二〇二三.五.十五.

第一版块

理论物理专款学术领导小组

第一届理论物理专款学术领导小组（1993年2月11日～1996年5月）

组　　长：彭桓武（前中间）
副组长：于　敏（前左2）、何祚庥（前右3）
成　　员：胡济民（前左3）、苏肇冰（前左1）、陶瑞宝（后左1）、陈润生（后左3）、夏建白（后左4）、
　　　　　闫沐霖（后左5）、黄　涛（后右2）、孙昌璞（后右4）

第四届理论物理专款学术领导小组（2002年6月～2008年5月）

左起：段文晖（1）、孙昌璞（2）、刘玉鑫（3）、陈永寿（4）、欧阳钟灿（5）、黄涛（7）、蒲钊（8）、
　　　沈文庆（9）、朱清时（11）、闵乃本（13）、完绍龙（14）、侯建国（15）、夏建白（16）、
　　　陈润生（18）、杨炳麟（19）、邢定钰（20）、张守著（21）、吴岳良（22）、刘喜珍（23）

第五届理论物理专款学术领导小组（2008年6月～2014年5月）

前排左起：董国轩、吴岳良、李定、邢定钰、陈润生、欧阳钟灿、汲培文、赵光达、夏建白、陶瑞宝、
　　　　　黄涛、孙昌璞
后排左起：李会红、庄鹏飞、张守著、冯世平、方忠、罗民兴、卢建新、李学潜、朱少平、邹冰松、
　　　　　朱世琳、蒲钊、梁作堂

第六届理论物理专款学术领导小组（2014 年 6 月～2017 年 5 月）

前排左起：张守著、董国轩、孙昌璞、欧阳钟灿、汲培文、夏建白、赵光达、陈润生、吴岳良、蒲钊
后排左起：罗民兴、庄鹏飞、楼森岳、张卫平、谢心澄、梁作堂、王玉鹏、郑杭、刘杰、任中洲、卢建新、蔡荣根、倪培根、李会红、刘伟

第七届理论物理专款学术领导小组（2017 年 6 月～2022 年 5 月）

前排左起：蔡荣根、李会红、孟庆国、罗民兴、董国轩、孙昌璞、李树深、欧阳钟灿、向涛、马余刚
后排左起：赵强、易俗、尤力、常凯、许甫荣、王炜、王建国、卢建新、倪培根、邹冰松

第八届理论物理专款学术领导小组（2022 年 6 月～）

前排左起：尤力、常凯、马余刚、向涛、董国轩、蔡荣根、孟庆国、李会红
后排左起：张璐、王接词、孙世峰、倪培根、刘强、王雪华、刘玉斌、王建国、王炜、许甫荣、赵强、冯旻子

彭桓武 院士（左）（第一届理论物理专款学术领导小组组长，任期1993年2月11日～1996年5月）

何祚庥 院士（第二届理论物理专款学术领导小组组长，任期1996年6月～1999年3月）

苏肇冰 院士（左）（第三届理论物理专款学术领导小组组长，任期1999年4月～2002年5月）

欧阳钟灿 院士（第四、五、六届理论物理专款学术领导小组组长，任期2002年6月～2017年5月）

孙昌璞 院士（第七届理论物理专款学术领导小组组长，任期2017年6月～2022年5月）

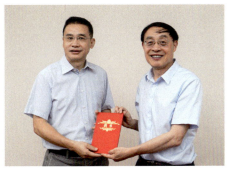

向涛 院士（左）（第八届理论物理专款学术领导小组组长，任期2022年6月～）

于敏 院士（左1）（第一届理论物理专款学术领导小组副组长）

夏建白 院士（第二、三、四届理论物理专款学术领导小组副组长）

黄涛 研究员（第三、四届理论物理专款学术领导小组副组长）

陶瑞宝 院士（第五届理论物理专款学术领导小组副组长）

陈润生 院士（第五届理论物理专款学术领导小组副组长）

李树深 院士（右）（第六届理论物理专款学术领导小组副组长）

邹冰松 院士（第七届理论物理专款学术领导小组副组长）

罗民兴 院士（第七届理论物理专款学术领导小组副组长）

蔡荣根 院士（左）（第八届理论物理专款学术领导小组副组长）

第二版块

彭桓武理论物理论坛

（2005～2023 年，共举办十八届）

（2022 年第十八届因疫情延到 2023 年 5 月举办）

彭桓武理论物理青年科学家论坛

（2020～2023 年，共举办三届）

（2022 年第三届因疫情延到 2023 年 5 月举办）

第一届 2005年6月4日（星期六）上午9:00（北京）

承办单位：中国科学院理论物理研究所

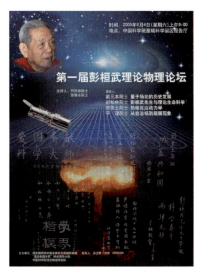

海报

戴元本 院士（中国科学院理论物理研究所）

（报告题目：量子场论的历史发展）

郝柏林 院士（中国科学院理论物理研究所）

（报告题目：彭桓武先生与理论生命科学）

贺贤土 院士（北京应用物理与
计算数学研究所）

（报告题目：热核反应动力学）

于渌 院士（中国科学院理论物理研究所）

（报告题目：从自洽场到层展现象）

第二届 2006年10月15日（星期日）上午8:30（北京）

承办单位：中国科学院理论物理研究所

何祚庥 院士（中国科学院理论物理研究所）

（报告题目：理论物理与我国能源政策研究——彻底解决我国未来能源问题是依靠核能，还是依靠可再生能源？）

张宗烨 院士（中国科学院高能物理研究所）

（报告题目：核结构和强子结构）

朱少平 研究员（北京应用物理与计算数学研究所）

（报告题目：激光聚变物理研究介绍）

孙昌璞 研究员（中国科学院理论物理研究所）

（报告题目：量子计算研究中的基础物理问题）

第三届　2007年11月11日（星期日）上午8:45（合肥）

承办单位：中国科学技术大学

闵乃本 院士（南京大学）

（报告题目：介电体超晶格的研究）

杨炳麟 教授（美国Iowa州立大学）

（报告题目：无所不在的中微子）

侯建国 院士（中国科学技术大学）

（报告题目：单分子中的量子输运）

孙昌璞 研究员（中国科学院理论物理研究所）

（报告题目：冷原子操纵中诱导规范场的可观察效应）

第四届　2008年10月18日（星期六）上午8:30（南京）

承办单位：南京大学

龚昌德　院士（南京大学）

（报告题目：用调制磁场调控电子系的物性）

郝柏林　院士（复旦大学/中国科学院理论物理研究所）

（报告题目：来自实际基因组数据的一点数学）

邹冰松　研究员（中国科学院高能物理研究所）

（报告题目：中高能核物理前沿热点简介）

第五届 2009年10月16日（星期五）上午8:00（杭州）

承办单位：浙江大学

潘建伟 教授（中国科学技术大学）
（报告题目：光与冷原子的量子操纵及其应用）

邢定钰 院士（南京大学）
（报告题目：纳米电机单电子晶体管的电荷和
　　　　　自旋输运）

欧阳颀 教授（北京大学）
（报告题目：非线性科学在系统生物学中的应用）

吴岳良 院士（中国科学院理论物理研究所）
（报告题目：暗物质与暗能量——21世纪科学的
　　　　　重大挑战）

第六届　2010 年 10 月 17 日（星期日）上午 8:00（济南）

承办单位：山东大学

王恩哥 院士（北京大学）

（报告题目：有水或无水不同的世界）

黄涛 研究员（中国科学院高能物理研究所）

（报告题目：渐近自由和夸克禁闭）

方忠 研究员（中国科学院物理研究所）

（报告题目：磁性拓扑绝缘体与量子化反常霍尔效应）

梁作堂 教授（山东大学）

（报告题目：核子结构研究进展）

第七届　2011年10月22日（星期六）上午8:00（成都）

承办单位：四川大学

陆埮　院士（南京大学）

（报告题目：宇宙学100年）

贺贤土　院士（北京应用物理与计算数学
研究所）

（报告题目：高能量密度极端条件下温稠密物质的
热力学特性）

徐至展　院士（中国科学院上海光学精密
机械研究所）

（报告题目：新型光场的创立、操控及与物质
相互作用）

薛其坤　院士（清华大学）

（报告题目：拓扑绝缘体薄膜的生长与奇特性质）

王顺金　教授（四川大学）

（报告题目：系统—环境耦合动力学初探
——从非马尔可夫动力学谈起）

第八届　2012年10月20日（星期六）上午8:00（天津）

承办单位：南开大学

葛墨林 院士（南开大学）

（报告题目：Compressive Sensing and Matrix Completion in Physics Which do you prefer?）

邢志忠 研究员（中国科学院高能物理研究所）

（报告题目：中微子与宇宙的未解之谜）

向涛 研究员（中国科学院理论物理研究所）

（报告题目：高温超导研究的进展与挑战）

卢建新 教授（中国科学技术大学）

（报告题目：时空为何四维——弦理论的一种可能解释）

第九届 2013年10月20日（星期日）下午13:50（北京）

承办单位：清华大学/中国科学院理论物理研究所

汲培文 研究员（国家自然科学基金委员会）

（报告题目：科学基金与励志成才）

薛其坤 院士（清华大学）

（报告题目：量子反常霍尔效应及其实验发现）

方忠 研究员（中国科学院物理研究所）

（报告题目：量子反常霍尔效应理论及材料预测）

吴岳良 院士（中国科学院理论物理研究所）

（报告题目：粒子物理展望——过去、现在、未来）

第十届　2014 年 10 月 18 日（星期日）上午 8:30（长沙）

承办单位：湖南师范大学

赵政国　院士（中国科学技术大学）

（报告题目：探索无穷小世界）

张卫平　教授（华东师范大学）

（报告题目："捕捉薛定谔猫"与未来量子技术）

蔡荣根　研究员（中国科学院理论物理研究所）

（报告题目：广义相对论、黑洞及其他）

匡乐满　教授（湖南师范大学）

（报告题目：量子纠缠）

合影

第十一届　2015年5月16日（星期六）上午8:30（兰州）

承办单位：兰州大学

詹文龙　院士（中国科学院）

（报告题目：近期我国物理大科学工程与理论）

常凯　研究员（中国科学院半导体研究所）

（报告题目：主流半导体材料中的人工规范场和拓扑相）

任中洲　教授（南京大学）

（报告题目：新元素和新核素研究评述）

第十二届　2016年5月16日（星期一）上午8:30（绵阳）

承办单位：中国工程物理研究院流体物理研究所

孙承纬 院士（中国工程物理研究院流体物理研究所）

（报告题目：物质准等熵压缩研究的意义）

刘杰 研究员（北京应用物理与计算数学研究所）

（报告题目：从量子隧穿到聚变物理）

谢心澄 院士（北京大学）

（报告题目：Dephasing and Disorder Effects in Topological Systems）

会场

第十三届 2017年5月19日（星期五）下午14:00（厦门）

承办单位：厦门大学

韩家淮 院士（厦门大学）

（报告题目：定量分析细胞信号转导通路的探讨）

汤超 教授（北京大学）

（报告题目：生物网络中的若干问题）

欧阳钟灿 院士（中国科学院理论物理研究所）

（报告题目：流体膜复杂形状研究——Helfrich变分模型及其新应用）

第十四届　2018年5月18日（星期五）上午8:30（北京）

承办单位：北京应用物理与计算数学研究所

王玉鹏　研究员（中国科学院物理研究所）

（报告题目：量子可积系统新进展及应用）

季向东　教授（上海交通大学）

（报告题目：大动量有效场理论与质子结构）

王建国　研究员（北京应用物理与计算数学研究所）

（报告题目：国防重大需求中的理论物理问题）

第十五届 2019年5月17日（星期五）上午 8:20（长春）

承办单位：东北师范大学

刘益春 教授（东北师范大学）

（报告题目：氧化物半导体材料与器件研究的相关问题）

高原宁 教授（北京大学）

（报告题目：从元素周期表到强子谱）

马琰铭 教授（吉林大学）

（报告题目：卡利普索（CALYPSO）晶体结构预测方法与应用）

合影

第十六届　2020年10月29日（星期四）上午8:40（重庆）

承办单位：重庆大学

张维岩 院士（北京应用物理与计算数学研究所）

（报告题目：高能量密度物理前沿与科技创新）

张新民 研究员（中国科学院高能物理研究所）

（报告题目：宇宙起源与命运——浅释原初引力波与暗能量之谜）

尤力 教授（清华大学）

（报告题目：量子精密测量物理与技术——见证玻色凝聚原子演示的"华尔兹"）

合影

第十七届　2021年5月10日（星期三）下午14:00（西安）

承办单位：西北大学

郭光灿　院士（中国科学技术大学）

（报告题目：量子信息的物理基础和量子计算）

胡江平　研究员（中国科学院物理研究所）

（报告题目：铁基超导体——从超导到拓扑）

杨文力　教授（西北大学）

（报告题目：量子可积系统的精确解）

合影

第十八届　2023年5月10日（星期三）下午14:00（昆明）

（因疫情延期到2023年）

承办单位：云南大学

孙昌璞　院士（中国工程物理研究院研究生院）

（报告题目：理论物理的"唯美"与"求真"）

韩占文　院士（中国科学院云南天文台）

（报告题目：恒星演化）

郑波　教授（云南大学）

（报告题目：统计物理学前沿研究进展）

合影

彭桓武理论物理青年科学家论坛

第一届　2020年10月29日（星期四）下午14:00（重庆）

承办单位：重庆大学

王垒 教授（北京大学）

（报告题目：关于实现Kitaev自旋液体的理论挑战）

何颂 研究员（中国科学院理论物理研究所）

（报告题目：散射振幅新进展——量子场论、弦论和数学物理）

蔡宇庆 研究员（中国科学院精密测量科学与技术创新研究院）

（报告题目：真空能与暗能量）

吴兴刚 教授（重庆大学）

（报告题目：最大共形原理与微扰理论中重整化能标不确定性的消除）

第二届 2021年5月11日（星期一）上午9:00（西安）

承办单位：西北大学

李 颖 教 授 中国工程物理研究院研究生院
报告题目：基于错误模型和约束条件的两类量子错误缓解

张 潘 研究员 中国科学院理论物理研究所
报告题目：Computation with Tensor Networks

郭奉坤 研究员 中国科学院理论物理研究所
报告题目：Emergence of Threshold Structures in Hadron Spectrum

邵立晶 教 授 北京大学
报告题目：用天文观测检验基本物理理论

合影

第三届 2023年5月11日（星期四）上午8:30（昆明）

（因疫情延期到2023年）

承办单位：云南大学

方辰 研究员（中国科学院物理研究所）

（报告题目：拓扑能带理论进展）

耿立升 教授（北京航空航天大学）

（报告题目：高精度相对论手征核力（北京势）现状及展望）

马滟青 教授（北京大学）

（报告题目：从线性代数到费曼积分）

许志芳 教授（南方科技大学）

（报告题目：Unconventional Superfluidity in Optical Lattices）

合影

第三版块

李政道、杨振宁项目（李-杨项目）
创新研究中心
高校理论物理学科发展与交流平台项目
理论物理学科发展调研

李政道、杨振宁项目（李-杨项目）

赵维勤 研究员（李政道项目汇报）

徐湛 教授（杨振宁项目汇报）

创新研究中心

"彭桓武理论物理创新研究中心"现场考察（2016年9月5日）

中国科学院理论物理研究所开放所第八届战略发展委员会
暨"彭桓武理论物理创新研究中心"成立（2016年12月3日）

"彭桓武高能基础理论与数学物理研究中心"现场考察（2019年4月19日）

上海核物理理论研究中心（2023年4月14日）

量子-宇宙理论物理中心（2022年6月30日）

西南理论物理中心（2023年4月22日）

兰州理论物理中心（2023年8月3日）

高校理论物理学科发展与交流平台项目

"高校理论物理学术交流和人才培养平台建设项目"交流会（2017年10月26～27日）

"高校理论物理学科发展与交流平台项目"交流会（2019年10月23日）

理论物理学科发展调研

浙江大学调研座谈（1997年5月17日）

新疆大学调研（2002年10月16日）

中国科学院兰州近代物理研究所考察调研
（2015年5月17日）

广西师范大学调研座谈
（2015年11月3日）

西南交通大学调研座谈
（2015年11月18日）

电子科技大学调研座谈
（2015年11月18日）

重庆大学调研座谈
（2015年11月19日）

华中师范大学调研座谈
（2016年1月11日）

武汉大学调研座谈
（2016年1月12日）

厦门大学调研座谈（2016年1月20日）

青海师范大学调研座谈（2016年3月8日）

西藏大学调研座谈（2016年7月30日）

内蒙古大学调研座谈（2017年6月6日）

内蒙古师范大学调研座谈
（2017年6月7日）

大连理工大学调研座谈
（2017年8月17日）

辽宁师范大学调研座谈
（2017 年 8 月 18 日）

湖州师范大学调研座谈
（2017 年 9 日 1 日）

西北大学调研座谈
（2017 年 9 月 22 日）

陕西师范大学调研座谈
（2017 年 9 月 22 日）

伊犁师范大学调研座谈
（2018 年 7 月 23 日）

喀什大学调研座谈
（2018 年 10 月 14 日）

重庆大学调研座谈（2018年11月30日）　　新疆大学调研座谈（2019年6月28日）

中国科学院新疆天文台调研座谈（2019年6月29日）

第四版块

10 周年、20 周年学术活动

高级研讨班

讲习班

菁英学校

"理论物理专款"设立10周年（2004年6月1日）

周光召 院士

沈文庆 院士

合影

"理论物理专款"设立 20 周年（2013 年 10 月 20 日）

詹文龙 院士

合影

理论物理学在国民经济中的作用研讨会（1996年8月21～24日）（北京）

第一届西南地区理论物理学术研讨会（2018年1月12～15日）（成都）

"彭桓武理论物理创新研究中心"学术活动——第二届理论物理及其交叉学科青年科学家论坛
（2018年2月1～3日）（北京）

第二届新疆理论物理前沿学术研讨会（2018年10月12～14日）（喀什）

与FAST相关的引力波和宇宙学专题研讨会（2019年4月23～27日）（都匀）

"暗能量本质以及基本理论"高级研讨班（2011年4月8～18日）（徽州）

"暗物质与新物理"高级研讨班（2011年7月22～29日）（威海）

"有限开系统的经典和量子热力学与光合作用"高级研讨班（2013年9月25～30日）（长沙）

"生物物理：信息、能量与生命"前沿暑期讲习班（2014年6月9～27日）（北京）

"能源物理前沿讲习班暨能源物理科学论坛"讲习班（2023年8月10～19日）（北京）

"复杂物理系统的挑战与新机遇"暑期研讨班（2023年7月29日～8月11日）（昆明）

QCD 与中高能核物理暑期学校（2023 年 7 月 9～25 日）(青岛)

"机器学习与统计物理"秋季讲习班（2023 年 7 月 19 日～8 月 1 日）(昆明)

演生规范量子理论前沿暑期学校（2023 年 7 月 24 日～8 月 4 日）(临沂)

超快光学中的理论问题前沿讲习班（2023年7月24日～8月6日）（信阳）

量子测量与量子计算基础与前沿讲习班（2023年7月23日～8月8日）（辽宁）

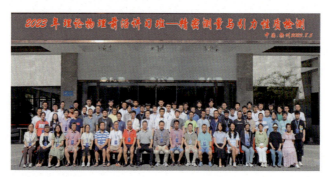

精密测量与引力性质检测理论物理前沿讲习班（2023年8月4～16日）（扬州）

第一届物理学拔尖学生基础理论菁英暑期学校（2023年7月12～25日）（天津）

发展中国理论物理事业

——国家自然科学基金理论物理专款 30 周年纪念文集

理论物理专款学术领导小组　主编

科学出版社
北　京

内 容 简 介

1993 年，国家自然科学基金委员会设立理论物理专款，并成立学术领导小组。设立专款的目的是：促进我国理论物理学研究的发展，培养理论物理优秀人才，做出国际先进水平的研究成果，充分发挥理论物理对国民经济建设和科学技术在战略决策上应有的指导和咨询作用。理论物理专款是基金委在基金主体申请的主要框架下的一种特别设计，是对基础学科理论物理学支持的一种特别补充。30 年来，根据理论物理学科的特点、中国经济发展状况和政府经费投入状况，学术领导小组和基金管理者不断地思考、探索和调整新时期有特色的多元化资助模式，起到了促进创新、扶植薄弱、稳定队伍、鼓励交叉、均衡发展、高端引领学科布局、建设创新平台与人才高地、弘扬科学家精神等重要作用。

为纪念理论物理专款设立 30 周年，学术领导小组特编写本文集，汇报成绩、总结经验、改进工作、展望未来，以期对从事理论物理研究的科研人员以及科研管理工作者有所帮助。

图书在版编目（CIP）数据

发展中国理论物理事业：国家自然科学基金理论物理专款 30 周年纪念文集 / 理论物理专款学术领导小组主编. —北京：科学出版社，2023.9
ISBN 978-7-03-076458-4

Ⅰ.①发… Ⅱ.①理… Ⅲ.①物理学-科学研究事业-中国-文集 Ⅳ.①O4-53

中国国家版本馆 CIP 数据核字（2023）第 177975 号

责任编辑：钱　俊　周　涵 / 责任校对：何艳萍
责任印制：苏铁锁 / 封面设计：无极书装

科 学 出 版 社 出版
北京东黄城根北街 16 号
邮政编码：100717
http://www.sciencep.com

北京凌奇印刷有限责任公司 印刷
科学出版社发行　各地新华书店经销

*

2023 年 9 月第 一 版　开本：720×1000　1/16
2023 年 9 月第一次印刷　印张：18 3/4　插页：26
字数：253 000
POD定价：198.00元
（如有印装质量问题，我社负责调换）

序 言

理论物理是对自然界各个层次物质结构、相互作用和物质运动基本规律进行理论探索和研究的一门基础学科，其研究领域涉及粒子物理与原子核物理、统计物理、凝聚态物理、宇宙学等，几乎包括物理学所有分支的基本理论问题，是当代物质科学的理论基础。

为了促进我国理论物理学研究的发展，培养理论物理优秀人才，做出国际先进水平的研究成果，充分发挥理论物理对国民经济建设和科学技术在战略决策上应有的指导和咨询作用，国家自然科学基金委员会（以下简称基金委）于1993年设立专项基金——"理论物理专款"（以下简称专款），同时聘请学术造诣深、学风严谨、学术信誉度高的专家组成"理论物理专款学术领导小组"（以下简称学术领导小组），负责开展战略研究，筹划理论物理发展。根据理论物理学科的特点和国内外前沿发展态势，结合国家战略需求，学术领导小组顶层设计，确定专款的资助模式、研究方向和内容，部署和加强我国的理论物理研究，积极发展学科交叉与融合，培养和稳定理论物理研究队伍，推动我国理论物理学及相关交叉学科的发展。

理论物理专款实施30年对发展中国理论物理学科及培养理论物理人才做出了巨大贡献。

在基金委历届领导的高度重视和大力支持下，专款年度资助额度从设立之初的100万元增加到2022年的6000万元，年度资助额度增长到60倍。30年间（1993～2022年）专款共资助项目2836

项，总经费 4.166 亿元，项目类型包括：李政道先生和杨振宁先生领导的中国理论物理研究项目（1993 年至今）、探索应急研究项目（1993~2000 年）、图书出版（1994 年至今）、前沿讲习班（1999 年至今）、东西部合作项目/合作研修项目（2001~2014 年）、高级研讨班（2001~2018 年）、博士研究人员启动项目（2003~2019 年）、西部讲学/专题讲学（2004~2017 年）、彭桓武理论物理论坛（2005 年至今）、高校理论物理学科发展与交流平台项目（2009~2021 年）、理论物理创新研究中心（2016 年至今）、博士后项目（2018 年至今）、重点专项（2022 年至今）以及学科发展战略研讨项目等。

专款的设立和发展凝聚了老一辈理论物理学者的远见卓识，也融合了历届学术领导小组的集体智慧。在 30 年的发展历程中，专款始终秉承服务于全国理论物理界、服务于国家需求的理念，在均衡学科发展、稳定人才队伍、培养青年人才、改善研究环境、促进学术交流、扶持和培育交叉科学、弘扬科学家精神、探索符合理论物理学科特色的研究与资助模式等方面发挥了显而易见的巨大作用。近年来，专款在高端引领我国理论物理学科的战略布局、建设创新平台与人才高地等方面开展了一系列新的尝试。

习近平总书记强调："加强基础研究，是实现高水平科技自立自强的迫切要求，是建设世界科技强国的必由之路。"面向未来，遵循彭桓武先生理论物理学术思想——理论物理要不断地开辟新的方向，要发展学科交叉，我国理论物理学科将在面向世界科技前沿、面向国家重大战略需求的发展中继续展现蓬勃的生命力。专款将一如既往为我国理论物理学科的发展保驾护航，推动我国的理论物理研究为人类科学与文明发展做出更大贡献。

董国轩　研究员

国家自然科学基金委员会数学物理科学部常务副主任

2023 年 9 月

目　录

第一篇　30周年总结和随想

理论物理专款30周年总结报告 ……理论物理专款学术领导小组 / 3

回眸在"理论物理专款"而立之年……………………李会红 / 33

理论物理的"唯美"与"求真"……………………孙昌璞 / 44

多情山鸟不须啼，桃李无言自成蹊
　　——记2002年全国等离子体物理理论和计算研究生暑期学校
　　………………………………………………………李　定 / 69

理论物理专款促进学术交流………………………梁作堂 / 73

我与"理论物理专款"的缘分………………………李学潜 / 81

理论物理与中国的核武器研制…………………王建国　王　燕 / 88

理论物理专款伴随我成长和发展…………………任中洲 / 93

理论物理专款引导推动我国强场物理学科的发展
　　——从陈式刚院士的学术生涯谈起………………刘　杰 / 97

理论物理专款对稳定小众学科方向和地方高校基础学科
　　人才的关键作用……………………………………楼森岳 / 104

始于"雪中送炭"，走向"国际前沿"
　　——理论物理专款30周年感怀·················· 苏　刚 / 108
理论物理专款助力《理论物理》期刊发展············· 王伯林 / 112

第二篇　理论物理创新研究中心

开放合作、聚力攻关
　　——彭桓武理论物理创新研究中心纪实············ 庄　辞 / 117
"彭桓武高能基础理论研究中心"的设立和
　　建设································· 卢建新　杨文力 / 128
从理论物理交流平台到"彭桓武高能基础理论研究中心"
　　································· 杨文力　卢建新 / 135
发挥兰州理论物理中心在西北地区的"桥头堡"作用
　　················· 罗洪刚　黄　亮　刘　翔　刘玉孝
　　　　　　　　　　　　安钧鸿　吴枝喜　赵继泽 / 140
上海核物理理论研究中心成立
　　——理论物理专款30周年纪念文集··········· 马余刚　马国亮 / 151
有感于"理论物理专款"30周年················ 吴岳良　马永亮 / 153
拓展队伍、深化特色
　　——重庆大学理论物理的发展之路兼谈西南理论
　　物理中心的发展思路······················ 吴兴刚　胡自翔 / 163

第三篇　高校理论物理学科发展与交流平台项目

珍惜理论物理专款资助机会，大力提升理论物理研究
　　水平······································· 陈天禄 / 177
扬州大学理论物理学术交流和人才培养平台建设回顾
　　······································· 岳瑞宏　吴健聘 / 181

继前辈理论旗鼓，开东师量子未来
　　——获理论物理专款交流平台项目资助的8年回顾 …… 衣学喜 / 185

第四篇　理论物理领域发展态势

引力与宇宙学领域发展态势 ………… 蔡荣根　李　理　王少江 / 195

场论与粒子物理领域发展态势 ……… 何小刚　廖　益　曹庆宏

　　　　郭奉坤　何　颂　周　顺　安海鹏　邢志忠 / 217

核物理领域发展态势 ……………………………… 许甫荣　李健国 / 234

统计物理领域发展态势 …… 赵　鸿　全海涛　周海军　王　炜 / 247

凝聚态物理领域发展态势 …………… 周　毅　方　辰　万贤纲 / 261

量子物理领域发展态势 …… 蔡庆宇　李朝红　李　颖　吕新友

　　　　　　　　　　　　石　弢　易　俗　周端陆 / 272

附录1　国家自然科学基金"理论物理专款"大事记
　　（1993～2023年）………………………………………… 284

附录2　"理论物理专款"历届学术领导小组成员名单 ………… 290

第一篇
30周年总结和随想

理论物理专款 30 周年总结报告

理论物理专款学术领导小组

一、理论物理专款的成立背景

物理学研究物质和时空的结构、相互作用及其运动规律，是现代科学和技术的基础。物理学包括实验物理、理论物理和计算物理，它们既相对独立，又紧密联系，相互促进。实验和观测是物理学的基础，而理论物理研究则立足于实验和观测，借助数学工具、逻辑推理和观念思辨，概括和归纳出具有普遍意义的基本理论，表述为基本的定量关系，建立起统一的理论体系，解释观测现象并预言新的物理现象，揭示新的自然规律。理论物理学的研究对象包括从基本粒子到宇宙的各个层次，每个层次既有各自的规律，又与其他层次紧密联系。这些层次的结构及运动规律的基础性、多样性和复杂性不仅为理论物理学提供了强大的发展动力，而且使它具有显著的多学科交叉性与知识原创性的特点。

理论物理学作为一门研究客观物质世界基本规律的科学，纯基础学科的特色非常鲜明。国家自然科学基金委员会（以下简称基金委）一直十分重视和支持我国理论物理的发展。为了促进我国理论物理学研究的发展，培养理论物理优秀人才，做出国际先进水平的研究成果，充分发挥理论物理对国民经济建设和科学技术在战略决策上应有的指导和咨询作用，基金委于 1993 年设立了"理论物理专款"（以下简称专款）。根据"依靠专家"的原则，基金委聘请专家，成立了"理论物理专款学术领导小组"（以下简称学术领导小组），并指定由数学物理科学部（以下简称数理科学部）实施组织管理。

专款的设立得到了我国理论物理学界的高度重视和支持。1993年成立了第一届学术领导小组，彭桓武先生担任组长，于敏先生和何祚庥先生担任副组长，成员包括胡济民先生、苏肇冰先生等理论物理学家。到 2022 年 6 月成立第八届学术领导小组时，先后有 59 位理论物理学家（123 人次）参与学术领导小组的工作，包括 25 位院士（其中 12 位在担任学术领导小组成员期间当选、4 位在结束学术领导小组任期之后当选）。学术领导小组每年召开两次会议，充分发挥顶层设计作用，根据理论物理学的特点，结合国家战略需求，确定专款的运行模式、资助内容和研究方向，部署和加强我国的理论物理研究，培养和稳定理论物理研究队伍，推动我国理论物理学及相关交叉学科的发展。

在基金委历届领导的高度重视和大力支持下，专款年度资助额度持续增长：从设立之初的 100 万元/年到 2022 年增加到 6000 万元/年，30 年间，年度资助额度增长到了 60 倍。

二、理论物理专款前 20 年的发展

1. 1993~1996 年：支持对国民经济和国家安全在战略决策上有重要意义的理论物理课题，研究成果对我国的科学、技术和经济发展具有重要的参考价值

专款针对国民经济发展和国家安全需求中的重要问题，从理论物理的角度开展科学研究，为技术路线的战略性决策以及技术途径的可行性提供理论依据，其中包括：①能源问题，主要是核能的利用，包括聚变能、加速器驱动的次临界装置、聚变-裂变堆、惯性

约束核聚变、地下核爆炸等；②超导技术的应用，包括超导长距离输电、超导悬浮列车等；③利用光孤子的长距离、低损耗通信；④天气和地震的中长期预报；⑤反演算方法及其在医学、地质探测等领域中的应用等。在课题研究的基础上，专款于1996年8月21~25日召开了"第一届全国理论物理学在国民经济中的作用研讨会"。

专款资助了北京应用物理与计算数学研究所开展"强激光场与原子及等离子体的相互作用"研究，为该所继续开展此方面的研究、培养青年科技人员与博士生做出贡献。此外，专款资助了"经济系统复杂性研究"项目，用物理的思维和方法研究经济问题，通过对微观个体作用规律和宏观演化的关键变量之间的关系的讨论，得出了游动资金比例过高、部门之间的追赶效应、产业结构失衡将导致经济危机等论断。这些研究成果对当时我国的科学、技术和经济发展具有重要的现实意义和参考价值。

2. 1997~2000 年：通过顶层设计和有效组织，重点资助了原创性和交叉性强的理论物理课题研究，培养了大量优秀人才

在理论物理前沿研究方面，专款支持的课题包括"混合价锰氧化巨磁电阻理论研究"（1996年），"现代粒子物理与宇宙学中的几个重大交叉问题的研究"（1997年），"中微子质量和振荡理论""与兰州重离子加速器有关的原子核理论""软凝聚态物理理论"（1998年），以及"羊八井宇宙线探测的理论""基因组序列的理论分析""光子晶体若干理论问题"（1999年）等。在这些课题的部署中，通过顶层设计，集中了全国的优秀人才，在短时间内就做出了一批具有国际先进水平的成果，推动了相关领域的发展和人才的培养。这些课题结题后，大多又得到了基金委重点甚至重大项目的支持。例如，在"混合价锰氧化巨磁电阻理论研究"基础上开展的"自旋输运和巨磁电阻理论"项目获得了2001年教育部高等学校自然科学

奖一等奖和 2002 年国家自然科学奖二等奖。"原子核的磁转动机制"项目的研究成果被美国能源部编写的《核科学长期规划》（1996 年）列为原子核振动转动研究的新成就，部分成果获得了 2001 年教育部中国高校自然科学奖一等奖。"光子晶体若干理论问题"为同济大学和复旦大学物理系形成光子晶体研究队伍，在 2002 年争取到光子晶体研究的 973 项目打下了基础。"量子力学 Dirac 表象理论、相干态与压缩态的研究"项目成果"量子力学表象与变换进展"获得了 1998 年教育部科技进步奖一等奖。

在交叉学科方面，专款通过资助相关项目，促进了生物物理、非线性科学、软凝聚态物理等交叉学科的发展。在生物物理领域，"DNA 和蛋白质非线性动力学及蛋白质结构功能的理论研究"项目发展了一个新的几何学方法，用于分析和研究 DNA 序列，在球蛋白质结构类预测研究中取得了世界领先的成果，使类预测的准确度提高到 95% 以上。"现代粒子物理与宇宙学中的几个重大交叉问题研究"项目推动了我国粒子宇宙学这一交叉学科队伍的建设，为我国在该领域的发展奠定了基础。

在培养人才方面，通过专款资助培养了一批优秀青年理论物理研究人才，包括孟杰、马红孺、马余强、张新民、马建平、喻明、孙昌璞、王建雄、龙桂鲁等。

3. 2001～2012 年：设立"博士研究人员启动项目"和"东西部合作项目"，组织"高级研讨班"和"西部讲学"，支持西部高校的理论物理交流与人才培养，举办"彭桓武理论物理论坛"和各种类型的讲习班，制定和完善规章制度

进入 21 世纪，基金委的各类基金项目经费大幅度增加。有鉴于此，专款减少了对一般性科研项目的组织和支持，设立了一些新项目。为配合国家的西部大开发战略，设立了"东西部合作项目"（后更名为"合作研修项目"）和"西部讲学"（后更名为"理论物

理专题讲学"）项目。为促进研究人员之间的学术交流与合作研究，设立了"高级研讨班"。为支持优秀的理论物理博士尽快进入研究工作，设立了"博士研究人员启动项目"。同时，专款继续支持李政道先生和杨振宁先生负责的项目，并独立或与教育部、中国科学院联合举办各种类型的讲习班，交流理论物理前沿领域的最新进展和理论方法。开始举办"彭桓武理论物理论坛"。

1）东西部合作项目（2009年更名为"合作研修项目"）

2001年开始设立"东西部合作项目"，其目的是支持西部地区（包括内蒙古、陕西、宁夏、甘肃、青海、新疆、西藏、贵州、云南、重庆、四川、广西等12个西部省或自治区）学者或研究组，通过与东部地区的研究人员合作，完成项目研究任务。

2009年起，"东西部合作项目"更名为"合作研修项目"，扩大了资助面，支持全国范围内理论物理研究条件较差的学者或研究组，通过与国内理论物理研究相对实力强的学者合作，提高科研能力和水平，促进理论物理薄弱地区的科研人才和教学水平的提高。这些项目的实施取得了很好的效果。例如，2003~2005年专款资助了西北师范大学段文山与北京师范大学贺凯芬合作的"非线性物理中的孤立波及其稳定性问题研究"项目。在专款资助下，段文山在西北师范大学组织并成立了理论物理研究所，开展非线性物理方面的研究，多位教师发表了SCI收录的科研论文，大大调动了教师的科研积极性，提升了自信心，为争取国家自然科学基金和申报职称提供了有利条件。2003年，段文山作为学科带头人申报理论物理硕士学位授予权，在全国同行通讯评议中获得满分，成功获批。

2）西部讲学（2010年更名为"理论物理专题讲学"）

2004年起学术领导小组决定每年举办"理论物理西部讲学"活动，其目的是充分发挥"东西部合作项目"对西部地区理论物理研究的推动作用，促进西部地区理论物理研究人才的培养，加快理论物理科研和教学水平的提高。学术领导小组根据"择优支持"的原则，选择基础好的西部单位举办学习班，组织高水平的理论物理专家去讲学，使更多的西部地区理论物理研究人员受益。从2010年起这种讲学活动推广至全国，不再单指西部地区，因此更名为"理论物理专题讲学"活动。

参加专题讲学的学员主要是主办单位和其他高校或科研院所的青年教师、科研人员和研究生，规模一般在80名上下，活动时间为4周左右。专题讲学的经费由专款和主办单位共同资助。例如，由中国科学院高能物理研究所黄涛教授推动的"理论物理西部讲学"活动，于2008年10月13日至11月9日在云南大学成功举行。讲学期间邀请了10余位院士和知名专家就高能天体物理、粒子物理理论和非线性科学若干前沿问题进行了讲授和深入讨论，参会学员达450余人次。这次讲学的成功举办，为云南大学及云南省的其他高校与国内知名高校及科研院所的交流搭建了一个良好的平台，为建设西部地区、发展理论物理研究、提高高等教育水平起到了很大作用，也使云南大学物理学科的发展迈上了一个新台阶。

3）高级研讨班

根据理论物理研究的特点，为促进研究人员之间的学术交流与合作研究，取得更好的研究成果，学术领导小组于2001年决定举办"理论物理前沿课题高级研讨班"（简称高级研讨班）。高级研讨班将学术研讨与课题研究结合起来，即以研讨班的形式，为从事该课题研究或准备进入该领域的人员提供学术交流和开展深入合作研究的机会。每个研讨班10人左右，类似一个课题组，课题负责人负责研讨班的学术活动和课题的研究，依托单位提供学术活动的必要条件。高级研讨班不同于一般的研讨会，它既是研讨班，又是课题组，既有集中研讨，又有独立及合作研究。每年进行几次集中研讨，时间和次数由各研讨班自行确定，执行期限1~2年。

随着科研经费的不断增长，科研人员之间的交流渠道越来越多。2006~2008年期间暂停了对高级研讨班的资助。2009年，学术领导小组讨论决定将其改为研究型高级研讨班，要求主题鲜明，规模要小，突出"高、研、讨"相结合，即内容前沿专一深入，就某一问题深入钻研与推演，展开热烈的讨论乃至争论等。资助年限3年，视情况可延续资助2年。

2002~2003年，"基于固体器件的量子信息和量子计算"高级研讨班举办了4次集中研讨。前3次集中研讨的人数都在20~30人之间，第4次集中研讨与中国高等科学技术中心（CCAST）合作举办，参加人数较多。通过这个高级研讨班的活动，初步在国内形成了一个"基于固体器件的量子信息和量子计算"的研究网络，促进了国内相关领域研究工作的开展和深入，吸引了包括吕力、赵士平、陈庭华、王晓光、宋智等年轻研究人员加入。

2010~2012年，中国科学技术大学卢建新组织"暗能量本质及其基本理论"高级研讨班，每年一次，连续进行了3次。每次受邀参与人员约十人，集中研讨时间为十天，对相关问题进行"专一、深入的讨论乃至争论"，突出"高、研、讨"相结合的效果，得到了参与人员的高度评价。学术领导小组也对该研讨班给予了充分肯定，首期资助3年期满后，又继续资助了2年。据不完全统计和不重复计算，参加研讨班人员有3位后来获得优青资助、4位获得杰青资助、2位当选中国科学院院士。

4）博士研究人员启动项目

2003年起，专款设立了"博士研究人员启动项目"，其目的是通过资助获得博士学位3年内的年轻理论物理研究人员，为他们解决缺少研究经费的困难，帮助他们安心研究，并积极参加学术交流活动。2003~2012年间共资助711项，每个项目执行期1年，总经费2362.4万元，平均资助率为46.7%。

随着国家每年博士毕业生数量的增加，每年申请该项目的人数（特别是2007年以后）也以较大比例增长，并且申请者的水平逐年提高。随着申请量的增加，项目的竞争性提高，资助率由初期的约

60%下降到 2012 年的约 40%。2008 年之前资助强度是 2 万元/项，2009 年提高到 3 万元/项，2010 年提高到 5 万元/项。

5）李政道先生和杨振宁先生的项目

通过李政道先生项目的资助，开展了对称-非对称二重性和夸克胶子禁闭机制、标准模型及强相互作用的基本理论研究；配合北京正负电子对撞机（BEPC）和极高能加速器的实验进展，开展了 B_c 介子物理、TeV 及更高能区粒子物理、重夸克偶素物理及胶球性质等方面的研究。同时，还开展了凝聚态和统计物理、相对论重离子碰撞和高温高密物质，以及黑洞、宇宙学和中微子振荡物理等研究。2005 年之前，共发表论文 623 篇，出版专著 10 本。学术会议邀请报告 90 次，其中国际会议 43 次。获吴有训物理奖、周培源物理奖各 1 项，中国科学院自然科学奖一等奖 1 项、二等奖 1 项，国家教委科技进步奖一等奖 1 项、二等奖 2 项。

杨振宁先生的项目，支持了南开大学以杨-Baxter 系统为主的数学物理前沿问题研究。2001 年在南开大学召开了"格点统计与数学物理前沿"国际学术会议，约 50 位国外学者在会上做了报告。同时培养了包括孙昌璞、薛刚、李有泉、苏刚等在内的一批优秀学者。

6）理论物理前沿专题讲习班、暑期学校

为了提高我国物理学基础学科整体教学水平和科研能力，弥补高校在基础学科研究生课程教学方面的不足，提高研究生培养质量，促进理论物理与其他学科的交叉，1999 年起学术领导小组决定每年举办"理论物理前沿专题"系列讲习班（暑期学校）。

暑期学校得到教育部的支持，通过文件的形式承认学员的学分。举办研究生暑期学校对于提高我国物理学教学水平和科研水平、加强各高校研究生课程的建设、提高研究生培养质量和加快基础学科人才的成长成效显著，举例如下：

2001 年在厦门举办的"理论生物物理和生物信息学"研究生暑期学校，邀请了 6 位大陆和台湾的著名教授讲课，分别讲解了分子生物学、生物信息学、蛋白质结构及其功能、大规模测序中的拼接和注释、新基因的计算机克隆、蛋白质折叠与分子动力学模拟等内容。共有123名学员参加了学习，并积极开展交流和讨论，取得了很好的收益和成绩，并取得了结业证书。其中74位学员写了小论文，6人做了学术报告。

2002年在中国科学技术大学举办的"全国等离子体物理理论和计算"研究生暑期学校，邀请了18位国内外的专家学者讲课。课程包括磁约束聚变等离子体物理、激光聚变等离子体物理、等离子体物理专题报告以及等离子体物理数值模拟四个部分，每部分均为24学时、1学分。其中磁约束聚变、激光聚变以及数值模拟为基础课，需要进行结业考试；专题报告为提高课，让学员开拓学科视野，了解前沿动态。每天晚上都组织答疑，并提供计算机让学员实习数值模拟。共有101位来自全国17所大学和科研院所的学员参加这次系统的培训。

7）高校理论物理学科发展与交流平台项目

2009年，学术领导小组对兰州大学、四川大学理论物理发展现状进行了调研，决定给予两期（2010和2011年度）"理论物理交流与人才培养"的经费资助。2012年，这两所大学又得到了3~5年的继续支持。同时，考虑到新疆大学理论物理学科的状况和特殊的地理位置这一特殊性，学术领导小组决定对该校的物理学科也给予3~5年的支持，以稳定和逐步提高其物理教学和研究能力。同年，专款还启动了对西北大学的资助项目。

这种资助形式对稳定西部高校的人才、发展理论物理的研究和教学起到了积极的作用。2010~2012年期间，兰州大学在粒子物理与核物理、冷原子物理、强关联系统、计算与复杂性等研究方向举办了6次小型研讨会，总计350余人次参加。同时还邀请了50余位国内外专家来校访问交流或讲学，与部分来访人员联合开展攻关，取得了一定的研究成果，同时也促进了理论物理研究人员和国内外同行建立长期的合作关系。通过专款的资助，兰州大学理论物理的师资队伍得到了巩固和发展，形成了比较完善的理论物理研究方向和研究团队，并在粒子物理、引力理论和量子场论、凝聚态理论、量子光学和量子信息、统计物理和复杂系统等方向取得了很好的研究成果。

8）彭桓武理论物理论坛

2005年，专款设立了"彭桓武理论物理论坛"，每年举办一次。该论坛是中国理论物理学界学习彭桓武先生的学术思想和科学精神、缅怀彭桓武先生（彭先生逝世后）而举办的重要学术活动，激励科研人员投身到我国的理论物理科研事业中。

论坛邀请学术界资深专家根据物理发展的前沿和最新研究结果做相关学术报告，以加强物理各领域之间的学术合作与学术交流，加强物理和数学、生物、化学、地学、天文以及应用学科的交叉融合。每届报告为3～4个，报告人有一多半是院士。此外，每届东道主也会被邀请做一个报告。

2005年6月4日为了祝贺彭桓武先生九十华诞，在中国科学院理论物理研究所举办了第一届彭桓武理论物理论坛。论坛由何祚庥、苏肇冰先生主持，彭桓武先生亲临会场。基金委数理科学部常务副主任汲培文回顾了专款的发展历程，介绍了彭先生对专款的建设和发展起到的重要作用，并代表全体与会者向彭先生的九十华诞表示热烈的祝贺。戴元本、郝柏林、贺贤土和于渌四位先生做了精彩报告，报告主题或与彭先生过去的研究工作相关，或是彭先生关心的领域，包括量子场论、生命科学、热核反应和凝聚态理论等。

9）制定和完善规章制度

专款是基金委设立的一个专项资金，没有现成的规章制度可以遵循。在基金委数理科学部的直接领导下，学术领导小组根据我国理论物理研究的现状和发展要求来设立资助类型。在执行过程中，又根据成功的经验和发现的问题，不断对项目和活动的目的、对象和申请办法进行修改和完善，最后形成了相对稳定、切合实际又可执行的一套规章制度。

10）专款10周年总结会及其他

2004年6月1日，专款设立10周年庆祝大会在中国科学院理论物理研究所举行。出席大会的有时任中国科学技术协会主席周光召先生，基金委副主任沈文庆先生，专款历届学术领导小组组长彭桓武先生、何祚庥先生、苏肇冰先生等。沈文庆副主任在讲话中表示，专款10年来的经费总量只有1860万元，却做出了很多成绩，推动了我国理论物理的发展，基金委将继续支持理论物理专款的运行。周光召先生做主题报告。他从20世纪物理学的两大成就——相对论和量子力学的发现谈起，阐述了物理学，特别是理论物理学是如何创新、突破的。他总结了理论物理学发展的几个条件：①有一批帅才；②有一个研究群体，这个群体要达到一个"临界体积"；③要有争论、批评的氛围；④要有敢于逆潮流、耐得住寂寞的勇气；⑤要选择一个好的方向。周先生的报告循循善诱、深入浅出，与会几百名研究人员和研究生深受启发。葛墨林代表杨振宁教授项目、赵维勤代表李政道教授项目、马余强代表青年研究人员、段文山代表西部地区理论物理工作者、史华林代表研究生暑期学校组织者、陶瑞宝代表高级研讨班组织者，从各个方面介绍了在专款支持下开展的研究活动和所取得的成果，给人留下了深刻的印象。

从2005年开始，专款资助和组织有关专家撰写原创性的理论物理专著。到2012年，已出版10种，待出版3种，书稿尚在写作中的有4种。受专款资助出版的图书包括《超弦史话》（李淼，2005年）、《原子论的历史和现状——对物质微观构造认识的发展》（关洪，2006年）、《非线性光学物理》（叶佩弦，2007年）、《原子的激光冷却与陷俘》（王义遒，2007年）和《黑洞与时间的性质》（刘辽等，2008年）等。非专款直接资助但由专款协调组织出版的图书有《非线性科学与斑图动力学导论》（欧阳颀，2010年）、《量子色动力学引论》(黄涛，2011年)、《从孤立波到湍流——非线性波的动力学》(贺凯芬，2011年)、《异质复合介质的电磁性质》(李振亚等，2012年)和《光频标》(沈乃澂，2012年)。

支持高能物理学会牵头开展"中国加速器高能物理发展战略理论研讨"。2011年，在专款的支持下举行了三次研讨活动，针对与高能物理发展战略相关的加速器物理和非加速器物理发展的各种方案和思路展开了热烈的讨论。2012年，重点结合实验和加速器物理，对陶-粲工厂、质子加速器和 μ 子研究、轻 Higgs 工厂（250GeV）、Z 工厂、国际直线对撞机（ILC）等各专题进行了较为深入的研讨。2013年，继续资助了相关专题的发展战略研讨。

三、近10年的工作

在前20年所取得成效的基础上，专款进一步强化顶层设计，根据我国理论物理发展的新形势，加强了与相关高校和科研院所的联系，并有针对性地开展调研，形成了有特色的品牌项目和活动，扩大了专款的影响：部署和扩大对高校理论物理学科发展与交流平台的支持，逐步形成平台网络，并统筹设立"创新研究中心"；在举办"彭桓武理论物理论坛"的同时，举办"彭桓武理论物理青年科学家论坛"；启动"博士后项目"和"重点专项项目"；开展理论物理专题讲学活动，组织"暑期讲习班""高级研讨班""西部讲学""前沿讲习班"，筹备面向优秀本科生的"菁英班"；统筹和支持理论物理专著和科普书籍出版，启动对《理论物理》期刊的支持；开展理论物理战略研讨，撰写理论物理学科发展调研报告；完善规章制度，明晰学术领导小组职能，细化了成员分工，不断改进学术领导小组的管理模式以适应新时期的新要求；加强对专款的宣传，建设网站并开通微信公众号。

1. 专款成立 20 周年纪念活动

2013 年 10 月 20 日，由中国科学院理论物理研究所承办的"理论物理专款 20 周年"报告会在中国科学院理论物理研究所召开。来自基金委、专款学术领导小组和全国理论物理学界的领导和专家共计 200 多人参加了会议。

基金委主任杨卫院士肯定了 20 年来专款作为科学基金支持纯基础研究所发挥的"种子基金"作用，希望进一步发挥学术领导小组顶层设计的作用，促进理论物理学科的蓬勃发展，为推动中国理论物理的持续发展做出有特色的贡献。他表示，"如果条件允许，基金委会考虑进一步加大对'理论物理专款'的投入力度。"

随后，学术领导小组组长欧阳钟灿院士、基金委数理科学部常务副主任汲培文、中国科学院前沿科学与教育局局长许瑞明研究员分别讲话。中国科学院副院长、中国物理学会理事长詹文龙院士应邀做了题为"理论物理与大科学装置"的特邀报告，陈润生院士和孙昌璞院士分别做了"理论物理专款二十年总结"和"我国理论物理的现状与发展"的大会报告。

此外，还出版了《发展理论物理 促进学科交叉——国家自然科学基金理论物理专款 20 周年纪念文集》。

2. 彭桓武理论物理论坛

近 10 年来，举办了 10 届"彭桓武理论物理论坛"。

1）第九届彭桓武理论物理论坛

2013 年 10 月 20 日，第九届彭桓武理论物理论坛在清华大学举行。来自全国近 20 所高校和科研单位的师生逾 300 人参加。开幕式由专款学术领导小组夏建白院士主持。基金委数理科学部常务副主任汲培文、清华大学常务副校长程建平分别致辞。欧阳钟灿院士介绍了彭桓武先生的学术思想。开幕式上还播放了由清华大学物理系学生制作的视频《怀念我们的老学长彭桓武》，展现了彭桓武先生爱国奉献、追求卓越的学术生涯，特别表现了他与清华大学的渊源，表达了清华大学师生对学术大师的深深怀念。

由陶瑞宝院士和陈润生院士主持，汲培文做了题为"科学基金与励志成才"的报告；清华大学物理系薛其坤院士和中国科学院物理研究所方忠研究员分别做学术报告，介绍了他们在量子反常霍尔效应实验和理论研究方面取得的进展；中国科学院理论物理研究所吴岳良院士做了题为"粒子物理展望：过去、现在、未来"的学术报告。

2）第十届彭桓武理论物理论坛

2014年10月18日上午，第十届彭桓武理论物理论坛在湖南师范大学开幕。国内物理学界知名学者及湖南师范大学师生代表300余人参加此次论坛。开幕式由专款学术领导小组副组长孙昌璞院士主持，汲培文代表基金委数理科学部和专款学术领导小组讲话。湖南师范大学党委书记李民教授致辞。欧阳钟灿院士介绍了彭桓武先生的学术思想，回顾了彭桓武先生潜心科研、淡泊名利的一生，并特别提到了彭先生在央视录制《大家》节目和用奖金成立基金帮助受原子弹试验影响的普通人的事迹。

由欧阳钟灿院士和孙昌璞院士主持，中国科学技术大学赵政国院士、华东师范大学张卫平教授、中国科学院理论物理研究所蔡荣根研究员和湖南师范大学匡乐满教授分别做了题为"探索无穷小的世界""'捕获薛定谔之猫'与未来量子技术""广义相对论、黑洞及其他""量子纠缠——科学中的最奇特现象"的学术报告。

3）第十一届彭桓武理论物理论坛

2015年5月16日上午，第十一届彭桓武理论物理论坛在兰州大学开幕。国内理论物理学界知名学者及兰州大学师生代表230余人参会。开幕式由基金委数理科学部副主任董国轩主持，汲培文代表基金委数理科学部和专款学术领导小组讲话。兰州大学校长王乘致辞。欧阳钟灿院士介绍了彭桓武先生的学术思想以及彭桓武先生生活中的小事，回顾了彭桓武先生光辉人性的一面。

由欧阳钟灿院士和孙昌璞院士主持，中国科学院詹文龙院士、中国科学院半导体研究所常凯研究员以及南京大学任中洲教授分别做了题为"近期我国物理大科学工程与理论""主流半导体材料中的人工规范场和拓扑相"以及"新元素和新核素研究评述"的学术报告。

4）第十二届彭桓武理论物理论坛

2016年5月16日，第十二届彭桓武理论物理论坛在中国工程物理研究院召开，论坛吸引了中国工程物理研究院及其周边高校的青年学者及学生参加。

论坛开幕式由专款学术领导小组副组长孙昌璞院士主持。基金委数理科学部副主任董国轩和中国工程物理研究院刘仓理院长致辞。专款学术领导小组组长欧阳钟灿院士介绍了彭桓武先生晚年生活中的感人事迹。

由孙昌璞院士和李树深院士主持，中国工程物理研究院流体物理研究所孙承纬院士、北京应用物理与计算数学研究所刘杰研究员、北京大学谢心澄院士分别做了题为"准等熵压缩下物质的强度和相变""从量子隧穿到聚变物理""Dephasing and disorder effects in topological systems"的学术报告。

5）第十三届彭桓武理论物理论坛

2017年5月19日，第十三届彭桓武理论物理论坛在厦门大学举办。开幕式由向涛院士主持。基金委数理科学部副主任孟庆国、厦门大学副校长韩家淮院士分别致辞。孙昌璞院士介绍了彭桓武先生的学术思想及科学精神。

由罗民兴院士和邹冰松研究员主持，厦门大学韩家淮院士、北京大学汤超教授、中国科学院理论物理研究所欧阳钟灿院士分别做了题为"定量分析细胞信号转导通路的探索""生物网络中的若干问题""流体膜复杂形状研究——Helfrich变分模型及其新应用"的学术报告。

6）第十四届彭桓武理论物理论坛

2018年5月18日，第十四届彭桓武理论物理论坛在北京应用物理与计算数学研究所（简称九所）召开。开幕式由专款学术领导小组组长孙昌璞院士主持。基金委数理科学部蒲钏处长、中国工程物理研究院党委书记杭义洪分别致辞。九所李德元研究员从彭桓武先生的题词"集体集体集集体，日新日新日日新"出发，介绍了彭桓武先生的学术思想以及他与九所的故事。孙昌璞院士介绍了论坛设立的背景和宗旨以及理论物理专款的情况，并通过他亲身经历的真实事例回顾了彭桓武先生的高尚情操和严谨学风。

由罗民兴院士和向涛院士主持，中国科学院物理研究所王玉鹏研究员、上海交通大学季向东教授、北京应用物理与计算数学研究所王建国研究员分别做了题为"量子可积系统新进展及应用""大动量有效场理论与质子结构""国防重大需求中的理论物理问题"的学术报告。

7）第十五届彭桓武理论物理论坛

2019年5月17日，第十五届彭桓武理论物理论坛在东北师范大学召开。开幕式由专款学术领导小组副组长向涛院士主持。基金委数理科学部常务副主任董国轩讲话。东北师范大学副校长郭建华致辞。专款学术领导小组组长孙昌璞院士介绍了彭桓武先生的生平及对中国理论物理发展的重要贡献，并通过他亲身经历的真实事例回顾了彭桓武先生的家国情怀和科学精神。

由邹冰松研究员和罗民兴院士主持，东北师范大学刘益春教授、北京大学高原宁教授和吉林大学马琰铭教授分别做了题为"氧化物半导体材料与器件研究的相关问题""从元素周期表到强子谱""卡利普索（CALYPSO）晶体结构预测方法与应用"的学术报告。

8）第十六届彭桓武理论物理论坛

2020年10月29日上午，第十六届彭桓武理论物理论坛在重庆大学开幕。开幕式由基金委数理科学部常务副主任董国轩主持。基金委数理科学部副主任孟庆国、重庆市科技局副局长牟小云和重庆大学校长张宗益分别致辞。

孙昌璞院士介绍了彭桓武先生的学术思想及科学精神。他通过介绍彭桓武先生的个人求学经历以及专款设立彭桓武理论物理论坛的过程，让参会人员领会到彭桓武先生的爱国情怀、治学精神和高尚人格。

由向涛院士、邹冰松研究员主持，北京应用物理与计算数学研究所张维岩院士、中国科学院高能物理研究所张新民研究员、清华大学尤力教授分别做了题为"高能量密度物理前沿与科技创新""宇宙起源与命运——浅释原初引力波与暗能量之谜""量子精密测量物理与技术——见证玻色凝聚原子演示的华尔兹"的学术报告。

9）第十七届彭桓武理论物理论坛

2021年5月10日，第十七届彭桓武理论物理论坛在西北大学举行。开幕式由向涛院士主持，举行了"彭桓武高能基础理论研究中心（西安）"揭牌仪式。基金委数理科学部常务副主任董国轩、陕西省科技厅副厅长赵怀斌和西北大学校长郭立宏分别致辞。孙昌璞院士向出席论坛的师生介绍了彭桓武先生的求学和工作经历。

由邹冰松研究员主持，中国科学技术大学郭光灿院士、中国科学院物理研究所胡江平研究员、西北大学杨文力教授分别做了题为"量子信息的物理基础和量子计算""铁基超导体：从超导到拓扑""量子可积系统的精确解"的学术报告。

10）第十八届彭桓武理论物理论坛

因疫情影响，原定于2022年召开的第十八届彭桓武理论物理论坛延期至2023年5月10日下午在云南大学呈贡校区开幕。开幕式由专款学术领导小组副组长蔡荣根院士主持。基金委数理科学部常务副主任董国轩、云南省科技厅副厅长尚朝秋和云南大学副校长吴涧分别致辞。专款学术领导小组组长向涛院士介绍了彭桓武先生的生平事迹和学术成就。

由蔡荣根院士和向涛院士主持,中国工程物理研究院研究生院孙昌璞院士、中国科学院云南天文台韩占文院士、云南大学郑波教授分别做了题为"理论物理研究的唯美与求真""恒星演化""统计物理学前沿研究进展"的学术报告。

3. 彭桓武理论物理青年科学家论坛

在 2018 年 10 月的专款学术领导小组会议上,与会人员建议,为增进国内理论物理学界青年人才的学术交流,促进理论物理学科的全面发展和人才培养,在彭桓武理论物理论坛的基础上,专款每年组织彭桓武理论物理青年科学家论坛,并力争做出品牌。在 2019 年 5 月的专款学术领导小组会议上,决定"彭桓武理论物理青年科学家论坛"与"彭桓武理论物理论坛"两个项目联合,每年度由同一单位承办。

1)第一届彭桓武理论物理青年科学家论坛

2020 年 10 月 29 日下午,第一届彭桓武理论物理青年科学家论坛在重庆大学开幕,开幕式由专款学术领导小组组长孙昌璞院士主持。北京大学王垡教授、重庆大学吴兴刚教授、中国科学院精密测量科学与技术创新研究院蔡庆宇研究员、中国科学院理论物理研究所何颂研究员分别做了题为"关于实现 Kitaev 自旋液体的理论挑战""最大共形原理与微扰理论中重整化能标不确定性的消除""真空能与暗能量""散射振幅新进展:量子场论、弦论和数学物理"的学术报告。

2)第二届彭桓武理论物理青年科学家论坛

2021 年 5 月 11 日,第二届彭桓武理论物理青年科学家论坛在西北大学举行。开幕式由专款学术领导小组组长孙昌璞院士主持。中国工程物理研究院研究生院李颖研究员、中国科学院理论物理研究所张潘研究员、中国科学院理论物理研究所郭奉坤研究员、北京大学邵立晶教授分别做了题为"基于错误模型和约束条件的两类量子错误缓解""Computation with tensor networks""Emergence of threshold structures in hadron spectrum""用天文观测检验基本物理理论"的学术报告。

3）第三届彭桓武理论物理青年科学家论坛

因疫情影响，原定于 2022 年召开的第三届彭桓武理论物理青年科学家论坛延期至 2023 年 5 月 11 日在云南大学举行。论坛由南开大学刘玉斌教授和中国科学院高能物理研究所赵强研究员主持，云南大学郑波教授致辞。中国科学院物理研究所方辰研究员、南方科技大学许志芳教授、北京大学马滟青研究员、北京航空航天大学耿立升教授分别做了题为"拓扑能带理论进展""Unconventional superfluidity in optical lattices""从线性代数到费曼积分""高精度相对论手征核力（北京势）现状与展望"的学术报告。

4. 理论物理专题讲学活动、前沿暑期讲习班和各类学术研讨会

2004 年学术领导小组设立的"理论物理西部讲学"活动，从 2010 年起更名为"理论物理专题讲学活动"，目的是为青年学者开设系列课程，系统训练基础理论并介绍学科前沿，近 10 年共举办了 6 期。

2013 年 7 月，重庆大学承办第九期理论物理专题讲学活动，吴兴刚教授负责组织，理论物理专款顾问黄涛先生负责协调。讲学主题为粒子物理、宇宙学与天体物理方向的理论物理问题，持续两周时间，有 100 多名学员参加。重庆大学也给予该讲学活动较大支持。

2014 年 5 月 19～30 日，河北大学承办第十期理论物理专题讲学活动，主题为新物理精确计算和宇宙学相关的理论物理问题。10 多位专家分别从基础课程和专业前沿进行授课和讲座，137 位学员参加了讲学活动。

2015年7月20日～8月13日，第十一期理论物理专题讲学活动在宁波大学举办。参会人员150余人。讲学活动分三个主题。第一个主题"随机矩阵的基础和前沿问题"（7月20～31日）由美国数学物理学家Paul Blekher教授和复旦大学数学物理学家范恩贵教授主讲。第二个主题"非线性波和可积系统"（8月2～8日）由美国陈明教授、刘跃教授和国内屈长征教授、刘小川教授主讲。第三个主题"非线性系统对称性"（8月8～13日）由宁波大学楼森岳教授主讲。

2016年8月7～17日，青海师范大学承办了第十二期理论物理专题讲学活动，青海师范大学赵海兴副校长出席活动并致辞。活动邀请了国内理论物理学界的知名专家开展原子与分子物理、等离子体物理、计算物理、引力和宇宙学等方面的前沿讲学，来自西部多所高校的40多位青年教师和研究生参加了讲学活动。

2017年7月17日上午，湖州师范学院承办了为期11天的第十三期理论物理专题讲学活动，主题是原子核理论，来自38所高校与研究所的90多名研究生和青年核物理学者参加了讲习班。邀请了北京大学、南京大学、南开大学、中国原子能科学研究院、中国科学院近代物理研究所、中国科学院上海应用物理研究所以及日本大阪大学、北海道大学等单位的17名核物理学家为学员授课并做前沿学术讲座。

2018年7月30日～8月17日，第十四期理论物理专题讲学活动——"核天体物理学前沿暑期讲习班"在贵州师范大学举办。来自全国十几家科研单位和高校共20多位核物理与核天体物理领域的专家学者做了专题授课和学术报告。十几家科研单位和高校的研究生和青年学者共计约70人参加学习和研讨。

2013年5月的学术领导小组会议上，讨论了"理论物理前沿暑期讲习班"的规范管理问题，形成了《国家自然科学基金委员会理论物理专款关于征集举办理论物理前沿和若干交叉领域"理论物理前沿暑期讲习班"建议书的通知》。10年间，支持了各类活动共64个。

在2018年5月18～19日的学术领导小组会议上，决定将"理论物理专题讲学活动"和"理论物理前沿暑期讲习班"合并为"理论物理前沿讲习班"。

5. 理论物理高级研讨班和"菁英学校"

2009年，学术领导小组经多方征求意见，建议设立"理论物理高级研讨班"，要求主题鲜明、规模小，突出"高、研、讨"相结合的特点，强调内容前沿、专一、深入，能就某一问题深入钻研，并开展热烈的讨论乃至争论。资助年限3年，并可延续资助2年。

周宇峰研究员负责的"暗物质与新物理"（2011～2013年度）高级研讨班，与973项目"暗物质的理论研究及相关新物理唯象"相结合，深入探讨了相关理论问题。

孙昌璞研究员负责的"生命过程中能量转换与信息处理的量子物理问题"（2012～2014年度）高级研讨班，效果显著，后又延续资助2年（2015～2016年度）。

卢建新教授负责的"暗能量本质及其基本理论"高级研讨班（2010～2012年度），于2013～2014年度获得延续资助。研讨班的研究成果总结成书，作为《理论物理及其交叉学科前沿》丛书的第一本，由北京大学出版社出版。2015～2017年该系列研讨班由北京大学陈斌教授负责。

赵强研究员负责的"奇特强子态理论物理"（2013～2015年度）高级研讨班，努力与大科学装置上开展的实验研究相结合，并尝试新的研讨思路。

后续的高级研讨班包括："强场物理中的理论问题"（傅立斌，北京应用物理与计算数学研究所，2016～2018年度，3年活动期），"数学物理前沿问题"第一期（楼森岳，宁波大学，2017～

2019年度，3年活动期），"奇特强子态理论物理"第二期（赵强，中国科学院高能物理研究所，2017～2018年度，2年活动期），"核物理中的第一性原理计算与有效场论"第一期（龙炳蔚，四川大学，2018～2020年度，3年活动期），"原子玻色-爱因斯坦体系中的类比引力现象"第一期（尤力，清华大学，2018～2020年度，3年活动期），"暗能量本质以及基本理论"高级研讨班第二期（陈斌，北京大学，2018～2019年度，2年活动期），"强场物理中的理论问题"第二期（傅立斌，中国工程物理研究院研究生院，2019～2020年度，2年活动期）。

2019年5月的学术领导小组会议讨论决定，从该年度起不再布局新的理论物理高级研讨班。

为了培养有志于理论物理研究的后备人才，2021年10月的学术领导小组会议上，讨论建议资助"理论物理暑期菁英学校"，对象为优秀的本科二年级学生。2022年7月的学术领导小组会议上，刘玉斌介绍了理论物理暑期菁英学校的策划方案，面向优秀的本科二年级学生，教学内容开放，聚焦物理和天文交叉，参考物理奥林匹克竞赛的培育模式，旨在探索理论物理精英人才培养模式。2022年11月的学术领导小组会议上，建议"理论物理暑期菁英学校"项目由南开大学承办。

2023年7月12～25日，第一届物理学拔尖学生基础理论菁英暑期学校在南开大学举行。来自全国物理学拔尖学生培养基地的近百名师生代表参加，共同学习、研究、探讨和交流拔尖学生培养工作。南开大学教务部副部长金柏江出席开幕式并致辞。北京大学高原宁院士做了题为"从元素周期表到新强子谱"的邀请报告。暑期学校邀请了20余位专家学者为学生授课和参与研讨，内容包含物理学基础理论的深入学习、前沿报告、师生交流、教育教学论坛等活动，在新时代师生共同育人理念下聚焦学生创新综合素质的培养，摸索并建立拔尖学生培养基地间交流互鉴的暑校育人模式。

6. 理论物理专著、科普书籍及期刊

2013年10月的学术领导小组会议上,夏建白研究员建议,总结高级研讨班成果,将评述报告内容扩充正式出版为《理论物理及其交叉学科前沿》丛书(暂定),该建议得到了小组成员的赞同。从此,专款开始支持理论物理专著和科普书籍的出版。

10年间,依托中国科学院半导体研究所为申请单位,分别由夏建白院士和常凯院士牵头,组织了"理论物理专款资助理论物理学者急需的著作出版""21世纪理论物理教材""理论物理专款资助理论物理学者图书的出版"等项目,由科学出版社和北京大学出版社出版,已出版20本文集或专著,待出版7本专著。已出版的中英文专著、高级研讨班成果、会议和讲习班文集等包括《真空结构、引力起源与暗能量问题》(王顺金,2016年)、《宇宙学基本原理(第二版)》(龚云贵,2016年)、《相对论与引力理论导论》(赵柳,2016年)、《纳米材料热传导》(段文晖等,2017年)、《有机固体物理(第二版)》(解士杰等,2017年)、《黑洞系统的吸积与喷流》(汪定雄,2018年)、《固体等离子体理论及应用》(夏建白等,2018年)、《量子色动力学专题》(黄涛等,2018年)、《可积模型方法及其应用》(杨文力等,2019年)、《椭圆函数相关凝聚态物理模型与图表示》(石康杰等,2019年)、《量子轨迹的功和热》(柳飞,2019年)、《微纳磁电子学》(夏建白等,2020年)、《广义相对论与引力规范理论》(段一士,2020年)、《量子场论导论(第二版)》(黄涛等,2021年)、《奇妙的粒子世界》(黄涛等,2021年)、《二维半导体物理》(夏建白等,2022年)、《中子星物理导论》(俞云伟,2022年)、《宇宙大尺度结构简明讲义》(胡彬,2022年)、《宇宙学的物理基础》(皮石,2023年)和 *Density-Matrix and Tensor-Network Renormalization*(向涛,2023年)。此外,非专款资助,但由专款协调组织出版的图书有《CP不守恒》(杜东生,2013年)、《理论物

理及其交叉学科前沿 I》（卢建新，2014 年）和《有机磁理论、模型和方法》（姚凯伦，2014 年）。

《理论物理》（*Communications in Theoretical Physics*）是我国唯一以理论物理为主要内容的国际性期刊，近年来国际影响力有了比较显著的提升，但由于期刊不向作者收取包括版面费在内的任何费用，期刊的发展面临一定的困难。2020 年 8 月学术领导小组会议决定资助《理论物理》期刊，并在 10 月的学术领导小组会议上，将资助强度定为 30 万元/年，连续资助 3 年。2022 年 12 月，经学术领导小组批准，《理论物理》自 2023 年起在期刊封面加印 "Supported by National Natural Science Foundation of China"。

7. 理论物理战略研讨

在专款的支持下，北京大学赵光达院士等于 2013~2014 年组织了多次中国加速器高能物理发展战略研讨活动，率先引导开展我国高能物理和理论物理今后发展方向的大研讨，为我国高能物理和理论物理如何发展提出了建设性的建议与思路。

8. 理论物理"合作研修项目""博士研究人员启动项目""优秀博士后项目""重点专项项目"

2001 年基金委启动了理论物理重大研究计划"理论物理学及其交叉科学若干前沿问题"，支持高端理论物理和交叉研究项目。相应地，专款启动了"东西部合作项目"，目的是支持西部学者与东部地区研究者合作，完成项目研究任务，从而达到扶持我国西部地区理论物理研究队伍的目的。2009 年专款经费由 300 万增加到 800 万，为了扩大资助面，"东西部合作项目"升级为"合作研修项目"，支持全国范围内理论物理研究条件较差的学者或研究组，通过与国内理论物理研究水平较高的学者合作，提高科研水平和能力。2015 年 10 月的学术领导小组会议上，委员们认为合作研修项目产生了一定的积极效果，对恢复西部地区理论物理学科建设、活跃研究交流起到了一定的促进作用，但是多数项目执行效果不如博士研究人员启动项目。因此，从2016年度开始停止支持该项目。

2019年10月，学术领导小组考虑到博士研究人员启动项目申请量大，但属于理论物理领域的项目比例偏低，同时国内博士毕业生的整体水平近年来有了很大提升，决定自2020年起，取消博士研究人员启动项目。

2018年5月，学术领导小组讨论决定增设博士后项目，以促进青年人才成长和脱颖而出。资助强度为10万～18万每人每年，申请方式参考青年基金项目。

2022年7月，学术领导小组决定设立"重点专项项目"，以理论物理及交叉学科的核心科学问题为导向，以理论物理思想为指导，通过研究具有挑战性的问题，推动理论物理及交叉学科的发展，鼓励优秀的理论物理前沿研究。该项目与国家自然科学基金的常规重点项目不同，着重体现理论物理的特殊性，也将向交叉学科和理论引导与大科学装置结合的方向倾斜，用于支持理论物理交叉研究以及进行实验验证的研究方向，起到抛砖引玉的作用。希望通过重点专项项目，培育出新的研究方向，催生具有显示度的创新成果，提高人才引进和培养的数量与质量，培养优秀的青年才俊和创新团队。

9. 高校理论物理学科发展与交流平台项目

2009年，学术领导小组对兰州大学、四川大学理论物理学科发展现状进行了调研，并从2010年起给予"高校理论物理学科发展与交流平台项目"（以下简称平台）的经费资助。2012～2013年，该项资助又扩展到了新疆大学和西北大学。在2013～2014年的几次学术领导小组会议上，确定继续支持兰州大学、四川大学、新疆大学和西北大学这4所大学，促进西部重点高校理论物理学术交流与人才培养。还安排了针对其他具有类似情况的高校的调研，其中包括内蒙古大学和云南大学等。西部高校理论物理学科发展与交流平台项目，要求承担项目的高校有较好的理论物理学科的历史积淀和基础，当前又有较好的队伍基础和发展势头，并与本校的学科发展规划互补，能得到学校学科规划、人才引进和经费等方面的支持。

2015年5月的学术领导小组会议上，李鹏和罗洪刚分别向专家组汇报了2010~2014年度四川大学和兰州大学的理论物理学科发展状况和下一步发展思路。专家们认为从专款对这两个平台的支持所获得的明显进步来看，该模式是成功的，建议应适度拓展资助这样的平台。

2015年，专款发布了关于"高校理论物理学科发展与交流平台项目"的申请指南，增加了项目的资助规模，将平台分为3个层次。第一层次属于培育和启动类，拟资助20万~30万元/年；第二层次属于持续性支持类，拟资助30万~40万元/年；第三层次属于扩展提升类，拟资助50万~60万元/年。在当年10月的会议上，经充分讨论，建议继续资助兰州大学（经典与量子场论）、新疆大学（粒子物理与量子场论）、西北大学（量子场论与弦理论）和东北师范大学（量子操控）这4个平台建设项目；新资助西北师范大学（等离子体）、重庆大学（引力和粒子物理）、广西师范大学（亚原子物理）、吉林大学（粒子物理和核物理）、陕西师范大学（复杂性系统）、武汉大学（凝聚态）、西南交通大学（相对论和量子物理）和湖州师范学院（核物理）8个平台项目。

2017年10月，在学术领导小组会议上，已获资助的17个平台交流了各单位理论物理学科发展情况、平台项目执行情况、已取得成效和存在问题等。专家认为各平台情况差异较大，但大部分平台项目执行情况较好，通过平台建设促进了获资助单位理论物理学科的发展。

2018年5月，学术领导小组进一步明确了高、中、低三个层次平台的定位：第一层次要求有特色研究工作的产出，人才队伍向高端跃进，有优青、杰青等人才培养和引进的具体成果，学校提供平台科研人员和访问学者交流办公的固定场所，在区域内起到辐射带动作用，形成区域性理论物理联合研究网络；第二层次要求有特色研究工作的产出，人才队伍有明显提升，学校提供平台科研人员和访问学者交流办公的固定场所；第三层次要求能够举办交流活动，请进来，走出去，形成更好的科研工作氛围。根据地域将平台划分为五个片区，以期逐步形成平台网络：**西南区**包括四川大学、重庆大学、西南交通大学和西藏大学；**东南区**包括湖州师范学院、厦门大学和扬州大学；**东北区**包括东北师范大学、吉林大学、内蒙古大学、大连理工大学和辽宁师范大学；**西北区**包括兰州大学、新疆大学、西北大学、西北师范大学和陕西师范大学；**其他平台**包括山西大学、广西师范大学和武汉大学。

2018年10月，学术领导小组决定支持20所高校的"高校理论物理学科发展与交流平台项目"，包括兰州大学、重庆大学、四川大学、新疆大学、西北大学、东北师范大学、西北师范大学、广西师范大学、吉林大学、陕西师范大学、武汉大学、西南交通大学、湖州师范学院、厦门大学、扬州大学、内蒙古大学、西藏大学、大连理工大学、辽宁师范大学、山西大学等。至此，平台数目达到峰值，平台的资助模式、专款项目管理以及交流汇报逐步趋于正规化。2019年10月，学术领导小组考虑到我国理论物理发展的长远布局和趋势，决定不再布局新的平台项目，而是将平台项目逐步纳入创新研究中心项目中。

10. 创新研究中心

2014年，学术领导小组建议调研并设立"理论物理研究中心"。2015年5月，学术领导小组在孙昌璞介绍了前期调研形成的初步方案基础上，讨论了中心的定位、规则、整体布局、管理架构和运作方式，达成共识，建议将研究中心与基金委常规项目区别开来，不发布申请指南，由专家组顶层设计指定承建单位，运行周期为 3 年+3 年的模式。第一阶段运行经费强度为 300 万元/年，首先在中国科学院理论物理研究所试点，摸索经验和完善管理办法。2016 年，开始理论物理创新研究中心项目的论证，支持高端和前沿的理论物理研究，力争以前沿性、交叉性和创新性为目标，动员全国优秀的理论物理研究力量，集中攻关，做出协同性的创新成果。

2016 年 10 月的学术领导小组会议上，邹冰松副所长介绍了中国科学院理论物理研究所的"彭桓武理论物理创新研究中心"筹备情况。专款学术领导小组审议确定中心每年的 2～3 个主攻方向，建议由 45 岁以下的优秀青年人才担任方向负责人，成立学术委员会和执行委员会。中国科学院理论物理研究所"彭桓武理论物理创新研究中心"从 2017 年开始正式运行。

2018 年，针对基金委基础科学中心项目资助方式的调整，专款创新研究中心的定位进行相应调整。学术领导小组建议创新研究中心定位，要瞄准重大科学问题，着重培养青年人才，培育更高层次上的基础科学中心。参加创新研究中心的单位应给予中心大力支持，提出相应的配套条件，以促进中心做大做强。同时要求创新研究中心负责人在 3 年内保持固定，资助强度为 300 万元/年。

2019 年 10 月的会议上，中国科学院理论物理研究所提交的"彭桓武理论物理创新研究中心"延续申请和中国科学技术大学提交的"彭桓武高能基础理论研究中心"申请均得到批准。会上还决定，创新研究中心应定位为"区域学术高地"，与基金委基础科学中心项目区别开。创新研究中心项目由专家组顶层设计和指导，专家组决定项目负责人和专家指导委员会。创新研究中心项目经费不能仅由申请单位使用，要有一半经费用于开放，以起到辐射作用。

至 2023 年，专款支持的创新研究中心达到 6 个，分别是：彭桓武理论物理创新研究中心（中国科学院理论物理研究所），彭桓武高能基础理论研究中心（中国科学技术大学、西北大学），兰州理论物理中心（兰州大学），上海核物理理论研究中心（复旦大学），量子-宇宙理论物理中心（中国科学院大学）和西南理论物理中心（重庆大学），以及复杂系统理论物理中心（南京大学）。

经过前几年的运行，学术领导小组讨论认为，创新研究中心的组织机制应进一步优化，对创新研究中心应有成果产出和人才培养的具体要求，建议加强各创新研究中心之间、各创新研究中心内部合作单位之间的联系与交流，加强对创新研究中心重大研究成果的宣传，研究经费应更多地用于引进和培养青年人才。

11. 李政道先生和杨振宁先生的项目

2014年10月的会议上，决定继续支持李政道先生和杨振宁先生领导的项目，每项资助420万元（专款支持120万元+基金委计划局支持300万元），执行期3年（2015~2017年，2018~2020年）。从2021年起，经费增加到500万元/3年（2021~2023年）。

12. 专款宣传

2013年起，学术领导小组均强调要对依托中国科学院理论物理研究所的"理论物理专款网站"给予更多的关注，明确网站由基金委冠名、学术领导小组组长总体负责，日常维护由中国科学院理论物理研究所负责，并明确了信息发布的审核权限。

为扩大专款影响力，更好地服务于全国理论物理同行，2022年7月学术领导小组决定加强专款网站的建设，并开通微信公众号，系统展示专款情况，并及时发布各类资助和活动动态。网站依托中国科学院理论物理研究所建立，网址为 http://www.itp.cas.cn/llwlzk/，理论物理专款微信公众号和视频号由中国科学院理论物理研究所运营。

四、今后工作的一些考虑

30年来,专款紧密结合理论物理学科发展需求和国家战略发展需求,确定资助内容和研究方向,加强我国理论物理建设,积极发展学科交叉与融合,稳定和培养了一支理论物理研究队伍,促进了我国理论物理的发展。专款今后的工作,一方面要使理论物理研究更加紧密结合国家需求,另一方面要推动我国理论物理学科的长远发展,将我国理论物理的研究推上更高的台阶,通过专款的资助,把我国的理论物理做大做强。

(1)拓展理论物理发展的边界:结合国家创新发展和战略需求,启动和支持开创性的研究课题和平台,鼓励和支持在对国民经济具有重大影响的能源、材料等重点领域进行新的理论和概念的探索,对新颖、有创新想法的工作给予培育性质的支持。

(2)加强理论物理战略研讨,尤其在针对今后重大科技基础设施建设的目标上开展前瞻性的深入讨论,逐步形成理论、模拟和实验的项目群,针对新想法和思路以及学科交叉等进行论坛形式的研讨,促进原创思想和研究工作的产生和推进。

(3)培育和加强理论物理的科学文化的传承,在当今市场经济发展的大环境下,需要保持理论物理在科学殿堂的纯洁性,使基础研究与经济发展和谐融合,形成新时期的理论物理创新文化,在国际上形成有特色的理论物理学派。

(4)做好顶层设计,根据理论物理发展规律和国家战略需求,合理规划和组织专款的高效使用,努力开创和探索体现学科差异的资助模式,注重颠覆性基础研究,树立理论物理专款的品牌和特色,使之成为推动我国理论物理发展的一面旗帜。

回眸在"理论物理专款"而立之年

李会红

(国家自然科学基金委员会数学物理科学部物理科学二处
北京　100085)

时光荏苒,日月如梭,三十年弹指一挥间,理论物理专款已入而立之年。回首望去,我与她结缘亦十七载有余,随着岁月的流逝,我和她一起成长。初识她时,一头雾水,思绪万千,唯有仰望;在每年两次的专款学术领导小组会议中慢慢熟识;在茶歇之余聆听理论大咖们的风趣神聊中细细品味;在梳理专款历年申请项目和资助成果的过程中渐渐清晰;在伴随年度经费的增长所带来的资助模式思考中逐步成熟。三十年回首,把我眼中的她呈现给大家。

一、历史使命

理论物理学是对自然界各个层次物质结构和运动基本规律进行理论探索和研究的学科。物质结构分以下层次:夸克、轻子-强子-原子核-原子-分子-团簇-凝聚态-生命物质-恒星-星系-宇宙,每个层次上都有自己的基本规律,它们又是互相联系的。物质各层次结构及其运动规律的基础性、多样性和复杂性不仅为理论物理学提供了强大的发展动力，而且使它具有显著的多学科交叉性与知识原创性的特点。

1993年基金委针对理论物理学科，专门设立理论物理专款，成立学术领导小组，由学术领导小组负责顶层设计，数理科学部实施组织管理。设立的目的是：促进我国理论物理学研究的发展，培养理论物理优秀人才，做出国际先进水平的研究成果，充分发挥理论物理对国民经济建设和科学技术在战略决策上应有的指导和咨询作用。理论物理专款的设立得到了广大理论物理学家及基金委领导的重视，聘请了著名理论物理学家彭桓武院士任首届学术领导小组组长，于敏院士和何祚庥院士任副组长。

理论物理专款是对国家自然科学基金面上项目、青年科学基金项目（以下简称青年基金）等主体资助项目的合理补充，尤其是对于一些薄弱和前沿的理论物理研究给予特别的支持，资助的理论物理研究方向主要有：粒子物理、核物理、原子分子、凝聚态、光学、量子物理、生物物理、宇宙学、统计物理、非线性、数学物理等。

二、资助情况

30年来（1993～2022年）理论物理专款共资助项目2836项，总经费4.166亿元，年度经费从100万元增加到6000万元。经历两个阶段（图1），前半段（1993～2008年）经费处于低平稳期，为100万～300万元/年；后半段（2009～2022年）经费进入高速发展期，经费每几年就大幅提升，从800万元/年增加到6000万元/年。

伴随着国家经济快速发展，对自然科学基金的投入也在逐年大幅提升。图2给出理论物理专款与物理Ⅱ青年基金经费的对照图，2000年之前理论物理专款经费是大于物理Ⅱ青年基金经费的，特别是成立之初,理论物理专款经费是物理Ⅱ青年基金经费的2倍;之后物理Ⅱ青年基金经费远超过理论物理专款,目前物理Ⅱ青年基金经费大概是理论物理专款的2倍,完全反转。

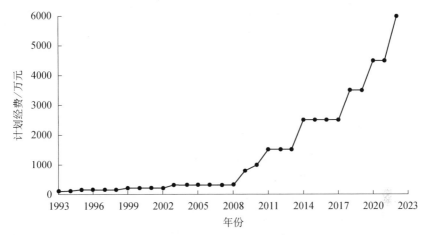

图1 理论物理专款的经费情况

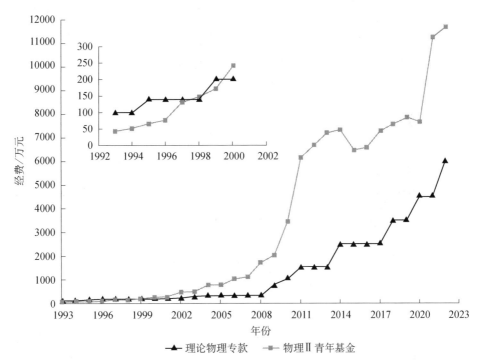

图2 理论物理专款经费与物理Ⅱ青年基金经费对比情况

三、资助模式

理论物理专款经过 30 年的历程，根据理论物理学科的特点、中国经济发展状况和政府经费投入状况，学术领导小组充分发挥顶层设计作用，数理科学部协管统筹，采用相对灵活的资助模式，不断探索，不断创新。

1. 李–杨项目（1993 年至今）

李政道和杨振宁先生一直非常关心中国理论物理学的发展，自 20 世纪 80 年代中国实行改革开放后，经常到中国讲学和从事合作研究。2003 年杨振宁先生回国任清华大学教授。自理论物理专款设立起，每年稳定持续支持李政道和杨振宁先生领导的中国理论物理研究项目（简称李–杨项目），使项目组成员在他们的领导下，跟踪国际前沿，做出具有国际水平的研究工作，以促进国内优秀人才的培养和研究新领域的开拓。目前项目的依托单位分别是中国高等科学技术中心和清华大学高等研究院，每个项目 500 万元（3 年）。李–杨项目的重要特点是与两个中心的学术活动紧密结合，开展了多种形式的高水平国际学术交流活动，促进了我国与世界科学界的深度融合。课题成员开创和负责组织中心的若干系列研讨会，培养了一批年轻的接班人。通过共同交流、研究和讨论，促进了有价值的想法和成果的产生，特别是交叉学科和新课题的提出。

2. 探索应急研究项目（1993～2000 年）

1993 年理论物理专款成立之初，资助工作的主体就是李–杨项目和探索应急研究项目。探索应急研究项目设立的目的是针对理论物理学发展中的特殊问题，利用专款灵活机动的特点，发挥学术领导小组的顶层设计作用，及时提出国际前沿课题，及时支持具有创新思想和学科交叉的项目，资助一般面上项目难以支持的研究项目，是国家自然科学基金主体项目的有益补充，同时也缓解了当时理论物理研究经费紧张的境况。研究方向是理论物理的前沿探索，依托单位是国内理论物理研究实力很强的单位，项目负责人是所在领域的优秀人才。

3. 图书出版（1994年至今）

为改善国内理论物理研究环境，支持有关理论物理的图书出版。早期关于经典理论物理教材的影印出版，在当时极度缺乏教材的环境下，对从事理论物理研究的学生和初级研究人员起到非常重要的作用。目前资助理论物理专著和科普著作的出版，旨在促进理论物理研究的发展，提高大众对理论物理的了解和中学生、本科生、研究生对理论物理的兴趣，以期对从事理论物理工作的高年级本科生、研究生和科研人员有所帮助。

4. 前沿讲习班（1999年至今）

为了提高我国物理学基础学科整体教学水平和科研能力，弥补各高校在基础学科研究生课程教学方面的局限性和不足，提高研究生的培养质量，加快我国基础学科人才的成长，加强理论物理队伍建设和加速理论物理青年人才的成长，促进理论物理与其他学科的交叉，1999年学术领导小组决定每年举办"理论物理前沿专题"系列讲习班。早期讲习班对提高我国理论物理学基础的教学水平和科研水平，加强各高校研究生课程的建设，提高研究生培养质量，加快基础学科人才的成长是卓有成效的。目前的前沿讲习班更加侧重为理论物理青年学者开设系列课程，系统训练基础理论，使青年学者深入了解理论物理学科前沿。

5. 东西部合作项目/合作研修项目（2001~2014年）

2001年开始设立东西部合作项目，其目的是支持西部学者或研究组（内蒙古、陕西、宁夏、甘肃、青海、新疆、西藏、贵州、云南、重庆、四川、广西这 12 个西部地区的非国务院各部委、中国科学院和人民解放军所属单位的科研人员），通过与东部教授合作，完成项目研究任务。从 2009 年起为了扩大资助面，全面提升理论物理的发展，升级为合作研修项目，其目的是支持全国范围理论物理研究条件有限的学者或研究组，通过与国内理论物理研究相对实力强的学者合作研修，提高科研能力和水平，促进理论物理薄弱地区的科研人才的培养，同时希望通过科研促进当地教师教学水平的提高。

6. 高级研讨班（2001～2018 年）

根据理论物理研究的特点，为促进研究人员之间的学术交流与合作研究，以取得更好的研究成果，理论物理专款学术领导小组于 2001 年决定举办"理论物理前沿课题高级研讨班"（简称高级研讨班）。高级研讨班将学术研讨与课题研究结合起来，即以研讨班的形式，做深入的课题研究，为正在从事该课题研究或准备进行该领域课题研究的部分人员提供学术交流和开展合作研究的机会。

随着科研经费的不断增长，理论物理学家之间的交流渠道也越来越多，2006～2008 三年期间没有再资助高级研讨班。到 2009 年，学术领导小组讨论决定将其改为研究型高级研讨班，要求主题鲜明，规模要小，突出"高、研、讨"相结合，即内容前沿专一深入，就某一问题深入钻研与推演，展开热烈的讨论，乃至争论。

7. 博士研究人员启动项目（2003～2019 年）

2003 年开始设立博士研究人员启动项目，其目的是通过资助 3 年期限内获得博士学位并正在从事理论物理研究而又没有科研经费的年轻研究人员，为刚毕业的理论物理博士生解决研究经费的困难，促使他们坚定研究方向、安心从事理论物理研究、积极参加学术交流活动。连续支持 17 年，共资助 1799 项，资助经费 7789.9 万元，资助强度 4.3 万元/项。

该项目设立以来，随着国家每年博士毕业生数量的增加，每年申请的人数（特别是 2007 年以后）也以较大比例增长，项目的竞争性提高。项目负责人的年龄大部分在 35 岁以下，其中 25～30 岁年龄段的人数最多；女性负责人的比例约为 1/3；大部分无高级职称。该类型项目资助的绝大部分年轻研究人员正处于学术生涯的早期。年轻研究人员通过该项目的获得，增加了继续从事理论物理研究的决心。资助单位具有多样性，使得我国理论物理研究的地域更加广泛。在项目结束后获其他基金项目的资助率比青年基金高，说明小项目的及时资助使刚进入独立科学研究期的年轻人打开了科学基金的窗口，提高了其研究水平和自信心，促进其获青年基金的资助，对我国理论物理人才的可持续发展起到了重要的推动作用。

8. 西部讲学/专题讲学（2004～2017 年）

2004 年，学术领导小组决定每年举办"西部讲学"活动，其目的是充分发挥"东西部合作项目"对西部地区理论物理研究的推动作用，进一步促进西部地区理论物理研究人才的培养，加快理论物理科研和教学水平的提高。学术领导小组根据"择优支持"的原则，选择基础好的单位，每年举办一期学习班，组织高水平的理论物理学专家去西部单位讲学，使更多的西部地区理论物理研究人员受益。从 2010 年起活动的区域有所拓宽，不再单指西部地区，更名为"专题讲学"活动。学员主要是主办单位及邻近院校和科研院所从事理论物理研究和教学的青年教师、科研人员和研究生。

9. 彭桓武理论物理论坛（2005 年至今）

2005 年理论物理专款开始设立彭桓武理论物理论坛，彭桓武院士是"两弹一星"功勋，为我国原子弹、氢弹的研制做出了杰出的贡献。该论坛是中国理论物理学界学习彭桓武先生的学术思想和科学精神、缅怀彭桓武先生（彭先生逝世后）的重要学术活动。论坛邀请学术界资深专家根据理论物理发展的前沿和最新研究结果，作相关学术报告，进一步加强理论物理内部各领域之间的学术合作与学术交流，加强理论物理和数学、生物、化学、地学、天文以及应用学科的交叉融合。每一届的论坛召开地点由学术领导小组集体决定，基本原则是挑选有理论物理基础的大学或研究所，希望通过该论坛活动，吸引更多的年轻人员加入到理论物理的研究队伍中来，促进我国理论物理的发展。2019 年开始增设彭桓武理论物理青年科学家论坛，为理论物理青年人才搭建高层次的交流平台，增进国内理论物理学青年人才的学术交流，提高学术水平。

10. 高校平台项目（2009~2021 年）

"高校理论物理学科发展与交流平台项目"（简称高校平台项目）主要是稳定高校理论物理学科队伍，通过扶持研究条件相对较弱的高校与国内外理论物理研究水平高的单位和学者的交流，促进高校理论物理发展。从 2009 年开始，学术领导小组逐年调研，分批分层次开展资助工作。要求依托单位有较好的理论物理学科的历史积淀、基础与特色，有较好的队伍基础和发展势头，理论物理学科的发展要与学校的学科发展规划互补，学校在规划、人才引进和经费方面均给予实质性支持。共资助 20 所高校：兰州大学、四川大学、新疆大学、西北大学、东北师范大学、西北师范大学、重庆大学、广西师范大学、吉林大学、陕西师范大学、武汉大学、西南交通大学、湖州师范学院、厦门大学、扬州大学、内蒙古大学、西藏大学、大连理工大学、辽宁师范大学、山西大学。

11. 创新研究中心（2016 年至今）

2016 年设立理论物理创新研究中心，目的是以构建交流平台促进合作与研究为主旨，支持高端和前沿问题的理论物理研究与论坛，以前沿性、交叉性和创新性为目标，通过多种形式的学术交流研讨活动，凝聚研究队伍，聚焦科学问题，培养青年学术骨干，动员全国优秀的理论物理研究力量，集中攻关，做出协同性的创新成果，推动理论物理学科发展。先后在全国布局资助 6 个理论物理创新研究中心，兼顾研究领域和地理区域的分布：彭桓武理论物理创新研究中心（北京）、彭桓武高能基础理论研究中心（合肥-西安）、兰州理论物理中心（兰州）、上海核物理理论研究中心（上海）、西南理论物理和量子-宇宙理论物理中心（重庆-杭州）、复杂系统理论物理中心（南京）。

12. 博士后项目（2018 年至今）

2018 年设立理论物理博士后项目，目的是为了鼓励从事理论物理研究的入站博士后在国内开展创新研究工作，培养理论物理学科领域的优秀青年人才。随着国际形势的变化，越来越多的优秀人才优先考虑留在国内做博士后研究，博士后项目的申请和资助质量也在逐年提升，效果明显，其中有相当大一部分人员获得项目的资助后，取得了一些富有创新的成果，受到国际同行的关注。2018～2022 年共资助 304 项，资助经费 5453 万元，资助强度 18 万元/项。

13. 重点专项（2022 年至今）

2022 年设立理论物理重点专项，目的是充分发挥学术领导小组顶层设计的作用，探索资助具有理论物理特色的前沿研究项目，以学科的重要科学问题为导向，理论物理思想为指导，推动物理及其交叉学科的发展。鼓励和引导国内的理论物理学者去解决理论物理中的基本问题，有原创性思想的问题和原创性的理论方法（包括计算方法）。通过项目的资助，把相关领域的理论物理队伍建立起来。

四、特色与效果

（1）充分发挥学术领导小组群策群力顶层设计的作用。根据理论物理学科发展的需求和国家战略发展需求，学术领导小组加强学科调研，不断地思考、探索和调整新时期推动理论物理发展的资助模式，兼顾学科差异，扶持薄弱学科，稳定理论物理的研究队伍，全面促进理论物理各分支学科的均衡发展。

（2）稳定理论物理队伍，特别关注年轻人才的培养和成长，促进青年科研人员广泛开展国际、国内的学术交流和讲习活动，为青年人产生创新想法提供土壤。为刚毕业的理论物理博士生解决研究经费的困难，理论物理专款设立的"博士研究人员启动项目"，对他们坚定研究方向、安心从事理论物理研究、从事学术交流活动起到了雪中送炭的作用。为鼓励从事理论物理研究的入站博士后在国内开展创新研究工作，理论物理专款设立"理论物理博士后项目"。近几年来，越来越多的优秀人才优先考虑留在国内做博士后研究，"理论物理博士后项目"为理论物理的博士后研究人员心无旁骛地开展研究工作起到了及时雨的作用，对于减少我国基础科研人才外流具有一定的积极作用。

（3）促进西部地区理论物理的发展。1993~2003年期间理论物理的发展遇到了困难，西部地区的理论物理研究进入了低谷。研究人员大量地往东南部发达地区转移，一些原来理论物理比较有基础的大学教研室趋于瓦解。理论物理专款及时启动了"东西部合作项目/合作研修项目""西部讲学""高校平台建设"等，支持和推进了这些薄弱地区的理论物理研究，保持住一些薄弱分支学科的持续发展，保障了理论物理学在全国的均衡发展。

（4）构建导向性的交流中心。交流是理论物理研究的一大特点，在我国不同的地域合理地规划和布局交流中心，起到理论物理在全国各地的辐射作用，全面促进理论物理的均衡发展。交流中心在内容上体现交叉性；推动理论与实验的密切结合；有规划地请国际著名大师来讲学，成为有吸引力的国内外密切结合的交流中心。

（5）促进学术交流，在全国范围传播和弘扬学术思想与科学精神。在不同层面加强学术交流："西部讲学"进一步促进西部地区理论物理研究人才的培养，加快理论物理科研和教学水平的提高；"前沿讲习班"侧重于提高我国理论物理学研究生的整体水平，加强理论物理队伍建设和加速理论物理青年人才的成长；"高级研讨班"着力于相同研究领域高水平的研究小组成员间的学术交流与合作研究，通过长期稳定的支持，大家就某一问题深入钻研与推演，展开热烈的讨论或争论，形成良好的学术争辩氛围，争取在某方面有突破性进展。每届"彭桓武理论物理论坛"在全国有理论物理基础的大学或研究所召开，通过学术界资深专家的前沿学术报告来吸引更多的年轻人员加入到理论物理的研究队伍中来，共同缅怀中国理论物理学家彭桓武先生，传播和弘扬彭桓武先生的学术思想与科学精神。

（6）充分利用现代媒体技术，加强对理论物理及理论物理专款的宣传力度。依托中国科学院理论物理研究所建设了理论物理专款网站、微信公众号和视频号。通过以上媒体平台及时发布各类学术活动、科研进展和科普信息，不仅为理论物理领域师生提供了解理论物理专款工作的渠道，也吸引了领域外公众的广泛关注，不断扩大理论物理专款的影响力。

理论物理的"唯美"与"求真"

孙昌璞

（中国工程物理研究院研究生院　北京　100193；
北京大学物理学院　北京　100871）

国家自然科学基金理论物理专款（下称"专款"）设立已经30周年了，作为前七届"专款"学术领导小组的成员（1993～2022年）和第七届"专款"学术领导小组的组长，我亲历"专款"在不同的历史时期如何推动我国理论物理学科的建设和发展，也见证了彭桓武等老一辈理论物理学家为促进我国理论物理事业的进步，严谨认真，殚精竭虑、心系全局、以长远的眼光务实当下、布局未来。在"专款"工作中，本人有幸聆听了老一辈的教诲，在耳濡目染中不断学习他们的思想方法和工作作风。很早有机会参与"专款"对我国理论物理的组织领导工作，使我得以从不同的视角全面地了解理论物理的发展[1,2]。同时，自己也积极在科学研究前沿进行着不懈的探索，通过研究工作的积累，对当代理论物理趋势和我国理论物理发展前景形成了一些个人的浅见。文章将围绕着理论物理"唯美"与"求真"的核心价值观，强调理论物理具有基础性和综合交叉性的根本特征。从科学方法论（哲学）的角度，通过实例讨论了理论与实验的"非常"关系，明晰了"实验证实理论"的科学哲学内涵，并阐述为什么基本物理的理论工作在一段时间内可以与即时的实验验证保持距离。本文强调要做"有用"的理论物理——应用理论物理,并指出需求驱动的科学研究与自由探索一样,也会导致实现基础物理的重要突破。最后,通过我们过去 20 年关于介观统计热力学的研究工作的历程,展示如何在开展理论物理引领的基础研究的同时,兼顾真正的应用需求。

本文的部分观点引述了笔者为《物理学报》"观点和展望"撰写的文章《当代理论物理发展趋势之我见——杨振宁学术思想启发的若干思考》[3]。

一、理论物理为什么比物理理论更重要?

理论物理作为物理学的基础分支学科常常被人们质疑:既然物理学不同的学科分支有各自的物理理论,为什么还需要有理论物理这样的学科?理论物理典型的学科特征是什么?历史上关于发展物理理论还是理论物理在我国曾经有过一些学术争论。在不同的历史时期,这种争论有时还不仅仅停留在学术层面上。在"理论脱离实际"大帽子下,那时有的科研院所曾多次解散理论物理研究室。即使在当下,抽象的理论物理工作也会被质疑:为什么还没有被实验所"证实"?或理论物理的研究成果有用吗?本文不奢望能够完美回答这些质问,而是要尽最大努力阐释问题更底层的逻辑:"实验证实理论"的内涵究竟是什么?是不是只有被"证实"了的理论才能是"有用的"?

众所周知,物理学通常是基于"还原论"(reductionism)和"演生论"(emergentism)两种科学范式来描述物质世界运动和构型的。前者把物质性质归结为最基础组元间的基本相互作用——电、弱、强相互作用和引力[4-6];而后者主要研究多粒子组成的复杂系统,把较高的结构层次"演生"出来的有序和合作效应的规律当成基本定律加以探索[7, 8]。两种理论范式采取的共性科学手段是利用实验进行主动的观测，理论物理通过建立理论模型、经过哲学性思考，提出初步的科学理论假设，然后借助新的实验进行判定性的检验，最后用严格的数学语言精确、定量地表达其中一般的科学规律——物理定律，由此再进一步预言新的物理效应，并把其中的普适的规律应用到新的领域。理论物理学的这种研究方法，决定了其作为一门独立学科存在的必要性，也预示着它在物质科学研究中具有不可或缺的核心地位。

在中文语境中，王竹溪和郝柏林曾经明确定义了什么是理论物理："理论物理是物理学的一个分支。理论物理学把物理学各个分支领域对物质运动规律的研究成果作出高度概括，表述为基本的定量的关系，建立起统一的深刻的理论体系，说明和预见新的物理现象。许多实验和理论的集体，既分工又配合，在理性认识和感性认识的多次循环往复中，使物理研究工作步步深入，揭示和应用自然界的客观规律……"[9]他们还进一步强调，"一方面，物理学的各个分支都有相应的理论，另一方面贯穿于各个方面的理论又形成体系，构成理论物理学科。理论物理又起到沟通各个分支学科的桥梁作用"。由此看来，理论物理学是一门跨越物理学各个分支领域乃至其他物质科学领域的综合交叉学科，它的基本性和普适性意味着它比零零散散、针对具体的物理理论更为重要！

围绕着"还原论"和"演生论"的世界观，物理学形成了各自不同的学科分支。前者有粒子物理、核物理和原子分子物理等，而后者包含凝聚态物理、等离子体物理和激光物理等。物理学的理论基础是"四大力学"，但它们又各自发展出新的理论，如激光理论、固体理论等。两大方面的诸多学科的共性问题和普适规律可以通过理论物理有机地联系起来。因此理论物理在内涵上具有本质交叉的明显特征，通过数学和模型把物理学的各个分支的理论相干地融合成一个理论总体。

凝聚态物理学形成当代物理学最大的分支，它把量子力学和统计物理成功地运用到固体和液体等凝聚态系统中，奠定了材料、信息、生物科学和能源技术的科学基础。反过来，基于凝聚态发展起来的相互作用多体理论对整个物理也有基础性的贡献：从凝聚态物理的研究中凝练出来的普适思考和方法，对包括高能物理在内的其他物理学科的发展也起到根本性的作用。如大家所知，要满足局域规范对称性的要求，原初的杨-Mills规范场是没有质量的，这使得规范场理论多年不能有实际应用。后来，南部（Yoichiro Nambu）把BCS超导理论中蕴含的对称自发破缺机制应用到基本粒子物理，通过Higgs-Anderson机制使得规范场获得质量，由此建立了杨-Mills规范场论描述的电弱统一标准模型和关于强相互作用的量子色动力学（QCD）。对称性自发破缺机制的发现作为物理学发展历史上的一个重要里程碑，已经成为当代理论物理必不可少的基础性内容。需要指出的是，对称自发破缺机制提出之后，在彭罗斯（O. Penrose）和昂萨格（Onsager）工作基础上，杨振宁发展起来的非对角长程序（off-diagonal long range order，ODLRO）理论与对称性自发破缺机制是等价的，是对超导和超流等演生现象更严格的理论描述。可以说，Higgs-Anderson机制是理论物理中"还原论"和"演生论"和谐统一的光辉典范。

二、为什么理论物理是物理学最唯美的分支？

物理学的目标是研究物质世界的结构和运动规律，但实际物质世界极为复杂多样，导致了研究方法和手段也百花齐放，名目繁多，在技术层面上难以统一起来。从科学思想的角度看，基于"还原论"和"演生论"物理学的不同分支领域也会有价值观上的差异。相应地，从实验的角度看，高能粒子物理基于"还原论"的代价是需要昂贵的大型科学装置，因此高能粒子物理验证理论预言的时间要久远一些，如Higgs机制的证实用了50多年。因此，判断一个基于"还原论"的物理理论的"好坏",并不能仅仅依据是否能被即时验证。基于"演生论"的凝聚态物理等学科,较为贴近日常生活,大多采用相对经济、短时间内可实现的桌面实验系统进行验证。因此,就整个物理学而言,理论能否"马上被证实"在短时间内不应当被当作理论工作好坏的判断标准。

判断一个理论好坏的价值观是多元化的,在物理学内部自然也会带来一定程度上价值观的冲突。凝聚态物理学家安德森(Philip Anderson)不断强化"多者异也"(more is different)的"演生"观点,已经以某种方式影响了美国超导超级对撞机(SSC)建设的下马,当年温伯格(Steven Weinberg)与他有过激烈的公开争论。从事高能理论研究的人经常会把有诸多条件不明近似和假设的凝聚态理论视为"脏物理"(dirty physics)。诚然,多元化的价值观是理论物理学发展的活力所在,但由此引发的分歧有时也会影响物理学的和谐发展[9]。这不仅仅是因为资源的约束,更多的是由于思想方法的差异。现在的问题是,是否存在一种共同的内在价值的选择突破这种多元价值冲突的困境呢?爱因斯坦(Einstein)、玻尔兹曼(Ludwig Boltzmann)、狄拉克(Dirac)、杨振宁和巴丁(Bardeen)等理论物理学家通过自己具体的科学实践找到了统一其多元化价值观的途径,那就是在求真过程中,共同的目标是追求科学之"美"[10, 11]。

"美"看上去是主观的东西,它怎么可以作为以实验为基础的理论物理学的价值标准呢?对此,杨振宁复述了玻尔兹曼的观点:物理理论有美妙的地方,每一位物理学家对这种美妙有不同感受,形成自己的风格。这种不同的感受就是杨先生所说的"taste"(品味):有了对科学之"美"的追求,狄拉克可以不惧玻尔、海森伯和泡利等权威,在"数学之美"的思想境界写下狄拉克方程,神奇地预言了反物质的新世界。杨振宁也正是在这类"美"的价值观驱动下,基于对称性的考虑,和 Mills 一道,大胆地提出了杨-Mills 规范场论,而不"介意"泡利基于当时规范场尚无质量这一事实的多次质疑。

　　当然，大而化之地谈"品味"和"风格"，并不能告诉大家"美"为什么能够作为判断理论好坏的标准。经过多少年的科研实践和一些哲学思考，我体会到其基本原因可能源于数学"唯美"的价值观。当年和我同时在美国长岛纽约州立大学石溪分校访问的王元先生告诉我，好的数学和艺术一样，美学是第一标准，数学美在于大道至简[12]："理当则简，品贵则简。"数学美不是人造的，它亘古有之、天道自然，这也是与人为创造的艺术之美的本质分野。物理理论之美在于自然物质有其结构之美，而描述它的理论框架必有数学之美。它赋予了（物理）科学之美以客观的属性，自然不同于难以言说的艺术之美。数学美和物理学美有同根的地方，也有差别。杨振宁对数学家在不知道物理背景的情况下独立地发明了"规范场"-纤维丛上的联络一事感到惊讶，认为数学家"凭空梦想出了这些概念"。但数学大师陈省身先生却认为"它们是自然的，也是实在的"。因此，虽然数学和物理学关系密切，但它们各有各的价值观和文化传统，"有着不同的发展方向"[13, 14]。

　　数学不仅用"美"统一了理论物理的多元价值，而且要为理论物理学发展提供更严谨的分析及推理手段，后者导致了传统的数学物理的诞生和发展；反过来，理论物理学的新需求也牵引了数学的新发展，由此引申出来的概念和方法也启发了新的数学思想和数学分支的诞生，这也是今后理论物理发展的新趋势——现代数学物理。这些新的发展当然是"唯美"的，甚至可以暂时不计物理应用的实用目标的。可以说，这个发展趋势主要是由爱因斯坦、狄拉克发起的。在 20 世纪六七十年代后，由杨振宁和威滕（Edward Witten）等人先后把它推向了一个新的高潮：狄拉克给出的关于量子力学的 q 数-c 数理论，导致算子代数的诞生；引入了 δ 函数，导致了广义函数理论的建立。作为对数学学科拓展也深具实质性影响力的理论物理学家，杨振宁秉承了狄拉克"唯美"的学术精神，深刻理解物理学美与数学美的关系。他建立的规范场理论和杨-Baxter方程实质上推动了两个新的数学分支发展，即 Hopf 代数–量子群和四维可微流形分类。他的这些工作深刻地影响了 20 世纪 80 年代中国数学物理的发展，如推动经典规范场与磁单极、可积系统与量子群的研究，培养和锻炼了几代在数学物理领域有国际影响的理论物理学家。

三、什么样的实验才算验证了理论物理的预言？

物理学本身是一门基于实验求"真"的科学。作为物理学的一个学科分支，理论物理的"真理性"必须经受实验的考验。然而，理论物理不仅仅要面对各种具体的实验，而且要立足于足够多的实验总和之上并发现共性规律。因而，其阶段性的理论研究，有的开始可能看不到实验检验的可能，但经过进一步拓展和改进却可以导致重大突破和科学革命——广义相对论和规范场论是这方面的典型例证。鉴于这种事实，我们可以追问：理论物理的"真"是不是要求马上有实验验证？是否要仔细考量实验是不是"真"的验证了我们要验证的东西？从科学哲学的角度甚至还可以进一步地追问，理论本身能够被证实吗[15]？笔者可以举几个例子来说明这些追问并非平庸和形而上学。

有时，判断实验是否"真"的验证了理论十分困难。当实验物理学家知道了"理论"的预言结果，处理实验数据就会有主观的倾向，"实验验证了理论"的断言就不那么令人信服了。这里可能会出现科学研究的"灰色地带"，也可能出现严重的科学诚信问题。1956 年，李政道、杨振宁发现宇称不守恒并建立中微子二分量，预言 μ 子到正负电子衰变的实验分支比是 3/4。此前实验发现分支比在一定范围内几乎是随机的，而此后 10 年里，不同研究组进行了多次实验，最后分支比的测量值都稳定逼近 3/4（图 1），其中每一次实验的误差（error bar）都落在前一个实验误差里边[16]。这个事例告诉大家，单次实验观察不到"真"、不可能完全独立于理论去无偏地验证理论预言。因此，仅凭一次和少数几次实验检验理论正确性是不可靠的，只有多次重复实验才能逼近理论描述的"真"、发现物质世界的"真"与"美"。

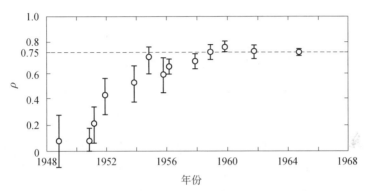

图1　1957年李–杨的理论预言影响了测量 μ 子到正负电子衰变的分支比的误差处理：测量每一次实验的中值都落在前一次实验误差范围内，10年后逼近预言3/4而趋于稳定

其实，实验物理学家看到的"理论"预言有可能只是在十分苛刻条件下的某种简化模型和低阶近似的结果，这就是最近马约拉纳（Majorana）零模实验的问题所在。在一定条件下，超导–纳米线（拓扑绝缘体）紧邻复合系统理论上一定会约化到 Kitaev 模型[17]，它的激发谱就会出现 Majorana 零模。然而，在实际的强场（或强表面能隙）条件下，它们并不能约化到理想 Kitaev 模型。这时，即使观察到的零偏压信号，也不能代表 Majorana 零模。

我们最近的研究表明[17]，对于超导–纳米线紧邻复合系统（图2（a）），在化学势 μ–磁场 B 平面上，磁场很弱时，"理想拓扑相图"边界是开口向上的类抛物线。这时，通过紧邻效应，超导线中的虚激发在纳米线上诱导出电子配对，近似理论预言的配对强度不依赖磁场。然而，仔细进行更精确的解析分析或严格从头计算就会发现，有效配对强度一定依赖于磁场，它使得"相图"边界变得封闭。当磁场强度超过"相图"边界顶部，拓扑相变就不会发生，因此不会有 Majorana 激发（图 2（b），(c)）。对于超导-拓扑绝缘体紧邻复合系统（图 2（d））也存在同样的问题。在配对强度 Δ-表面能隙 m 平面上，期望约化到的理想 Kitaev 模型给出的拓扑边界是直的，拓扑区域对能隙 m 的取值并没有上限要求。然而，通过更严格的计算可以发现，有效配对强度会依赖于表面能隙 m，它也使得"拓扑相图"边界变形并封闭（图 2（e））。当表面能隙超过超导能隙 Δ_s 时，拓扑相已无严格定义，也就没有很好定义的 Majorana 模（图 2（e））。与纳米线体系实验一样，基于拓扑绝缘体系统的 Majorana 实验，也没有达到理论拓扑相变的条件。对于上述两种复合系统用来模拟 Kitaev 模型，实验家相信最低阶近似下有效模型理论的预言，却不符合他们的实验条件。为此，有人有取向地处理数据（或干脆不采用自己观测到的数据），得到看似与近似理论相符合的结论。不过最终，这些应合低阶近似有效理论的 Majorana 实验的大量文章被撤稿了。

笔者认为，上述问题产生的深层次根源在于这个领域中的一些人不能正确地理解、处理理论和实验的关系，有意无意地把近似的有效模型当作实际系统来研究，忽略了理论预言成立的条件；他们不仅在得到实验上的结论时人为地迎合"理论"，而且在阐述其重要性时也过分地依赖于"理论"，不能客观地使用实验数据——为了拟合已有的理论，处理数据时有强烈的人为取向。

基于以上考量，我认为，谈及理论预言的实验验证，必须追问到底实验验证了什么。实际物理系统与理想模型是有差距的，基于模型的近似预言与其精确理论结果也存在距离，关于实际物理系统的实验结果和来自模型的近似结果会偏差更远（图3）！而且其中每一步近似和建模都有不确定的要素，这些不确定性融合在一起，很容易得出"实验验证理论"这一平庸且不严格的结论。在这种情况下，如何避免此类问题的发生，得到可靠的结论，这要基于科学良

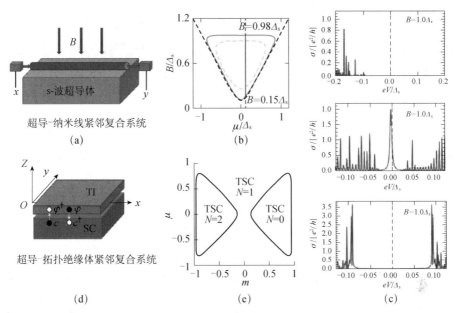

图2 实际紧邻系统及其相图与关于Majorana零模实验观察。左：超导-纳米线实际系统（a）和超导-拓扑绝缘体实际系统（d）；中：更严格方法预言的相图——纳米线体系相图随磁场变化由开到闭（b），拓扑绝缘体系统相图表面能隙变化由开到闭（e）；右：超导-纳米线系统微分电流随磁场变化的严格计算（c）。磁场超过一定强度，Majorana模的效应消逝

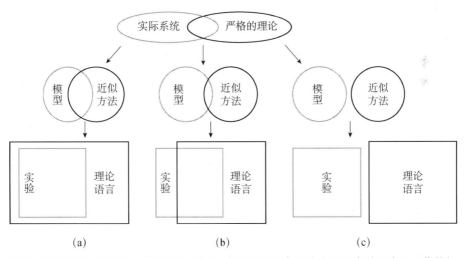

图3 实验证实"理论"：实际物理-模型-实验的"距离"决定了"实验证实"工作的好坏。（a）通过好的近似和合适的模型，理论预言涵盖了实际系统的主要物理，实验正好"证实"了它；（b）模型和近似不够理想，理论预言只是反映了实际系统的部分物理，实验证实了其中一部分预言；（c）模型和近似方法偏差较大，实验只是证实了"模型"的预言，并非真实的物理系统

心对严谨性的执着，科学精神对取得可靠的科学结论是不可或缺的。为了避免"实验验证理论"中人为因素的影响，一个好的理论与实验相结合的工作，必须是双盲的、背靠背的，否则，就会出现理论与实验互相人为迎合的科学诚信问题。

著名化学家朗缪尔（Irving Langmuir）曾经指出[18]，"可能科学家完全是诚实的，十分热衷于自己的研究……但完全自己欺骗了自己"，甚至"这些事件中没有任何弄虚作假，但由于作者不了解作为一个人完全可以被主观的因素、一厢情愿的想象引入歧途，以致完全陷入错误的泥塘之中"。这些主观的因素，完全有可能驱使科学家依据个人偏好，选择性地使用"实验证据"做出"重大科学结论"。一方面，一个好的理论物理成果，要独立放在那里，实验物理学家背靠背独立地验证它的预言；另一方面，一个好的实验，要开放所有认真测量得到的数据，最好让不同理论组背靠背地来解释，给出新发现。需要指出的是，当代物理学的重大发现几乎没有几个是理论和实验直接合作完成，并在一起发表的。这个事实从一个侧面宣示了实验-理论的"背靠背"在科学研究中的不可或缺性。

以上讨论表明理论与实验的关系非言可尽，说一个理论被实验证实了，或者说实验上有一个重要的发现，其内涵并不是显而易见的。从使用数据的可靠程度到理论预言的严谨性，都会影响"证实"之"真"的程度。最近有人发现了室温下的"高压"超导体，就是同一个人两场闹剧之后的又一场闹剧。

四、理论物理研究如何追求可证伪之"真"？

可证伪性（falsifiability）是科学思想家卡尔·波普尔（Karl R. Popper）提出的一种判定理论是否科学的思想原则。他认为，如同"天鹅都是白的"结论一样，一个理论通常是一个全称判断，不可能穷举所有经验来判定它是否正确。因此，越普适的理论越不易证实，但很易证其伪——发现一只黑天鹅，便可以否定上面"白天鹅"的全称命题，因为只观察一只天鹅黑或白，当下在技术上是允许的。从科学哲学的这个角度讲，物理实验只是用来证伪理论物理的预言，而不能完全证实理论。例如，关于BCS理论是否被同位素效应所证实，答案是否定的。因为BCS只证实了汞等少数元素的同位素效应，大多数元素并不符合BCS的"预言"[19]。因此，不能说超导材料的同位素效应实验能证实了BCS理论。其实，理论可证伪性要求启发了一种"求真""逼真"的科学研究新模式。如果一个理论或假设可以被现有技术发现逻辑上的谬误，我们就说这个理论可证伪，这是判断一个好的理论的逻辑标准，使理论有预言的可检验性，在科研实践中有效且有用，从而达到了科学逻辑之"真"。

现在我们基于理论可证伪性的要求，考察近年流行的量子模拟研究的科学意义究竟如何。理查德·费曼等最早提出的量子模拟，是指用简易可测、可控的量子系统（甲）去仿真待研究的复杂量子系统（乙），前提是现有理论无法基于现有的计算手段计算出乙的行为。后来量子模拟的概念有一定的引申：模拟实际实验无法实现的物理系统（乙），寻求其新的物理效应和物性。例如，在固体系统中不存在玻色-哈伯德（Bose-Hubbard）模型，但用光晶格中的冷原子能够实现这个理论模型。显然，用"甲"仿真"乙"的目的是为了预测出"乙"未知的效应和物性。但是，是否能通过量子模拟给出关于"乙"的新结果且可以在实验上"证伪"呢？答案基本是否定的。因为系统"乙"复杂得在实验上难控难测、实验条件不易马上实现（否则，何必模拟），用"甲"模拟出"乙"的新知识自然也不易马上被检验——在"乙"自己的实验上进行证伪活动。从这个意义上讲，量子模拟和通常的理论推导一样，一时无法确定和增加可证伪的新知识。正如大卫·休谟（David Hume）指出，"人们不可能诉诸在过去使用归纳推理的成功经验来证明归纳推理的可靠性",而量子模拟给出"乙"的新知识本质上只是依据对"甲"的归纳推理。量子模拟可以看成从理论到实验的中间环节。既然量子模拟的科学结果不可即时证伪,其可证伪性只有依赖关于"乙"实验技术的未来进步,在逻辑上即时可证伪的特征就不明显了,其研究方法和科学目标都可以被存疑。

还有一些背离量子模拟初心的"量子模拟",如用难控难测的光晶格冷原子体系模拟简易的一撕即成的石墨烯。除了这种本末倒置的行为,还出现了更平庸的量子模拟。例如,使用光学(或光子)系统去模拟电子系统行为。其实,由于电子系统存在费米面而光子系统没有,它们的统计行为导致的物性和效应完全不同。用光子模拟费米面决定的物性(例如,电子费米面附近低激发的普适行为可以描述为朗道费米液体或 Tomonaga-Luttinger 液体)一定存在原则上的问题。忽略了大量的物理要素一致性的约束,没有费米面,由光子模拟电子经常只是"运动方程"相似性的演示,这种模拟的科学意义自然是要打折扣的。另一方面,能够基于已经被证明的理论精确计算出来的东西也无需模拟,顾此失彼的模拟实验常常没有判定性的意义。有人希望用半导体系统在狄拉克点附近的低激发来模拟基本粒子(图4),如 Majorana 费米子和外尔(Weyl)粒子。然而,狄拉克点几乎定域在 K 空间的一点,在空间会弥散为一个几率平面波,如此模拟出来的还是想要的粒子吗?因为粒子在空间上必须是定域的。

我们必须强调,理论一定要联系实际,而实验必须基于理论。然而实验总的目的不只是去证实理论,理论的终极目标也不只是为了去解释实验。实验和理论应该彼此结合起来,去发现新现象、新效应、新物态,找到新规律、建立新方法。这些原则性议论是在讲物理学的发展应当不拘泥一时一事地理论联系实际。爱因斯坦曾经指出,"如果一个理论的基本概念和假设接近于经验,它就具有一

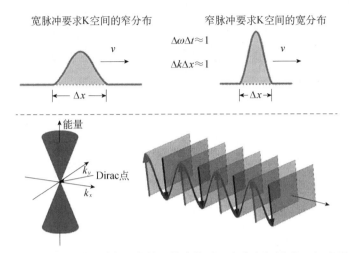

图4　K空间几乎局域在一点的"基本粒子"在实空间近乎一个平面波

种重要的优越性，人们对这样的一种理论自然就有更大的信心……然而，随着认识的深入，我们要寻求物理理论基础的逻辑简单性和一致性，因而我们要放弃上述的这种优越性"。在理论物理中，并非每一个理论（推论）都需要直接的实验证实，只有当采用的基本假设无明显理由时才需要实验检验。超导BCS理论本质是一种预先假设超导非零序参量的平均场理论，但超导系统粒子数守恒，相应的U(1)规范对称性通常只能给出序参量为零的结论。因此，我们需要量子隧穿实验（约瑟夫森效应）直接证实非零的序参量的存在从而"证实"BCS理论。同样，我们也需要昂贵的欧洲大型强子对撞机（LHC）实验，去发现Higgs粒子，验证对称自发破缺机制中起关键作用的基本粒子的物理标准模型。另外需要指出，虽然建立在大量实验基础上的量子力学无需进一步检验，但因其预言的非定域效应具有反直观性，也需要验证Bell不等式的实验去凸显其量子奇异性[20]。

最后我们指出，"实验验证理论预言"不等于"眼见为实"。其实，虽然夸克是量子色动力学（QCD）建立的基石，但在QCD实验中"看"不到自由的夸克，这不等于QCD就不对了。QCD预言的渐近自由效应和夸克禁闭现象，在逻辑上自证自由夸克不存在。这正是杨-Mills 规范理论美妙之处。量子力学的 Everett 多世界诠释在不引入任何额外假设（这隐喻着基于已被实验证实了的假设，等于实验已经检验了）的前提下，从逻辑上能够自证不同分支中无法交换信息——"看不到分裂"，从而给出量子力学的自洽的诠释，展现了量子力学内在的逻辑上的"美"与"真"！其实，QCD 和多世界诠释的某种"真"来自于其"逻辑之美"，它们具有逻辑上的可证伪性。这就是理论物理追求的科学之真和数学逻辑之美！

五、理论物理的未来为什么还要面向"有用"？

1961 年，杨振宁先生做过一个题为"物理学的未来"的演讲[13]，演讲中对理论物理未来发展的观点看似悲观。虽然当时他在高能物理领域积极推动加速器物理研究，但他那时对理论物理未来发展的"悲观"今天仍然还在：高能物理加速器实验越来越复杂、费用越来越高，理论和实验之间"越来越充满隔膜，而且距离物理的现象越来越远"；虽然"过去的二十年，无论是实验物理或者是理论物理都取得了令人兴奋的进展"，但他"感到今日物理学所遇到的困难有增无减"，他担心"爱因斯坦和我们曾经的大统一的梦想在下一个世纪可能无法实现"。在这种情况下，他继续追问，"21 世纪理论物理学的主旋律是什么呢"？"在充分明白其中可能涉及的风险后"，他做了更大胆的"猜测"："由于人类面临大量的问题，21 世纪物理学很可能被各种应用问题主导"。

基于这些看法，我在不同场合具象化地阐述过理论物理未来的发展趋势是"应用理论物理"（applied theoretical physics）：基于理论物理的思想、模型和数学工具，以应用为目的，研究主要包括人工复杂系统在内的客观系统，探索其物质-能量、时间-空间和信息-结构及其相互作用和运动演化规律，从中概括和归纳出具有普遍意义的基本理论，拓展理论物理过去只是关于自然物质系统探究的传统疆域。

从学科属性角度看，应用理论物理学属于"应用基础研究"，是跨系统综合交叉的学科领域。其实，与自由探索的科学研究一样，面向需求的基础研究不仅会导致技术革命，也会引发科学理论原始创新[21]。巴斯德研究酿酒技术相关的酒石酸的偏光行为，导致了生物学的重要分支微生物学的诞生。二战前后关于改进雷达性能的研究，导致了从微波激射器到激光的重要发现[22]。而激光理论后来催生了量子光学、量子通信研究，也推动了今天的精密测量的理论与技术。当然，面向应用领域，理论物理学是否还能演绎出20世纪关于对称性、量子化和规范场那样的英雄主题，今天并无确定的答案，但广阔的应用领域至少提供了产生这个旋律的舞台。

我认为，面向应用领域，理论物理未来的研究视野会更趋纵深和广阔。理论物理要立足于全部实验和现象的总和之上，而不是只追逐个别实验和偶然现象。具体的研究工作却要大处着眼，细小处着手。面对当代实验科学日趋复杂和巨大经费需求的形势，理论物理对物理学发展必须发挥更大的引领作用，为高新技术的发展方向提供判定性的科学基础；由于物质世界极为纷繁复杂，理论物理问题的解析求解不足以涵盖复杂系统的全部特征，如非微扰和高度非线性等。因此，理论物理另一个重要发展趋势是将基础理论与强大的现代计算手段相结合，使得理论物理预言更加定量化和精密化。计算物理从而应运而生，成为连接物理实验和理论模型必不可少的纽带。这些计算技术相关的发展，也是应用理论物理应着力倚重的。

理论物理学面对非自然的人工系统，适应物质科学从观测解释阶段进入自主调控的新时代，变自在之物为为我之物。近二十年来，在材料、能源乃至生命方面的实验发现（如生物磁导航、光合作用的量子效应等），在传统的理论物理框架下难以得到解释，新的理论物理创新也迫在眉睫。这些实验发现让理论物理相关应用研究跨上一个新的历史台阶，提供了更多理论物理的引领作用发挥到极致的场所。2021年的诺贝尔物理学奖颁发给作为复杂物理系统的地球物理和气候的研究工作，或多或少代表了理论物理发展的这样一种趋势。

应用理论物理学在国防安全等国家重大需求上会有更大的用武之地，也会发挥出更大的作用。理论物理学在提升国家战略地位方面已经发挥了不可替代的作用，理论物理学家爱因斯坦、奥本海默、费米、彭桓武、于敏、周光召等人也在这个维度上彪炳史册。例如，周光召利用理论物理的最大功原理，断定了此前我国不同于苏联的"九次计算"结果的正确性，确定了我国当时原子弹研究的正确方向。二战后，美欧开启了物理学大科学工程发展的新时代，基于大型加速器的重大科学发现也反过来为理论物理学提供广阔的用武之地，如标准模型的建立和加速器理论的发展。国防安全方面等国家重大需求往往与大科学工程密切联系，由此会提出自由探索中不易产生的重要基础科学问题，如由雷达发展催生的激光理论与对称性自发破缺机制相关、统计力学的最大熵原理可能会在奠定可靠性分析的理论基础方面发挥重要作用。国防和国家安全方面的重大需求对理论物理不断提出新挑战，同时也为理论物理研究提供了持续源头创新的平台。凝练和发掘应用领域相关的理论物理的科学问题，会在理论原始创新方面孕育重大的科学突破。这方面的研究将是理论物理发展的一个新趋势。

总之，理论物理学在不断"求美""求真"的同时还要面向"有用"，这是当前社会和科学技术发展的需求，也是理论物理学自身发展的必然趋势。通过将理论成果与实际应用相结合，不仅可以积极推动各个学科之间的交叉融合，促进理论创新、技术革命和跨学科合作，还可以带来更多的经济和社会效益，提升国家的战略地位和竞争力，并为人类文明的进步和发展作出更大的贡献。当然，这里必须注意,在安全保密的屏障下也容易出现"伪需求"和学术造假问题,历史上发生的"汉芯"事件值得引以为戒。

六、如何发展基本或(且)有用的理论物理?

以下,我以我们近二十年开展的介观统计热力学(mesoscopic statistical thermodynamics)研究为例,回顾一下在"专款"支持下,我们的研究工作如何把基础性和应用性结合起来以唯美求真。

介观统计热力学的提法,是用来综合小系统热力学和非平衡统计物理近几十年重要进展,包括量子热力学、非正则统计和热化、有限时间热力学和随机热力学等。这里"介观"的内涵是指系统的空间尺度偏离热力学极限,或者其物理过程的时间尺度可以和"寿命"相比(图5)。例如,一个有限系统空间尺度可以和单粒子物质波相干长度相比拟,量子效应就起作用了;一个系统的粒子数有限,偏离热力学极限、热力学量的涨落就会明显地起作用。在这种情况下就必须发展量子热力学和小系统的统计热力学,或随机热力学。

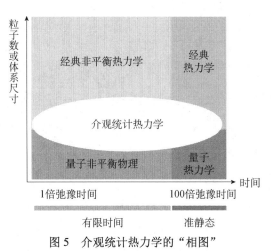

图5 介观统计热力学的"相图"

有限时间热力学通常以宏观系统为工作物质,并且用来处理时间有限的准平衡过程。大家知道，一个理想的热机的最高效率是卡诺效率。而其中涉及的热力学准平衡过程需要时间无穷长，因而功率为零。有限时间热力学旨在探索保证功率（效率）最大时的效率（功率）的优化问题，这方面研究与核反应堆的实际应用及内燃机气缸的活塞循环优化控制联系密切。当然，由于时间有限，时间维度上涨落和熵产生变成了这个领域的一个基本问题。最近针对这个问题，我们不仅从理论上完整地确立了一个简洁而优美的功率-效率约束关系[23]，而且自主地设计热力学实验装置，从实验上首次验证了决定功率-效率关系的 $1/\tau$ 假设[24]（图6）。

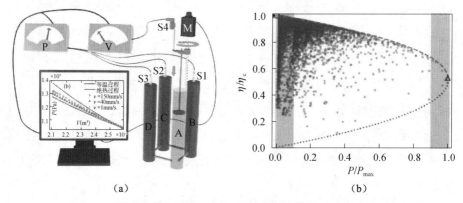

图6　实验装置图（a）和效率功率关系（b）

小系统的统计热力学，或随机热力学是过去30年左右发展起来的非平衡统计物理的一个分支[25]。它通常以单个或少数几个做布朗运动的介观粒子为研究对象。通过引入运动方程（通常是朗之万方程或福克-普朗克方程）和定义在单条轨道上的功泛函和热泛函，来研究任意远离平衡过程的热力学性质。在经典热力学中，粒子数趋于无穷大（热力学极限），涨落效应不明显，热力学量的平均值就足以描述这个过程。但是在随机热力学中，由于粒子数远小于热力学极限，热力学量的涨落就至关重要。这时，仅使用热力学量的平均值不足以描述这个过程。我们通常需要知道热力学量的所有阶矩的信息，也就是它们的分布函数，比如功分布函数、热分布函数、熵产生的分布函数等。由于有了运动方程，原则上我们可以计算任意远离平衡过程的热力学量的分布函数。在过去30年，物理学家还进一步发现，这些热力学量的分布函数满足一些非常普适的恒等式——Jarzynski 恒等式和其他涨落定理。它们对任意远离平衡的过程都成立。这是非平衡统计热力学的重要进展。热力学第二定律以及涨落-耗散定理等在近平衡过程成立的理论则可以被看作是 Jarzynski 恒等式和其他涨落定理的一个推论。因此，这些发现大大加深了我们对热力学第二定律和时间反演对称性破缺的深入认识。随机热力学在过去30年与有限时间热力学交织发展，有望为（基于一些唯象假设的）有限时间热力学提供一些微观理论基础。

以下回顾一下我们在"介观统计热力学"领域的研究历程和有关想法。21世纪初，量子信息和量子计算成为热门的前沿科学领域。此前，我从量子力学测量和退相干问题入手，在1997年进入量子计算和量子信息的研究。后来在"专款"支持下，与陶瑞宝先生一道组织了若干次学术讨论会推动国内固态量子计算的研究工作。大家知道，量子纠缠和量子相干可以使量子计算具有经典计算不可比拟的解决特殊问题的能力。虽然直至今天，由于量子退相干的物理约束和技术能力限制，通用量子计算的实用化并没有达到当时预想的目标，但启发了不少新的研究方向，如量子热力学。

在2002年的秋天，我产生了一个朴素的意识：既然量子相干性可以本质上突破信息处理的能力瓶颈，那么热机使用量子物质做功是否能突破经典热力学定律对能量传输和转换的限制。当时有人发表文章[26]说，利用相干原子态发光推动微腔活塞，可以实现单一热源做功，从而超越热力学第二定律。我的研究生全海涛、张芃和我从直觉上不相信这个论断。我们从厘清功和热的"量子定义"着手，认真梳理了量子物质做功、放热等基本概念[27]，正确地给出了等温过程、等体过程、绝热过程的描述。我们发现，对于量子做功物质必须正确使用有效温度的观念[28]，从而就不会有破坏热力学定律的反常现象。后来我们进一步尝试了基于"麦克斯韦妖"的信息辅助的量子热机，发现只要把信息擦除的过程包括到热力学循环，热力学定律就不会被违反。此后，董辉等研究生也陆续加入量子热力学研究，我们进一步从非正则统计物理学、量子相变物质做功和麦克斯韦妖的角度研究相关的问题。这些年量子热力学在世界上成为研究热点，我们早年的几篇文章成为了这个"新兴领域"的代表性工作，至今长引不衰（图7）。

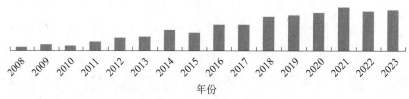

Quantum thermodynamic cycles and quantum heat engines
HT Quan, Y Liu, CP Sun, F Nori-Physical Review E, 2007
被引用次数：752 相关文章 所有11个版本

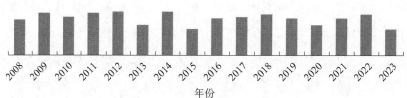

Decay of Loschmidt echo enhanced by quantum criticality
HT Quan, Z Song, XF Liu, P Zanardi, CP Sun-Physical Review Letters, 2006
被引用次数：734 相关文章 所有12个版本

图7 我们关于量子热力学和量子相变的文章被持续引用或每年引用数不断增长[29]，意味着"介观统计热力学"领域从"基础边缘"已经走到"前沿主流"

然而，虽然这些工作及时地推动了领域变热，但我们仍然没有初心如愿，对于"可否以量子方式突破热力学定律"的提问，答案仍然不能肯定。于是，我们只能把量子热力学研究暂时放手一下，2012年起主要精力转到了与之相关的光合作用能量转换的研究。全海涛出国后转入随机热力学研究并有所成就，而董辉在加州大学伯克利分校博士后工作期间转向能量转换的二维光谱理论。此后，我们关于量子热力学的研究沉寂了一段时间。2017年董辉回国，马宇翰等新同学陆续加入我们组，我们又重新考虑相关问题。不久，我们就意识到有限系统、有限时间情况下有功率-效率优化是个基础且有用的重要科学问题，并且有很强的国家需求背景。我们随后重新启动有限系统、有限时间热力学的理论和实验研究，并完成了一些有意义的工作，如利用参数空间测地线方程、从微分几何的角度讨论做功优化问题等，由此开拓了新的研究方向。

有限系统和有限时间热力学的基础研究与能源物理中的应用需求紧密联系在一起。大量的核电站数据表明，现存核电站的效率基本落在有限时间热力学预测的最大功率效率的约束之下[30, 31]。在保持功率的前提下，提高核电能源转化效率是核电设计中的一个重要问题。第四代核电循环设计在能源效率的提高方面主要依靠内部高温热源温度的提升，把循环物质从传统的水蒸气（320°C）转成氦气（750°C）或者二氧化碳（640°C）[30]。超出上述温度调节的手段之外，是否存在其他方法？这是有限时间热力学在应用中要回答的关键科学问题。近些年有限时间热力学中关于循环控制方式对热力学过程效率影响的研究可能提供超越传统的方法[31, 32]。此外，有限系统和有限时间热力学也会对电路中信息擦除方案的优化和一些关系长时服役的国家重大装备的能源设计提供重要的理论支撑。

从以上研究历程的介绍可以看出，我们从最基本的科学问题和观念出发，逐步走向实验和实际应用，这是一个理论物理"唯美求真"的历程。我们始终坚定初心，让好的科学问题始终牵引我们的研究工作，逐渐逼近有实际意义的应用目标。当然，我们关于介观热力学的研究并没有仅为应用停留在唯象的层面上，我们无时不在探索它们的统计物理的起源。我们发现，有限系统的统计分布是非正则的，它描述了涨落自动内置的非热平衡态。我们还与蔡庆宇等合作，基于更一般的非正则热态[33, 34]，深入探讨了为什么黑洞信息丢失是因为辐射的非正则热态粒子有信息关联。我们进一步把非正则态应用到有寿命涨落的装备可靠性分析中，在一定程度上打通了可靠性工程从技术探索到科学研究的可能途径[35]，希望能对未来长贮装备可靠性和安全性的研究有所实际贡献。

笔者感谢与董辉研究员和全海涛教授关于本文的多次讨论，也感谢所有合作者在介观统计热力学等领域的多年协同探索。还感谢王川西博士在文字方面的协助。

参考文献

[1] 国家自然科学基金委员会, 中国科学院. 未来 10 年中国学科发展战略: 物理学. 北京: 科学出版社, 2012: 1, 2.

[2] 理论物理专款学术领导小组. 发展理论物理促进学科交叉——国家自然科学基金理论物理专款 20 周年纪念文集. 北京: 科学出版社, 2013: 18-54.

[3] 孙昌璞. 当代理论物理发展趋势之我见——杨振宁学术思想启发的若干思考. 物理学报, 2022, 71(1): 010101.

[4] 斯蒂芬·温伯格. 终极理论之梦. 李泳, 译. 长沙: 湖南科学技术出版社, 2018.

[5] 斯蒂芬·温伯格. 仰望苍穹: 科学反击文化敌手. 黄艳华, 江向东, 译. 上海: 上海科技教育出版社, 2004.

[6] Weisskopf V F. Nuclear structure and modern research. Physics Today, 1967, 20(5): 23-26.

[7] Anderson P W. More is different: Broken symmetry and the nature of the hierarchical structure of science. Science, 1972, 177(4047): 393-396.

[8] 张广铭, 于渌. 物理学中的演生现象. 物理, 2010, 39(08): 543-549.

[9] 郝柏林. 负戟吟啸录. 新加坡: 八方文化创作室, 2009: 98.

[10] 杨振宁. 美与物理学. 二十一世纪, 1997, 40: 71-79.

[11] 杨振宁. 美在科学与艺术中的异同. 中国美术馆, 2015, 3: 34.

[12] 宋春丹. 王元: 纯粹数学的美丽与哀愁. http://www.inewsweek.cn/people/2021-05-31/12699.shtml [2021-10-26].

[13] 杨振宁. 曙光集. 北京: 生活・读书・新知三联书店, 2018: 1-7.

[14] 杨振宁, 翁帆. 晨曦集. 北京: 商务印书馆, 2018: 3-19.

[15] 孙昌璞. 量子力学诠释与波普尔哲学的"三个世界". 中国科学院院刊, 2021, 36(3): 296-307.

[16] 庆承瑞, 何祚庥. 科学实验中的"双盲"准则. 现代物理知识, 1996, 8(01): 27-29.

[17] Yue X, Qiao G J, Sun C P. Refined Majorana phase diagram in topological insulator-superconductor hybrid system. arXiv preprint arXiv, 2023, 14659.

[18] Langmuir I, Hall R N. Pathological science. Physics Today, 1989, 42(10), 36-48.

[19] Hirsch J E. Superconductivity Begins with H: Both Properly Understood, and Misunderstood: Superconductivity Basics Rethought. Singapore: World Scientific, 2020.

[20] 崔廉相, 许康, 张芃, 孙昌璞. 贝尔不等式的量子违背及其实验检验——兼议 2022 年诺贝尔物理学奖. 物理, 2023, 52(1): 1-17.

[21] 张慧琴, 王鑫, 王旭, 孙昌璞. 超越巴斯德象限的基础研究动态演化模型及其实践内涵.中国工程科学, 2021, 23(4): 145-152.

[22] 王旭, 孙昌璞. 雷达启发的强激光啁啾脉冲技术——军事需求催生基础研究的一个典型案例. 物理, 2019, 48: 1-8.

[23] Ma Y H, Xu D, Dong H, Sun C P. Universal constraint for efficiency and power of a low-dissipation heat engine. Phys. Rev. E, 2018, 98: 042112.

[24] Ma Y H, Zhai R X, Chen J F, Sun C P, Dong H. Experimental test of the $1/\tau$-scaling entropy generation in finite-time thermodynamics. Phys. Rev. Lett., 2020, 125(21): 210601.

[25] Klages R, Just W, Jarzynski C. Nonequilibrium Statistical Physics of Small Systems: Fluctuation Relations and Beyond. New York: John Wiley & Sons, 2013.

[26] Scully M O, Zubairy M S, Agarwal G S, Walther H. Extracting work from a single heat bath via vanishing quantum coherence. Science, 2003, 299(5608): 862-864.

[27] Quan H T, Zhang P, Sun C P. Quantum heat engine with multilevel quantum systems. Phys. Rev. E, 2005, 72(5): 056110.

[28] Quan H T, Zhang P, Sun C P. Quantum-classical transition of photon-Carnot engine induced by quantum decoherence. Phys. Rev. E, 2006, 73(3): 036122.

[29] https://scholar.google.com/citations?user=FkPp4D4AAAAJ&hl=zh-CN)[2023.9.1].

[30] International Atomic Energy Agency. Directory of Nuclear Reactors, Ⅸ, Technical Directories. IAEA, Vienna, 1971.

[31] Kugeler K, Zhang Z Y. Power Plants with Modular High-temperature Reactor. Berlin: Springer, 2018.

[32] Mozurkewich M, Berry R S. Finite-time thermodynamics: Engine performance improved by optimized piston motion. Proc. Nat. Acad. Sci. USA, 1981, 78(4): 1986-1988.

[33] Dong H, Cai Q Y, Liu X F, Sun C P. One hair postulate for Hawking radiation as tunneling process. Commun. Theor. Phys., 2014, 61(3): 289.

[34] Ma Y H, Cai Q Y, Dong H, Sun C P. Non-thermal radiation of black holes off canonical typicality. EPL, 2018, 122(3): 30001.

[35] Du Y M, Ma Y H, Wei F Y, Guan X F, Sun C P. Maximum entropy approach to reliability. Phys. Rev. E, 2020, 101(1): 012106.

多情山鸟不须啼，桃李无言自成蹊[①]
——记 2002 年全国等离子体物理理论和计算研究生暑期学校

李　定

（中国科学院物理研究所　北京　100190）

本人有幸从 1999 年到 2014 年成为第 3～5 届国家自然科学基金理论物理专款学术领导小组的成员，亲历了理论物理专款为推动学科发展和培养后学所作努力的一些事情。虽然当时理论物理专款的经费很少，但通过设立"理论物理前沿专题"系列讲习班和暑期学校、"东西部合作项目"、"理论物理前沿课题高级研讨班"、"西部讲学"活动及"博士研究人员启动项目"等各种支持形式，对我国理论物理学科的发展起到了相当积极的推动作用。

2001 年，理论物理专款学术领导小组决定支持我们举办一次全国等离子体物理暑期学校。我们于 2001 年 11 月成立了筹备委员会，经与各同行单位充分协商，制定了暑期学校的办学方案，报请教育部和国家自然科学基金委员会审批。2002 年 3 月 4 日，教育部研究生工作办公室以教研办〔2002〕5 号函件的形式给中国科学技术大学（简称中科大）发来了关于委托承办 2002 年研究生暑期学校的通知。中科大和北京应用物理与计算数学研究所（简称九

[①] 标题引自宋代辛弃疾《一剪梅·游蒋山呈叶丞相》："多情山鸟不须啼。桃李不言，下自成蹊。"

所）共同承办了2002年全国等离子体物理理论和计算研究生暑期学校。

暑期学校成立了以中科大校长朱清时院士为主任、九所贺贤土院士为副主任的学术委员会，成立了以朱清时校长为主任，朱少平副所长、程艺副校长以及各职能部门负责人为副主任的组委会。组委会下设秘书长、教学工作组、行政工作组和专职班主任。本人当时为校长助理，负责暑期学校的具体工作。

2002年3月成立了招生委员会，具体负责暑期学校学员的招生和录取工作，并向全国各地高校和研究所发出第一轮通知，4月发出第二轮通知，详细开列了各方向课程，以便学员报名时参考。学员主要从入学一年以上的研究生中选拔，在录取时既考虑到本暑期学校的主要办学方向，又照顾到一些边远地区的学员，同时也顾及交叉学科的学员。

截至5月15日，陆续收到来自全国各地100多名研究生和青年学者报名，经招生委员会筛选，并报组委会批准，录取了54名正式学员，47名旁听学员，比原定计划多招了21名。2002年6月向被录取的学员颁发了录取通知书。

暑期学校于2002年7月28日至8月10日在中科大西校区举办。共有19位专家学者冒着高温酷暑授课，其中18位专家来自中国科学院物理研究所（王龙、张杰和盛政明研究员）、中国科学院上海光学精密机械研究所（余玮和韩申生研究员）、中国科学院等离子体物理研究所（俞国扬、匡光力和王少杰研究员）、核工业西南物理研究院（石秉仁和董家齐研究员）、九所（朱少平、常铁强、郑春阳和裴文兵研究员）及中科大（俞昌旋、陈银华、杨维纮教授和本人）等单位，还有1位专家来自德国波鸿大学（M. Y. Yu研究员）。他们为101位来自全国17所大学和科研院所的青年学员讲授了等离子体物理的基础理论和前沿动态等课程，取得了良好的效果，使各位学员得到一次系统培训的机会。课程安排分为：磁约束聚变等离子体物理（24学时，1学分）、激光聚变等离子体物理（24学时，1学分）、等离子体物理数值模拟（24学时，1学分）以及等离子体物理专题报告（24学时，1学分）四个部分。其中磁约束聚变和激光聚变等离子体物理以及等离子体物理数值模拟为基础课，需要进行结业考试；等离子体物理专题报告为提高课，其目的是为了拓展研究生的知识面，让他们了解等离子体物理的前沿动态，为从事科研工作打下基础。

除了课间答疑外，我们每天晚上都组织答疑；为了弥补课上计算机机时的不足，每天晚上7:00～10:00学员们可以去图书馆机房使用计算机。根据学员们的要求，我们还组织了参观中国科学院等离子体物理研究所的活动。课程结束后组织了结业考试，学员们的考试成绩都比较好，约1/3的学员达到了优秀，其中10名成绩优异的学员获本届暑期学校的优秀学员奖，暑期学校的教学计划圆满完成。

九所不仅组织有关科研人员精心准备讲义和数值模拟程序，系统地讲授了"激光聚变物理"及相关的数值模拟技术，还提供了部分经费支持，为暑期学校的成功举办作出了重要的贡献。

这次暑期学校可以说是承上启下的一次。20世纪80年代，以蔡诗东先生为首的中国等离子体研究会组织了多次全国等离子体物理暑期讲习班。2000年，受海内外专家的委托，本人主持举办了首届全国计算等离子体物理暑期讲习班，对我们来说是一次试水。而2002年的这次办学过程则为我们的暑期学校从筹备、招生、师资、课程、教学到后勤全方位地进行了一次正规的演练。2007年，我们成立了"中国等离子体物理暑期学校筹备委员会"，发布了《中国等离子体物理暑期学校简章（试行）》，建立了新的组织形式，确定了长期稳定发展模式，本人为主协调人，王晓钢教授和董家齐研究员为共同协调人，由于本人当时工作很忙，同仁们承担了很多具体工作。我们坚持每年举办中国等离子体物理暑期学校，筹委会每年遴选两位校长共同组织暑期学校，每年的暑期学校选择不同的主题。2016 年，筹委会换届，改称组委会，由高翔研究员为主协调人，庄革和高喆教授为共同协调人。暑期学校疫情期间也没有中断，2023 年由苏州大学承办。

虽然很多人可能已经不记得理论物理专款对 2002 年中国等离子体物理暑期学校的资助，但对于我们暑期学校的后续发展确实起到了撬动作用。正是：

    高山飞瀑一泓水，
    激起长河万丈波。
    百舸争流无止境，
    涛声依旧唱欢歌。

理论物理专款促进学术交流

梁作堂

（山东大学前沿交叉科学青岛研究院　青岛　266237）

在国家自然科学基金理论物理专款设立30周年之际，回顾专款对我国理论物理乃至整个自然科学领域发展的贡献，感触良多。我曾有幸于2008～2016年作为专款学术领导小组成员参与专款的部分工作，见证了国家自然科学基金委员会特别是数理科学部的领导以及理论物理专款学术领导小组的专家学者为我国理论物理和专款事业恪尽职守、兢兢业业、尽心尽力地工作。专款在很多方面起到了极其重要的作用，如青年人才成长、学术队伍建设、探索性科学问题研究的开展、与国家重大需求衔接的理论问题研究的促进等。很多老师的文章中都给出了很多生动的例子。个人觉得另外一个很重要的方面是专款通过对学术交流的支持，在理论物理乃至我国整个自然科学领域学术氛围营造方面发挥了重大作用。所以本文就集中在这个方面，以我亲历的山东地区的情况作为例子，回顾一下在理论物理专款对促进我国学术交流所起到的重要作用。

在山东地区，一些著名学者尤其是山东大学的学界前辈们在学术交流领域也给我们建立起了优良的传统，1958年，山东大学的实验核物理学家王普先生就在青岛举办了基本粒子与原子核理论讲习班，邀请了朱洪元先生、张宗燧先生讲授量子场论与色散关系，连同之前朱先生在北京大学的讲课被同行称作是"粒子理论在全国范围中第一次普及"[1]，标志着粒子物理理论研究在我国的开端。我国著名的理论物理学家冼鼎昌先生、戴元本先生、何祚庥先生等都是当时的学员，冼先生在山东大学举办纪念王普先生的活动时提供了如下照片（图 1），他在《物理》上的一篇文章还记录了当时的一些趣事[1]，展示出老一辈科学家年轻时的情怀，也让我第一次看到了戴先生等人在严谨的科学研究的学风之外风趣幽默的另外一面。

图 1　1958 年在青岛举办的基本粒子与原子核理论讲习班
二排左起：第四人为冼鼎昌、第五人为戴元本、第六人为余寿绵、第八人为王普、第九人为张宗燧、第十人为谢毓章、第十一人为吴富恒、第十二人为朱洪元、第十六人为何祚庥，四排右一为于良（冼鼎昌提供照片）

改革开放后，1987 年，山东大学的谢去病教授就与俄勒冈大学美籍华人华家照教授联合在济南齐鲁宾馆举办了"山东多粒子产生国际研讨会"（图 2）。华先生把当时在多粒子产生研究方向活跃的著名理论与实验专家都邀请来参会，如欧洲核子研究中心主任 L. van Hove，UA1、UA5、NA22、NA9/WA21 实验组的发言人 Alan Norton，Gosta A. Ekspong，Ernst W. Kittel，Norbert Schmitz，LUND 模型创始人 Bo Andersson 等。当时国内可以接待外宾的宾馆还是有限制的，举办国际学术研讨会，很多事情相对比较困难。作者当时是研究生，参与了整个过程。在当时那样的条件下，能够举办那样一个国际研讨会，对我国该领域科学研究的开展，特别青年学者与研究生眼界开拓发挥了重要的作用（当时国内许多在读研究生如高原宁、胡红波、吴元芳以及山东大学的一些学生包括作者在内都被列为 student observers 参加）[2]。

图2　1987年在济南举办的"山东多粒子产生国际研讨会"

之后的学术交流就逐渐步入正轨，且逐渐增多。例如，2000年在济南南郊宾馆举办的两岸中高能物理学术研讨会，有效地促进了两岸学术交流；2002年在山东大学校园内举办的国内首次相对论重离子碰撞物理理论讲习班与研讨会（图3），那次王新年教授动用了他长江学者讲座教授的建设经费与学术影响力，邀请了如 Jean-Paul Blaizot、Miklos Gyulassy、Thomas Schaffer、Raju Venugopalan 以及邱建伟和季向东等著名理论物理学家系统讲授相对论重离子对撞机（RHIC）相关理论研究前沿，对后来我国在该领域的发展起到了极其重要的作用。国家自然科学基金委员会与山东大学对那次活动都极其重视，时任基金委数理科学部常务副主任汲培文和山东大学校长展涛同时到会并致欢迎辞。那是第一次听汲主任用英文致辞，记得汲主任很幽默地讲，通常我发言是不会带一张纸来的，今天带了一张纸，一方面想表达基金委的重视，另一方面也想表达对今天邀请到会主讲的大专家的尊重。目前国内活跃在该领域的大多数青年学者都曾是当时讲习班的学员。

图3　2002年在济南举办的QCD理论与RHIC物理讲习班

　　这些学术活动的开展使我们深刻地体会到学术交流的重要性，也体会到当时面临的一些困难，比如经费的问题以及先进性与号召力的问题。上面所讲的1987年与2002年的活动是在在美国工作的华人学者华家照和王新年支持下完成的，想独立组织这种国际的高水平的学术交流活动就比较困难。所以接下来就曾通过不同的方式，向基金委评审专家与领导反映，希望能够通过某种方式如成立理论物理研究中心等，得到基金委的支持，更好地服务于该领域的发展，但都因为科学基金的属性与使用的范围限制等没有解决。

　　我参加理论物理专款学术领导小组的工作后，了解了专款的情况，体会到专款对学术交流的重视和支持以及重要作用，并且也正好赶上了专款经费快速增长的那个阶段，所以在 2010 年就申请到了第六届彭桓武理论物理论坛由山东大学在济南承办（图4）。论坛邀请了四位专家作学术报告，参会人员特别是我们的学生们不仅能够感受彭桓武先生的科学态度与爱国情怀，而且有幸聆听时任北京大学副校长的王恩哥老师、中国科学院高能物理研究所黄涛老师和中国科学院物理研究所方忠老师带来的精彩学术报告，我也有幸与他们同台报告。当时，这类报告平常在大学里并不多，学生们都非常兴奋，产生的影响也是极其深远的。山东大学也十分重视，校长徐显明出席论坛，专款学术领导小组组长欧阳钟灿老师对山东大学的重视也当场给予了肯定。论坛的举办不仅对山东大学理论物理的发展有良好的促进，而且我们还按照专款学术领导小组的要求，注重了对整个山东地区的带动作用，邀请了山东省各高校的教师参加论坛并与专款学术领导小组专家座谈。我印象深刻的是当时曲阜师范大学物理学科刚刚获批一级学科博士点，负责的老师还专门介绍了相关情况，并就未来如何发展征询专款学术领导小组专家的建议，与会专家就学科点的发展的建设提出了很多宝贵建议，也为他们未来的发展发挥了作用。

图4　2010年在山东大学举办的第六届彭桓武理论物理论坛

2010年那次彭桓武理论物理论坛的承办，不仅给山东大学的学生带来了一场盛大的学术盛宴，也使专款学术领导小组的专家们更加了解了山东地区的情况，增强了支持在山东地区举办学术交流活动的信心。随后我们学术活动的开展也就陆续得到了专款的支持并蓬勃发展起来，特别是在山东大学威海校区、曲阜师范大学日照校区以及后来山东大学青岛校区三地的暑期学术交流活动，专款的支持恰似星星之火，迅速蔓延扩大。最近这几年，每年在山东三地举办的学术活动都至少十几次，山东已成为物理学特别是粒子物理与原子核物理领域学术活动的一个名副其实的暑期学术交流基地。

这些学术交流活动的开展，我觉得专款的作用远不是局限于专款支持的几个学术活动上，更不是单纯的经费的支持，更加重要的是其引领与示范、规范与带动、辐射与推动作用。第一是引领与示范作用，专款支持的学术活动都是专款学术领导小组经过认真审核讨论与严格评审后决定的，其内容和形式都是经过了学术领导小组仔细审议和讨论，并指派领导小组成员担任顾问专家进行具体指导和监督。学术领导小组的专家们对领域发展的把握为这些学术活动内容的先进性提供了很好的保障，使其具有显著的引领作用。例如2016年我们在威海举办的暑期学校，在专家的建议下，首次将强相互作用物理研究领域，从原子核结构到核子的部分子结构结合起来，不仅使学员了解该领域的前沿，也促进了核物理领域与粒子物理领域在强相互作用物理研究上的深度交叉融合；2018年在日照举办的暑期学校，注重了强子物理与高能核物理前沿交叉融合；2021年在青岛举办的暑期学校注重了量子有效场论新技术新方法以及与我国规划中的大科学装置的结合；等等。再就是依靠基金委与理论物理专款学术领导小组专家的学术影响力，邀请的授课专家都是该领域最活跃的顶级专家，学员也经过筛选，使这些学术活动的水平保持在学科最前沿，保证了质量与效果，并具有明显的示范作用，也使同类学术交流活动在即使没有专款经费支持的情况下自发地开展起来，这也是山东三地暑期学术活动的一个重要的特点。第二是规范与带动作用，专款学术领导小组认真的审议、指导和监督也对讲习班的组织规范起到了良好的作用，对承办单位的服务团队起到了很好的培训作用，使这些学术活动的组织也越来越规范，对良好学术交流氛围的营造乃至学术领域学风建设都起到良好的助推作用，从而也带动整个领域学术交流活动规范化地开展。第三是辐射与推动作用，专款支持的学术活动都是全国性的，还经常是多个单位联合承办，这使这些学术交流活动起到良好的辐射作用。这些学术活动的组织形式以及服务团队的锻炼，为同领域乃至相关其他领域类似学术活动也起到了很好的推动作用。就是这些活动的带动，有了这些经验，山东大学粒子物理团队在中国科学院粒子物理前沿卓越创新中心的工作中主动承担起中心发起的暑期学校的地方组织工作，并命名为"威海高能物理学校"，连续承办多年（图5）；另外也承办了如中美强子物理研讨会、亚太自旋物理大会、全国高能物理大会、全国QCD物理系列研讨会以及各个分支方向的讲习班与研讨会等。2019年暑期在山东大学威海校区，甚至出现了粒子物理与核物理领域四个学术活动同时进行的局面；2020年夏天，在日照、青岛、威海三地计划举办的大小学术活动有11个，受疫情的影响被迫推迟或改为线上；2023年理论物理专款资助的暑期学校就有两个，分别在济南和青岛举行，另外，粒子物理与核物理领域相关的暑期学术研讨会与其他暑期学校有5次。

我们常说"交流是学术的生命线"，学术共同体的学术交流就像人的血液系统一样，不仅输送营养，而且还有免疫等多种功能，如果学术共同体的"血液"不流动了，它的生命也就终结了。"交流逼近学术真理，交流促进学术创新，交流凝聚学术同行，交流规范学术行为"。多年来，在理论物理专款支持下，各种学术交流活动的举办，让我们感觉到有付出与辛劳，但更多的是受益和收获。这些学术交流，不仅极大地促进了我们科学研究的进展，规范了学

图5 近年来在威海举办的暑期学校举例

术活动行为，促进了人才培养，而且也让同行、让世界更加了解了山东，特别是对青年教师队伍建设起到了很好的促进作用。目前，山东地区粒子物理与原子核物理在许多学校呈现出良好的发展势头，这与近些年学术交流的推动也是分不开的。

山东地区不仅有泰山、曲阜三孔等文化旅游胜地，更有威海刘公岛甲午战争博物馆、台儿庄战役遗址、孟良崮战役纪念馆乃至青岛的五四广场、济南的五三惨案纪念园等我们不能忘记的历史记录。总觉得在这里举办系列学术活动不仅是对该领域学术发展的贡献，也是对我国文化传承的贡献，还可以为激励青年学者了解中华民族的历史，继承先烈的光荣传统，热爱脚下的这片热土，为中华民族伟大复兴做出我们应有的贡献。在此意义下，理论物理专款的作用已然超出了学术本身，我们也愿意在专款的支持下，继续努力，做出更多的贡献。

作者感谢李刚、邵凤兰、尹娜、王守宇、黄性涛和徐庆华等同事在本文写作中给予的大力支持和帮助。

参考文献

[1] 李华钟，冼鼎昌. 粒子诗抄(续一). 物理, 2002, 31(2): 122-124.

[2] Hwa R C, Xie Q B. Multiparticle Production: Proceedings of the Shandong Workshop. Singapore: World Scientific, 1988.

我与"理论物理专款"的缘分

李学潜

(南开大学物理科学学院　天津　300071)

  30年在宇宙137多亿年的寿命中实在是微不足道的瞬间,即使与人类研究物理的几千年相比也是短得可笑,但是如果在这期间很多具有深远影响的重大事件发生,这30年在人们的记忆中就不会被抹杀了!从1993年到2023年的30年是中国现代历史上震撼人心的一段时间,是科学、文化以及中国人的思想意识发生天翻地覆变革的30年。即使在"文革"之前,由于科学研究相对比较封闭,大部分高校教师和科研单位的研究人员对国外的科研状态了解甚少。特别是由于所谓的"分工不同",大专院校的教师主要是致力于教学,很少涉及科学研究。20世纪中叶正是物理学突飞猛进,取得历史性突破的时代,而我国在这种背景下,却没有跟上世界前进的步伐,被远远抛在后面。举个例子,当年我们出国留学或访问(美国、欧洲、日本),人家根本没有对我们有提防的概念,谁来都放行,就因为他们认为我们没有短时间与之匹敌的能力和可能。相比之下,今天我们再到这些西方国家,对方对我们严防死守,生怕我们从他们那里得到最新的知识和信息。为什么?这是因为我们强大到西方国家把我们当作等量的对手了。所以,每当听到欧美给我们的正常学术交流设置障碍时,我不由自主地感到自豪!这一巨大的反差是我国科学工作者在过去 30 年间艰苦奋斗的成果，也是和国家给予的巨大助力分不开的。在这些助力中，理论物理专款的功绩也是起到很关键作用的。

"文革"前，中国的学术环境比较闭塞。我国很多科学家突破性的成果没有得到国际学术界的承认。我的硕士生导师、南开大学的刘汉昭教授在国外杂志上发表过几篇论文（还是那些并不发达但对我国友好国家的杂志），就受到批判，"文革"时还升级到"里通外国"的高度。

拨乱反正后的 40 年，我国在科学领域迅速达到世界级水平，国家政策和支持是最重要的因素，理论物理方面工作的科学家，特别是刚刚进入这个领域的年轻人得到了理论物理专款的支持，受益良深。

一、与"理论物理专款"项目结缘

我 1987 年回到南开大学开始任教和开展科研工作，当然也辅导研究生和本科生的论文。回到学校，刚开始时科研工作茫无头绪，而且只拿到 3 年 1 万元的国家自然科学基金支持，这点钱连到外地开会都不够，更不能补助学生了。那种捉襟见肘的尴尬是可想而知的。这时我初识理论物理专款项目，了解到可以申请得到一些资助，我就和中国科学院理论物理研究所的黄朝商、北京大学的赵志咏一起以中微子研究方向为题申请理论物理专款的基金（也只有一万元啊）。但可能是我们的学术积累不够，项目申请没有被批准。我当时感到沮丧，对理论物理专款很有意见。但是第二年我自己独立申请了专款，竟然顺利地拿到了基金支持。于是我对理论物理专款的认识就改观变得乐观和有信心啦。现在看来这点基金真不算什么，但在 20 世纪 90 年代可确实是一笔资金，能顶大用处。有了它，我的科研工作就能开展（那时物价便宜，天津到北京的火车票只有一元多),也能养得起几个学生了。所以可以说,我的科研成绩与理论物理专款的支持有关(不仅是钱,而且是给了我信心)。

2008年,我成为了第五届理论物理专款学术领导小组成员,和基金委的领导与工作人员一起努力完成好基金委的任务,力争体现基金委要求的公平、公正原则以处理每一项基金的分配。与项目组众多理论物理界的老前辈一起工作,我也受益良多。他们不仅言传身教,在理论方面回答我一些一直困惑的问题,而且老先生们对工作的热情和一丝不苟的态度,给我做出了榜样。

理论物理专款特地为刚得到博士学位,并进入一个新的大学准备开展教学和科研工作的年轻人提供了支持。这些年轻人绝大多数在博士阶段是在导师安排下做研究,完成博士论文,但没有真正掌握科研方法,甚至不知道如何选研究课题。我自己就经历了这个阶段,对如何选既有一定意义,又是力所能及,可以完成的课题是朦朦胧胧的。在中国科学院理论物理研究所做博士后研究期间得到几位前辈的指教,才逐渐学会怎么选题,怎么开始和完成研究,乃至如何把成果推出去,在学术刊物上发表。这些新博士面临同样的困惑,如何帮助他们健康成长,成为物理科研、教学的中坚,是老一辈科学家的职责。当然物质方面的保证也是不可或缺的,这就要靠国家相关机构了。理论物理专款在一定程度上就承担了这个责任。自然科学基金通常都是支持已经有成绩的学者和有发展前途的项目,很难照顾到这些初出茅庐的年轻人。理论物理专款给每个青年学者一份基金,金额不大(我记得,最初是2万元,据说后来提升为5万元),但起到了激励和支持的作用。我就有几个学生先得到了这个资助,在完成项目之后,陆续获得国家青年基金和面上的基金,这些成绩当然是与理论物理专款的支持密切相关的。

二、彭桓武论坛的巨大影响

科学研究从来都不是只限于金字塔顶端的少数科学家，没有广大群众的支持，科学是不会进步的。所以健康、有朝气的社会需要科普。科普是以"科"为基础的，作为根本的出发点，如果科普作品或演讲不"科学"，它就丧失了意义，还会误导读者和听众。但另一方面，"科普"作品又不同于专业文章和演讲（seminars），它是面向广大的受众，因而又要落实到"普"上。这其实是一项很困难的工作，并不是所有出色的科学家都能胜任的，更不是一般民间物理爱好者所能企及的。做好科普也是彭桓武先生一生倡导的课题，他生前孜孜不倦地向年轻人介绍物理科学的成果，研究方法以及作为一个合格的物理学家如何"读书，做人，做学问"的大道理。他在九十岁的高龄，应南开学子的邀请在南开大学做"今日物理"的讲座报告就是很好的例证。他在一个多小时的报告中讲量子力学的相关知识。有的学生说我们已经在课本上学到过这些东西，怎么一个"两弹一星"功勋的大物理学家给我们讲这些基本的原理。这体现出这些学生还没有从高品味角度去吸收彭先生讲演的精髓。彭先生是量子力学的同龄人，他的一生伴随量子力学的建立和发展，对量子力学的基本原理有深刻的认识。他用学生已经知道的书本内容，告诉他们在不知道这些原理时那些前辈大师们是怎么思考的，怎么一步一步建立量子力学的完整体系和对待量子力学中的一些争论。也就是用历史来告诉学生在遇到一个新（可能是在现有理论框架下非常难理解的现象）事物，也就是实验刚刚揭示出崭新物理现象时，作为一个物理学家要怎么思考，走出迷雾。现在我们都知道，即使像玻尔、爱因斯坦等大家也并不能完全理解量子力学。彭先生的这种报告给学生开启了一扇窗户，告诉你如何思考，如何抓住可能创新的机会。学生从中受益，不是增添了一点新知识，而是学会如何像大师那样思考。如果学生真细细琢磨、消化彭先生的教诲，将终身受用！这才是科普讲座的至高境界。我听了彭先生的讲座，很受启发，可惜我没有那种灵气，能通过思考完全吸收，达到新的境界。我想大多数学生能从中得益，但能达到大师标准的就很少了。

向年轻人普及物理知识无疑是非常重要的，它的意义也是显而易见的，不仅关系到每个年轻人的成长，也关联整个国家和民族的兴旺发达。在我们整个国家快速奔向科学技术前沿的时代，物理科普尤为重要。理论物理专款就部分承担了这个责任。每年在理论物理专款学术领导小组的会上就确定当年理论物理科普活动的主题，以及推荐几位在这个领域的专家，请他们做当年的科普报告。原则上，他们会介绍本领域最新研究成果、最前沿的学术动态，但更关键的是向听众讲授学科的特点、研究方法和需要的基础知识。给我印象最深刻的是介绍如何思考这个领域的基本问题，还有如何进入这个领域，最终成为专家的过程。我在美国读研究生时，系里安排每周有一次学术讨论会，邀请一些教授、专家来介绍他们自己领域的基础知识和最新进展，这涵盖了物理、天文、宇宙学的各个领域，对系里的老师都有启发。听众可以问任何问题，即使是这个领域的最基本的或不专业的问题，也没有人会笑话。学问嘛，就要这样积累。这是很好的传统，我回到南开物理系后就开创了"今日物理"的科普报告系列，但南开的科普报告与理论物理专款安排的科普报告相比就属于较低水平的活动了，尽管我们邀请的也是国内一流的专家，但不会在一次报告会上同时见到若干位大学者，气氛是不同的，尽管目标一致。

讲座的听众是大学的本科生、研究生（硕士、博士）和老师。虽然老师们（很多都是学有所长的专家、博士生导师）都在自己的领域中做出过出色成绩，但物理学是博大精深的，没有人能掌握所有学科的精髓知识。这不像牛顿时代，由于近百年来知识的大爆炸，我们实际了解的不过是物理学的一个小小角落。诚然，理论物理专款项目的参与者都是某一特殊领域的专家,然而,每个人也只能掌握很有局限的一部分知识,在本领域之外就和普通大学生(也许应该定为研究生)没有多大区别。跨学科(还在物理范畴中)知识有时候会变得非常重要。例如温伯格和萨拉姆借鉴凝聚态物理的知识成功引入希格斯机制,从而解决了规范场论中的重大问题:基本粒子通过真空自发破缺获得质量。这正是泡利当年质问杨振宁的难题。温伯格建立了弱电 $SU_L \times U_Y(1)$ 模型和对称性真空自发破缺理论,从而开创了全新的理论体系。另一个例子是,薛定谔在几乎一个世纪前就根据统计物理指出了病毒必然会变异的原则,这对我们研究高危流行性病毒的演化有重要的指导意义。吸收非本领域的专业知识,既增加知识积累,在需要的时候,可以作为取得更高专业知识的出发点。由于理论物理专款推荐的演讲者都是本领域的专家,我们可以没有任何质疑地全面吸收讲演的内容和思路,因而受益。但是,我也有些遗憾地指出,这些报告的内容对普通大学生似乎太深了些,这影响他们接受。

三、希望和期望

无疑,理论物理专款项目对推进我国的理论物理的研究、激发科研人员的积极性、提高我国理论家的学术水平和促进年轻科学家开展学术研究的兴趣起到了不可估量的作用。我们这一代理论物理学家和实验物理学家受益良多,是不会忘记专款给我们带来的惊喜、帮助和持久支持的。当然在感慨专款的成就时,我们也会反思专款的一些缺点和不足,这也是前进中不可避免的。

我们这一代已经垂垂老矣,多数成了耄耋老人,尽管有几位还是老骥伏枥,志在千里,但我们大多数已经不能驰骋沙场做出多少贡献了。然而沉舟侧畔千帆过,病树前头万木春,年轻一代已经崛起,做出了超出前辈的成就。很早以前(20 世纪 90 年代初)杜东生先生跟我说，由于长时间与国际学术界隔离，他们（比我还早上半代）根本没有机会涉及理论物理的最新进展。这些在"文革"前刚刚迈进学术界的年轻人在"文革"期间被送到农场、工厂去锻炼，不仅看不到最新的学术文献，连做最简单的研究也不可能。在改革开放后才有了机会拼命奋起直追，可以在世界一流学术刊物如 $Phys.\ Rev.\ Lettt.$，$Phys.\ Rev.$，$Phys.\ Lett.$ 等发表文章，然而和顶尖的工作相比还差很多。他说，由于我们这一代在起跑线上就落后很多，即使经过我们的努力，将中国的学术水平提高到了这个阶段，已经尽了全力，要向顶峰冲击就靠下一代了。我们将年轻人带到世界级的起跑线上，能否攀登最高峰，就看他们的了。我很同意这个论点，我自己被"文革"蹉跎了12年，在回到科研一线时就感到有些心有余而力不足了。我们的希望和期望都在年轻一代，确实，现在的年轻人在创新上做得很出色，尽管还没有诺贝尔奖级别的工作出现，但很多成果已经接近顶级了。我有信心，中国的科学精英们在不太久的将来就会问鼎诺贝尔奖。

我们的理论物理专款也是在支持力度上不断攀升，据我所知，现在支持的额度已远远超过当年。特别要指出的是，现在理论物理专款支持的范围也从原来"遍撒胡椒面"到今天的精益求精、有重点有计划地、更有效地支持国家理论物理队伍，扶植年轻人的成长。

我相信，30年过去了，理论物理专款取得了辉煌的成绩，但下一个30年，在我国各行各业飞速发展，国力不断提升的大前提下，理论物理专款会取得更多的成果，为国家做出更大的贡献。

飞翔吧，理论物理专款项目！

理论物理与中国的核武器研制

王建国　王　燕

（北京应用物理与计算数学研究所　北京　100088）

理论物理是一门基础学科，它的水平关乎整个物理学的发展，对其他领域科学研究也都产生了深刻的影响。中国的理论物理曾伴随着核武器的研制而迅速发展，在维护国家安全、满足国家重大战略需求、提升我国国际影响力等方面发挥了不可替代的作用。

新中国成立伊始，就面临国际超级核大国的核讹诈和核威胁，为了维护国家战略安全，1958年，我国唯一的核武器研制单位应国家需求而生，理论物理学家彭桓武、周光召、于敏等人放弃原有的优厚待遇和研究成就，从此隐姓埋名，投入了轰轰烈烈的核武器研制征程。

当年，美苏对原子弹、氢弹的相关信息绝对保密，在西方核国家对我国封锁遏制并屡次核威胁的严酷局势下，两弹理论研究没有可供参考的信息资料。中国核武器理论研究从一开始就坚持"自力更生"的方针，在被周光召称为"开创中国理论物理研究第一人"的彭桓武的带领下，中国原子弹、氢弹研究从最基本的物理概念、原理探索开始，一步一个脚印地积累数据、推导公式、把握物理过程，不断深化物理规律认识。图1《当代英雄》油画，再现的就是第一颗原子弹理论突破时期，科学家及科研人员开展学术民主讨论的场景。

图1 《当代英雄》油画,由北京应用物理与计算数学研究所老所长李德元倡议并命名,以写实手法,再现我国第一颗原子弹理论突破时期,大科学家及科研人员开展学术民主讨论的场景,其中彭桓武、邓稼先、周光召、朱光亚、程开甲为物理学家

自此以后的一甲子光阴中,我国的核武器理论研究迈上多个重要台阶,相继突破了原子弹、氢弹、中子弹和二代核武器原理,仅用45次核试验,就达到了和美苏相当的核武器理论设计水平,在这个过程中,理论物理功不可没。当然,由于理论物理和计算的密切关系,文章中的理论物理,也包括计算物理。

理论物理与中国特色核武器研究的密切关系主要体现在以下三方面:

理论先行的高产出投入比。中国核武器事业走出了一条具有中国特色的发展道路,其中一条重要经验就是理论先行。理论先行是在中国国力薄弱、科研条件落后的现实下做出的必然选择,因为核武器是战略性武器,核试验耗费巨大,试验周期长,失败的代价是巨大的,以当时中国的条件,不可能通过大量试验设计核武器,必须首先进行理论探索,物理设计有把握,才能实施核试验。彭桓武是核武器理论研究当之无愧的开拓者和领路人。面对大量、复杂的计算问题和落后的计算机条件,彭桓武首先抓住核爆本质:核能释放的速率开始增长,经过极大值后衰减直至消失。他逐个分析该阶段的诸多因素,按照"3和1相比,3近似等于无穷大"的思想,忽略次要因素，保留主要因素，将极为复杂的方程组进行简化，建立了可用于手算的中子和力学耦合的常微分方程组，给出了核能释放过程中各物理量随时间变化的完整物理图像，得到物理量之间相互作用的物理规律。这种理论粗估方法直到今天仍然是核武器理论工作者从事科学研究的重要手段。彭桓武还把原子弹运动过程划分为若干阶段，对几个关键时刻加以命名，这些名词我们沿用至今。原子弹爆炸成功后，彭桓武部署开展氢弹研究的"多路探索"，指导黄祖洽、周光召和于敏进行氢弹的理论研究。于敏的理论方案一方面用了彭桓武倡导的粗估思想，同时又利用了上海的计算机进行数值模拟论证了可行性，最终奠定了氢弹原理试验的成功。理论先行获得的高产出投入比使我国的核武器研制实现了一次试验，多方收效，并且核试验的成功率和效费比最高。

理论与实际结合紧密。核武器物理理论研究与实验研究关系十分密切，核武器的理论设计正确与否必须落实到核试验的检验上，在我国，为了做到"一次试验，多方收效"，往往一次试验包含多重目的，核试验的结果与理论预期完全符合固然很好，但多数情况下是有差别的，必须根据试验结果重新调整理论设计，我们始终坚持将理论研究与工程实际紧密结合，从试验中摸索、提炼出关键问题开展科学研究，从而推动和促进核武器物理的发展和新思想、新概念、新原理的形成。受导师玻恩的深刻影响，彭桓武从科学研究早期就十分重视理论和实验的联系，并贯穿核武器理论设计的领导过程，对他来说解决实际问题才是进行理论物理研究的主要目的。他曾对钱三强的一段话赞赏有加、深表赞同："我们讲的理论联系实际就是既要在本门学科的基础理论和专业知识以及技术上达到相当的水平，同时还需要具备能解决实际问题的能力。有解决实际问题的能力，并不是说所有人都一定要在具体工作产品上搞出什么东西，但第一，有这个愿望，第二，凡是国家有需要时，稍转一下就能为国家服务。"彭桓武以毕生的科研行动践行着"国家需要我，我去"的承诺，以理论物理为工具，在"群众英雄蚁啃骨，辉煌灯火马寻途"的峥嵘岁月中，带领科研队伍"集体集体集集体，日新日新日日新"地不辱使命，这也成为他一生的乐事。

多学科广泛交叉融合。核武器研制是一项综合性、交叉性非常强的科学、技术与工程任务，涉及数学、物理、材料、化学、力学、计算科学等众多学科和领域，核武器的研制与发展既需要这些学科和领域的支撑，同时也极大地推动着相关学科和领域的发展，甚至催生新的综合性、交叉性学科研究领域。内爆流体动力学实验技术、复杂流体动力学系统的数值模拟方法、高能量密度物理、高精度物性参数研制与实验技术、大规模并行计算、高性能计算机的发展等，皆与核武器的研制密切相关。比如原子弹的设计就涉及理论物理、实验物理、核材料提取、炸药装药、自动控制、电子技术等多个领域的科学技术问题。理论物理作为核武器研究涉及的重要学科，在核武器发展中发挥了极其重要的作用，在核武器动作过程的物理规律认识方面，对裂变、聚变过程关键因素的把握上发挥了核心作用；在核材料本构、层断裂、混合等物理建模和核武器的中子、辐射、物态方程三大参数研制方面也发挥了重要作用。同时，理论物理也在具体应用中实现了自身的创新发展。

我国的核武器事业经过六十余年的艰苦努力，取得了举世瞩目的成就，建立了自己的核力量，为保卫国家安全、维护世界和平做出了重要贡献。禁核试前，我国核武器研制在物理设计上具有了相当高的水平，但是，由于我们只有 45 次核试验，核试验基础相对薄弱，物理认识与世界先进水平仍有差距。禁核试后，如何确保我国有限核威慑力量的有效、保持核武器可见持续发展，是核武器研究工作面临的巨大挑战。禁核试之前，我们通过理论－试验－再理论－再试验，最后把武器定型。禁核试后，核武器研制少了试验这一环节，只能采取理论研究、物理设计、计算机模拟实验、实验室实验和历史核试验数据，对核性能进行研究。我们的研究方式由

"以试验为基础"转向"以科学为基础",由此,深化武器物理规律认识成为核武器研究发展的基础,物理学研究在其中发挥着越来越重要的作用。

禁核试后的二十余年,在于敏先生等老一辈科学家的悉心指导下,核武器理论研究工作不断创新发展,圆满完成了各项核武器及高新装备研制任务,数值模拟平台置信度、物理建模水平等核心能力不断提高。这有赖于对六十余年核武器研究中积累的知识技术、科学方法、科研精神的传承与发扬。今天,我国核武器科学技术发展面临着极其巨大的挑战,研究方式以科学为基础,对科学家的认知深度与广度要求更高了。我们面临的往往是世界级的科学难题,涉及多领域的交叉融合,挑战物理极限和认知极限,比如高能炸药起爆传爆物理机制、极端条件下物态方程和相变、极端条件下本构和层断裂、界面不稳地性发展及混合、温稠密和热稠密物质性质、材料老化对性能的影响等问题,往往都是经典和前沿的共存、基础与应用的结合。

的确,我们面临的责任更重了,必须提高核武器的高科学置信度的计算机模拟能力,回答核武器安全、可靠、有效等方面的问题。必须始终面向国家重大战略需求,解决新时期面临的各类"卡脖子"难题。必须全力做好核心智力传承,建立新时期高水平核武器科技人才队伍。必须继续发扬两弹精神,持续营造学术民主、集体攻关的良好氛围。必须凝练好基础科学问题,继续为理论物理提供广阔的用武之地。必须与理论物理专款保持更加紧密的关系,专款历任学术领导小组的彭桓武、于敏、何祚麻、苏肇冰、孙昌璞、张维岩、朱少平、罗民兴、王建国等科学家都正在或曾在核武器研究单位工作,今后我们会在专款的指导下,进一步团结好各方力量,共同促进核武器中理论物理前沿问题的解决,为核武器科技事业发展和物理学建设做出新的更大贡献。

理论物理专款伴随我成长和发展

任中洲

(同济大学物理科学与工程学院　上海　200092)

我是1988年在南京大学博士毕业并留校工作,当时中国科研条件比较艰苦,科研经费比较缺乏,由于我当时处于科研的起步阶段,急需经费的资助开展独立科研工作。幸运的是,不久之后国家自然科学基金委员会设立了青年科学基金项目,这对青年科研人员而言是非常好的事情,对青年人的科研起步起到了雪中送炭的作用,我于1990年申请到了青年科学基金,这是第一次作为项目负责人拿到科研经费,开展了对奇特不稳定轻原子核性质的理论研究工作,也于1990年底顺利晋升了副教授职称。

青年科学基金项目顺利完成后,我的科研能力和学术水平有了较大进步,开始申请国家自然科学基金的面上项目,但很不幸,由于面上项目竞争非常激烈,一个青年科研工作者和资深科学家相比有明显差距,所以面上项目申请未能取得成功。这时,国家自然科学基金委员会设立了理论物理专款,我记得其中一个重点课题是"远离稳定线奇特核性质的理论研究",供大家自由申请,这个研究课题与我当时的研究方向和研究内容一致,虽然知道这种重点课题通常是国内著名资深科学家挂帅才有可能拿到,但我作为青年科学家也决定勇敢地申请一下,写了申请书,通过学校提交到了国家自然科学基金理论物理专款学术领导小组，理论物理专款学术领导小组开会评审了来自不同高校和科研单位的申请书，认为我的申请书研究内容和科研目标有意义和竞争力，决定把我纳入由国内著名资深科学家挂帅的研究队伍，使我成为这个大研究队伍中的一员，我也从理论物理专款获得了资助，从而能继续开展远离稳定线奇特核性质的理论研究工作，我也顺利晋升了正教授职称，所以理论物理专款对我的成长起到了重要推动作用。在理论物理专款的资助下，我和国内外同行有了很好的交流和合作，科研工作有了更大的进步，科研工作上了一个新台阶，如理论预言了远离稳定线丰质子磷和硫同位素有质子晕，被国内外同行引用和肯定并很快被国内外实验所证实；理论预言了中能重离子碰撞中集体流的同位旋依赖性等并很快被国外实验所证实；还研究了一些超重新元素的性质，预言了一些超重核有形状共存等，被国内外大的研究小组所引用。

主要基于国家自然科学基金理论物理专款资助期间的科研成果和青年科学基金资助期间的科研成果，我开始尝试申请国家自然科学基金委员会国家杰出青年科学基金的资助，国家杰出青年科学基金申请过程中竞争更加激烈，通过积累研究经验和进一步完善申请书研究内容和科学目标等，我于2001年幸运地得到了国家杰出青年科学基金的资助，开始拓宽自己的研究领域，建立自己的研究队伍，并在重要的科研新生长点上进行重要科研创新，取得了一系列科研新成果。在国家杰出青年科学基金资助期间，自己亲自在科研一线工作，提出新的学术观点，编程序，做计算，写论文，还指导博士生做科研，把自己的科研思想和经验及科研程序传授给学生。例如，建立了计算不稳定原子核和超重核阿尔法衰变寿命的新微观模型——密度依赖结团模型和多道结团模型，发展了电子和原子核（包括不稳定原子核）散射的模型和新计算程序等。在获得国家杰出青年科学基金资助的基础上，结合取得的科研成果和教学成绩等，我也于2003年入选教育部"长江学者奖励计划"特聘教授。

所以国家杰出青年科学基金的资助对我的进一步成长起了重要推动作用，不仅使我的科研工作取得了重要创新，还使我建立了自己的科研小组和研究队伍。这期间，我也积极参加理论物理专款支持的各种学术交流活动。

在成功完成国家杰出青年科学基金项目后，我又陆续获得了国家自然科学基金委员会重点项目的资助，通过这些资助，我课题组的科研工作不断取得重要创新成果，如发展了轻核的集团模型，计入核表面效应和核形变等进一步发展了密度依赖集团模型，并预言了119号和120号新元素的衰变性质等，供国内外的大科学实验装置将来合成新元素参考。我培养的博士不少已成为国内高校和科研单位的骨干，如有人获得了国家级青年人才计划资助，有人获得了国家自然科学基金委员会优秀青年科学基金的资助，有人获得了国家自然科学基金委员会优秀青年科学基金（港澳）的资助，还有人获得了国家自然科学基金委员会联合基金重点项目的资助。我培养的博士也有数位获得了理论物理专款博士研究人员启动项目的资助，所以理论物理专款对他们的科研起步起了重要作用。

2014年到2017年，我也成为国家自然科学基金理论物理专款学术领导小组成员之一，参加了理论物理专款的许多学术活动，如我在理论物理专款的彭桓武理论物理论坛上做报告，介绍国内外新核素和超重新元素研究重要进展。还参加了理论物理专款博士研究人员启动项目的评审工作，挑选科研工作比较优秀的青年博士给予资助，助力他们的科研起步。参加中西部合作研修项目的评审工作，助力西部科学家进行科学研究。参加理论物理中心项目的评审工作，帮助在一些高校或科研单位设立理论物理中心，推动理论物理方面的研究工作。在理论物理专款的资助下，我和同行一起举办了数个学术活动，包括暑期讲习班和国际学术会议等，邀请国内外著名核物理学家做学术报告，给国内研究生讲课等，推动国内外科研交流合作，助力研究生和青年博士快速成长和成才。

总之，国家自然科学基金委员会的基金项目资助对青年人才的成长和科学研究的创新起到了极其重要的推动作用，理论物理专款的资助伴随我成长，使我的科研工作不断上新的台阶，使我的科研队伍不断壮大，在我的成长过程中起了关键连接作用。

理论物理专款引导推动我国强场物理学科的发展

——从陈式刚院士的学术生涯谈起

刘 杰

（中国工程物理研究院研究生院　北京　100193）

陈式刚先生是一位在基础科学研究和武器研究中都做出突出贡献的理论物理学家。在基础研究方面，他不仅在非平衡统计方面有很深的造诣，也是我国强场物理学科的重要开拓者之一。1993年首届理论物理专款"强场物理课题"的资助在陈式刚的学术生涯中起到了重要的支持作用。

国家自然科学基金理论物理专款设立于1993年，第一届学术领导小组由著名理论物理学家彭桓武院士、于敏院士和何祚庥院士分任组长和副组长。学术领导小组充分发挥专家组的顶层设计作用，根据理论物理学科发展的需求和国家战略发展需求，确定资助内容和研究方向[1]。

20世纪90年代，随着啁啾脉冲放大技术的出现，人们已可获得脉宽从皮秒到几十飞秒，而强度高达$10^{16} \sim 10^{18} \text{W/cm}^2$的激光。这样强的激光与原子等离子体相互作用，是一个具有挑战性的科学问题。另外，对于九院（今中国工程物理研究院）所从事的激光惯性约束聚变,强激光与物质的相互作用也是核心物理过程之一。而强激光诱导桌面X光激光的新机制中,也需要首先弄清楚强激光场中原子的各种非微扰行为。于敏院士特别倡导了这方面的研究,并名之为强场物理[2]。然而九所(今北京应用物理与计算数学研究所,隶属于中国工程物理研究院)内部的经费大多是任务性的经费,在使用方面给基础科研和交流带来了较多的不便[3]。

基于上述背景,于敏院士就建议陈式刚申请一项有关强场物理的基金,用于研究强激光与原子和等离子体的相互作用中的基础科学问题[4]。经过一段时间的调研后,1993年5月,陈式刚作为第一建议人与贺贤土、常铁强、张国平共同书写了题为《强激光场中的物理现象与X光激光》的理论物理专款资助项目建议书(图1),认为"强激光场中出现新现象的普遍性及其应用价值说明,这是一个必须重视与认真研究的领域[5]"。

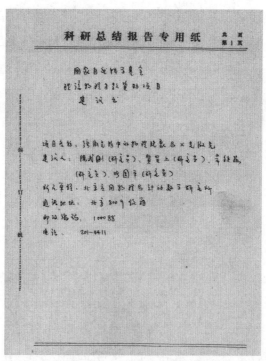

图1　陈式刚等人1993年5月书写的建议书手稿

同年10月，该项目获得首届理论物理专款基金的资助。项目批准号为19377109，研究期限为1994年1月至1996年12月，批准金额为3.2万元[6]。以这份理论物理专款基金资助为起点，陈式刚与同事带领学生开始了对强场物理这一前沿方向长达20余年的探索与研究[7]。

20世纪90年代互联网并不普及，信息交流也不便利。陈式刚获取国外研究进展的主要方式是去九所或中国科学院的图书馆看一些影印本，通过翻阅每一期期刊后面的关键词查找相关文章[8]。这些方式得到的信息显然不是最新的，但这些不利因素并没有太大地影响陈式刚在科研方面的探索。他做研究的特点不是追赶热点，而是从基本科学问题或应用需求出发，基于类似于物理第一性原理的思考，获得对相关问题的深刻理解[9, 10]。1994年，他独立地用S矩阵理论研究阈上电离问题，并讨论了其中的规范选取问题[11]。1996年，他与合作者一起对强激光场下电子的剩余能量作了研究，发现Penetrante与Bardsley关于空间电荷效应的概念是错误的[12]。

基于理论物理专款基金的支持，陈式刚和于敏、贺贤土、常铁强、张毓泉等人还于1994年组织了国内较早的强场物理讨论班。讨论班的参加人员主要是九所在职的科研人员和做相关方向的研究生，频率不定期。讨论班主要围绕强场问题进行讨论，有人分享自己相关的工作，在场的老师同学们随时提问。于敏先生对强场物理讨论班比较关心，多次参加，并提出一些非常精辟的见解。讨论班的学术氛围自由融洽，讨论的内容丰富、有效、深刻，使得参与人员们受益良多，为强场物理研究产生了重要的推动作用[9]。

在带领年轻人做科研工作方面，陈式刚会根据不同学生的特点，发挥他们的长处[9, 13]：刘杰副研究员对经典哈密顿动力学较熟悉，于是陈式刚就指导他用经典轨道方法做强场电离[14]；博士后鲍得海熟悉量子场论，陈式刚让他尝试用散射矩阵理论研究电离电子的再散射[15]；研究生陈京则发展数值求解含时薛定谔方程的方法[16]。

陈式刚还带领学生们将强场理论应用于场电离复合 X 光激光新机制的研究。图 2 是 1996 年陈式刚与学生们讨论科研时的照片。

图 2　1996 年，陈式刚与学生们在北京九所科研楼办公室讨论问题
左起：刘杰、陈式刚、欧阳碧耀

1995 年 7 月，陈式刚参加了在美国圣迭戈举办的国际光学工程学会（SPIE，International Society for Optical Engineering）会议，报告了最新研究成果"超短脉冲激光中的光电离和剩余能量"[17]。

1995 年 10 月，国家自然科学基金理论物理专款项目"强激光场中的物理现象与 X 光激光"的前期工作已顺利完成并通过评审。国家自然科学基金委员会给项目追加了拨款。第二年 10 月，追加拨款的 1995 年 10 月～1996 年 10 月部分按期完成并通过评审。

理论物理专款项目结项后，1997 年刘杰和陈式刚又共同获得了国家自然科学基金面上项目"强激光场中原子与等离子体及其非线性问题"的资助[18]，继续从事强场物理方面的研究。他们在理论上提出了原子电离的准静态模型，研究了原子电离稳定化现象，将非线性科学的理论和方法应用于强场物理研究中，发现了分形结构及混沌散射并用于解释奇异的光电子能谱结构。他们发展了新的方法，取得了丰富的结果。1999 年 10 月，陈式刚与刘杰共同获军队科技进步奖二等奖[19]。有关强场物理的研究工作也是陈式刚于

2001年被评选为中国科学院院士的重要支撑材料之一[20]。陈式刚在当选院士报告会上作了题为"强激光场中的原子"的报告。

纵观陈式刚院士的学术生涯，在1960年到2013年期间，共发表了208篇论文。主要研究方向包含非平衡统计、凝聚态理论、混沌理论、强场物理等。将学术成果按领域分类的结果如图3所示。由图3可知，陈式刚在混沌理论和强场物理两个方向发表的研究成果更为丰硕。事实上，陈式刚也是这两个领域国内的重要开拓者之一[7, 20]。

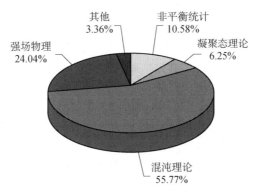

图3　陈式刚的学术成果按领域分类图

强场物理领域的相关研究也引起国家层面更多的关注。1998年6月24～27日，科技部发起、科技部和中国科学院共同支持的第99次香山科学会议在北京香山饭店举行。会议主题为"超短、超强激光场物理"，于敏院士、徐至展院士和贺贤土院士担任本次会议的执行主席。来自国内十余家单位的科研工作者参加了本次会议，分享强场相关的最新成果和研究进展。会议综合讨论认为：超短、超强激光物理研究在我国具有一定基础，是一项重大基础性研究，该研究正处在出现重大突破和作出重大建树的前夜，我国应当抓住时机，以自己的力量为基点，吸收国外经验，在这个领域走可持续发展道路[21]。在此之后，我国在强场物理学科方向，布局启动了攀登计划、973以及后期的国家重点研发计划等重大项目。经过近三十年的发展，目前，我国的强场物理学科已颇具规模，并在许多方向取得国际领先的成果。

理论物理专款不仅在陈式刚院士的学术生涯中起到了重要的支持作用，同时也引导推动了我国强场物理领域的发展。

鸣谢：感谢陈式刚院士的支持。感谢博士生岳影收集整理相关材料。感谢刘洁研究员的有益讨论以及陈式刚学术成长资料采集小组成员黄烁、吕文娟的材料分享。

参考文献

[1] 李会红, 汲培文, 蒲钏, 张守著. 理论物理专款资助工作回顾与展望. 物理, 2011, 40(12): 812-822.

[2] 陈式刚. 强场物理——诱人的研究领域. 百科知识, 1995, (4): 30, 31.

[3] 陈式刚学术成长资料采集小组. 贺贤土口述访谈整理. 2022 年 7 月 22 日.

[4] 陈式刚. 我的工作经历与体会. 心声, 2012 年 6 月.

[5] 陈式刚, 贺贤土, 常铁强, 张国平. 国家自然科学基金理论物理专款资助项目建议书. 1993 年 5 月.

[6] 陈式刚学术成长资料采集小组. 陈式刚自然科学基金项目信息——三项. 2021 年 3 月 4 日.

[7] 吕文娟, 刘洁, 黄烁, 岳影, 刘杰. 陈式刚院士的学术生命路径研究. 2021 年 12 月.

[8] 陈式刚学术成长资料采集小组. 刘伍明口述访谈整理. 2022 年 3 月 15 日.

[9] 陈式刚学术成长资料采集小组. 刘杰口述访谈整理. 2021 年 8 月 26 日.

[10] 黄烁, 刘洁, 吕文娟, 岳影. 第一性原理的思维模式, 神奇在哪里？2021 年, 九所内网.

[11] Chen S G. Gauge problem in S-matrix theory of above-threshold ionization. Chinese Physics Letters, 1995, 12(5): 273-276.

[12] Chen S G, Wang Y Q, Nie X B. Space-charge effect on residual energy under intense

ultrashort pulse laser. Commun. Theor. Phys., 1996, 26(4): 461-468.

[13] 黄烁, 刘洁, 吕文娟, 岳影. 陈式刚: 愿有生之年给年轻人一点"荫凉". 中国科学报, 2023 年 2 月 3 日.

[14] Liu J, Chen S G, Bao D H. ATI spectra and angular distributions of the ionized electrons in strong fields: Classical approaches. Commun. Theor. Phys., 1996, 25(02): 129-134.

[15] Bao D H, Chen S G, Liu J. Rescattering effect in above-threshold ionization processes. Appl. Phys. B, 1995, 62(03): 313-318.

[16] 陈京, 陈式刚, 刘杰. 双色强激光中原子电离率与相位关系的数值研究. 计算物理, 1998, 15(03): 273-276.

[17] Chen S G, Liu J, Bao D H, Nie X B. Photoionization and residual energy in ultrashort-pulse laser. Proceedings of SPIE—The International Society for Optical Engineering, 1995, 2520: 113-123.

[18] 刘杰, 陈式刚, 等. 国家自然科学基金申请书. 1996 年 1 月.

[19] 陈式刚, 刘杰. 国防科工委科学技术进步奖推荐书. 1999 年 3 月 30 日, 内部资料, 现存于中国工程物理研究院档案馆.

[20] 陈式刚评选院士材料. 2001 年, 内部资料.

[21] 香山科学会议第 99 次学术讨论会综述. 1998 http://www.xssc.ac.cn/waiwangNew/index.html#/xsscNew/meetingdetailsNew/245/jkxq.

理论物理专款对稳定小众学科方向和地方高校基础学科人才的关键作用

楼森岳

（宁波大学物理科学与技术学院　宁波　315211）

国家自然科学基金委员会设立的理论物理专款已经有 30 个年头了。理论物理专款从年轻博士的研究启动到前沿创新的高级研讨，从年轻学者的集中培训到高端创新中心的顶层设计等不同层次的资助为我国理论物理的各个学科方向的发展起到了不可忽视的重要作用。特别是在小众学科方向和地方高校基础学科人才的稳定发展方面起着关键的作用。本人作为地方高校和小众学科方向的受益者之一深有感触。

理论物理专款为了给小众学科保留一批研究人才除了给这些研究方向的年轻博士和博士后的资助，同时也支持了多次该方向的前沿暑期讲习班。仅在宁波大学就支持了一次可积系统前沿暑期学校（2012 年 6 月 2～23 日）和前沿暑期讲习班（2015 年 7 月 20 日～8 月 13 日）。两次活动邀请了包括澳大利亚科学院院士、数学会主席 Nalini Joshi 教授、德国柏林技术大学 Alexander Bobenko 教授和 Yuri Suris 教授、英国利兹大学 A. P. Fordy 教授和 A. V. Mikhailov 教授、美国印第安纳大学 Paul Blekher 教授、美国得克萨斯大学河谷分校 Feng Baofeng 教授、美国匹兹堡大学 Robin Ming Chen 教授、美国得克萨斯大学阿灵顿分校 Liu Yue 教授等在内的 20 余位国内外著名数学物理学家为主讲教师，讲解了可积系统的前沿和基础的各个方面，例如：黎曼-希尔伯特问题、随机矩阵问题、正交多项式问题、离散椭圆可积系统，椭圆函数理论、离散的反散射方法、离散复变函数理论、贝克隆变换、几何与渐近性、离散差分几何、离散可积拉格朗日系统、量子群与算子代数、非线性中孤子管理与控制、广田双线性方法、可积离散化、可积数值算法、KP 与二维 Toda 系统中的自由费米子方法、非线性系统严格解、稳定性分析、对称性理论、计算机代数及这些问题和可积系统各个方面的深刻联系和互相渗透的问题。

暑期学校和讲习班共有 260 余名学员，其中包括少量国际学员。在主讲教师的精心准备下，广大学员在连续和离散、经典和量子可积系统的基础和前沿的各个方面得到了很好的学术熏陶和训练，暑期学校和讲习班深得广大学员的好评，纷纷表示希望多参加类似的学术交流活动。暑期学校和讲习班成功举办的意义在于：加强了与国内外知名学者在国际数学物理重要前沿方向，如黎曼-希尔伯特问题、随机矩阵问题、正交多项式问题、可积计算、可积组合、离散可积、量子可积、对称性等方向的学术交流，帮助年轻学者和研究生补充了这方面的关键知识，为我国年轻学者能高起点进入该领域的国际前沿研究奠定了重要的基础；使得学员们切实掌握了从实际问题建立非线性模型，研究非线性系统严格解及其稳定性等重要而实用方法和技巧；不少学院在暑期学校和讲习班后直接进入了研究前沿。经过几次暑期学校和讲习班的支持，可积系统的青年研究队伍不仅得到了稳固而且得到了迅速的发展，该方向申请国家自然科学基金面上项目并获得资助的队伍已有一定规模，杰青和优青也常有突破。

除了可积系统前沿暑期学校和讲习班外，宁波大学还得到了理论物理专款高级研讨班的进一步提高支持。经过高级研讨班连续三年三次（首次于 2017 年 6 月 24 日～7 月 3 日在宁波举行）的高级研讨，在可积系统的代数曲线和代数几何解、超对称可积系统、可积和不可积系统的怪波及其形成机制、可积计算、对称性理论、PT 对称系统的理论及其应用、量子可积系统、可积系统的各种可能的局域波及可积系统深度机器学习等方面有了进一步的深入发展。

最后，我引用一些受到理论物理专款资助的可积系统领域地方院校的年轻老师的原话来感谢理论物理专款对小众学科和地方院校的有力支持。宁波大学连增菊老师："理论物理专款为我的软物质物理的理论研究提供了启动经费，开启了我在该领域的研究之路。"内蒙古大学颜昭雯老师："理论物理专款项目是我在内蒙古大学工作后申请到的第一个国家基金项目，该项目的获批给予了我很大的信心和鼓励。在后续研究工作的开展、创新能力的提升以及合作交流方面，都起到了至关重要的支撑作用。感谢理论物理专款项目的设置，希望可以帮助和支持更多的年轻学者发展。"丽水学院曹伟平教授："我在 2015 年获得理论物理专款资助，这在教授职称晋升和科研信心提升方面，给予了我极大的帮助。感谢基金委的支持和帮助，永生难忘！"上海海事大学王惠老师："作为一名初入高校的青椒（高校青年教师的别称），工作考核和生活压力巨大。理论物理专款的成功申请是我人生的一盏指路灯，一方面，感觉自己做的内容得到专家们的认可，让我自信倍增，也鼓励我继续科研下去；理论物理专款为我提供了强大的资金支持和帮助，让我静下心来做研究，并取得了一些成果……在此，我向基金委表示最真挚的感激和敬意！"广州航海学院/广州交通大学朱兴老师："……我在 35 岁时拿到了理论物理专款博士研究人员启动项目，理论物理专款项目挽救了我的学术生涯。"绍兴文理学院刘希忠老师："理论物理专款项目的资助使我能够继续开展博士阶段以来的科研工作，这对于本人后续进行更广层面的研究起了承前启后的作用。该项目周期短，灵活且有针对性，能够有效鼓舞从事理论物理工作的年轻人向着更高的目标奋进。"滁州学院胡贝贝老师："我是一名普通地方高校青年教师，很荣幸在 2021 年获得理论物理专项资助，这也是我校教师第一个获得该项目资助，该项目的立项增加了我们课题组外出参加学术会议次数，提高了学院年度科研考核业绩，增强了我们课题组与校外专家的学术交流机会，在该项目资助下，我们课题组顺利发表多篇学术研究论文，为我的进一步发展创造了重要条件。"浙江师范大学李慧军教授："理论物理专款的资助，帮助我进一步得到国家自然科学基金面上项目支持并跻身校青年学术骨干行列。"渤海大学张盛教授："得益于理论物理专款合作研修项目资助，在合作指导专家热情指导帮助下，我单位（渤海大学）数学、物理学两学科的交叉研究得到进一步促进，理论物理学科的研究内容得到进一步丰富，我单位被指导研修者的理论物理研究水平得到进一步提升并取得了一些有意义的研究成果，使得我单位基础研究得到加强，这对东北欠发达地区留住人才和基础学科扶贫起到了不可或缺的作用。在理论物理专项成立 30 周年之际，对国家自然科学基金委员会表达最崇高的敬意！"

始于"雪中送炭",走向"国际前沿"

——理论物理专款 30 周年感怀

苏 刚

(中国科学院前沿科学与教育局 北京 100864)

国家自然科学基金理论物理专款自 1993 年设立,至今已走过 30 年的历程。30 年间,我国理论物理研究取得了长足的发展。在这些坚实的脚印背后,离不开理论物理专款前瞻部署、"雪中送炭"的及时支持。笔者作为一名理论物理工作者,并有幸担任理论物理专款第八届学术领导小组成员,在很多方面深有感触,兹举几例如下。

(1) 支持学科前沿研究。专款促进中国理论物理学界把握先机,在新兴研究方向上迅速走到国际前沿。一个典型的例子是,专款支持了李政道、杨振宁先生领导的中国理论物理研究项目,使项目组成员在两位诺贝尔奖得主的带领下,充分把握学科前沿,做出具有国际水平的研究工作,促进国内理论物理人才的培养和新领域的开拓,本人也有幸得到了该项目的多年支持,受益良多。例如在杨振宁先生的带动下,我国理论物理团队抓住了 Yang-Baxter 方程研究和量子反散射方法迅速发展的机遇,带动了该领域一批中青年科学家的成长。

(2) 促进学术交流与传承。专款自 2005 年起支持设立"彭桓武论坛",至今已举办了十几届。论坛在学习、传承彭桓武先生的学术思想和科学精神、让理论物理的种子在更多人的心中生根发芽方面起到了不可磨灭的作用。同时,专款通过支持前沿讲习班项目、出版图书项目等不同形式,支持和促进了我国理论物理领域的传承,让更多年轻人了解并进入理论物理领域;通过博士后项目等形式,助力年轻人扎根理论物理研究。

(3)搭建交流平台、推动深度合作。当今科技飞速发展,高水平的交流合作对理论物理愈加重要。理论物理专款设立了高级研讨班项目,支持了多个方向的深入研讨;通过深入调研和多年探索实践,先后支持了 19 家高校理论物理学科发展与交流平台;近年来,还支持了理论物理创新研究中心项目,在推动高水平交流合作、促进理论物理学科发展方面进行了新的探索。

中国科学院有一批优秀的理论物理研究队伍。三十年来,中国科学院理论物理研究队伍既受益于理论物理专款的支持,也为理论物理专款做出了积极贡献。

早期的李-杨项目中,李政道先生领导的项目配合 BEPC 和极高能加速器的实验结果,开展了 B_c 介子物理、TeV 及更高能区粒子物理、重夸克偶素物理及胶球性质等方面的研究,大大助力了我国高能物理的发展,使我国能够在该领域迅速跃居国际前列。

同时,中国科学院各单位积极利用理论物理专款,组织了多个高级研讨班,如中国科学技术大学卢建新教授组织的"暗能量本质以及基本理论"、中国科学院理论物理研究所孙昌璞院士组织的"生命过程中能量转换与信息处理的量子物理问题"、中国科学院高能物理研究所赵强研究员组织的"奇特强子态理论物理高级研讨班"等,带动了我国相关领域的合作与发展。

中国科学院多个研究团队也积极参与相关项目,支持了西部高校理论物理的发展。如在专款支持下,由中国科学院高能物理研究所黄涛研究员推动,于 2008 年在云南大学成功举办"理论物理西部讲学",对云南大学等高校科研人才培养、基金项目申报、物理学科建设等工作有着重要意义。此外,中国科学院物理研究所刘伍明研究员、中国科学院理论物理研究所刘纯研究员、中国科学院云南天文台韩占文研究员等多位老师在东西部合作项目中也积极投入、用心甚多。

三十年来,理论物理专款多措并举,助力我国理论物理蓬勃发展。在我国理论物理新时期的发展征程上,理论物理专款将有更加广阔的用武之地。

(1)在选题方面,我们应更加支持鼓励科学家瞄准理论物理中的重大难题开展攻关,在国际前沿领域和国家重大需求中提炼出新的重大理论物理问题,并力争使理论物理方法成为解决难题的点睛之笔。期待在理论物理专款的顶层设计和引导带动之下,我国广大理论物理工作者能够进一步投身重大问题,勇攀科技高峰。

(2)物理学不断向更深层次、更大尺度和更复杂系统的物理规律研究拓展,先进技术和大科学装置等手段的使用也对理论和实验的发展提出了更高要求。在这一背景下,期待通过专款的顶层设计与布局支持,更大程度地发挥理论物理在前瞻探索等方面的优势,为实验物理乃至工程技术的发展起到支持和引领作用。

(3)理论物理的研究涉及物理学的各个分支学科,与化学、生命、材料、能源等多个领域也密切相关。可以预见,随着各相关学科领域之间交叉融合不断深入,理论物理的辐射引领作用将得到进一步加强,会孕育出更多新思想、新方向及重大突破。期待理论物理专款能创造更多合作条件,进一步推动不同学科和物理学不同分支的交流碰撞。

(4)计算机技术的发展催生了计算物理学科,而计算物理又带动了理论物理的进步和更广泛应用,在粒子物理与核物理、凝聚态物理、原子分子与光物理、等离子体物理等方面产生了深远影响。当前,随着信息技术的发展,计算能力不断提高,同时大数据、人工智能等已开始对科学研究范式产生冲击。期待在理论物理专款的支持下，我国理论物理学工作者能够进一步利用信息技术的强大手段，取得跨越式突破。

（5）实现高水平科技自立自强的目标对基础研究提出了更高要求。作为基础研究的重要组成部分，理论物理曾在国家重大任务中发挥过不可替代的作用，展现了老一辈科学家追求真理、不懈拼搏的精神。例如，在"两弹一星"研究中，我国老一辈理论物理学家做出了重要贡献，原子弹研制中的"九次计算"等故事被广为称道。期待在理论物理专款的布局和支持下，广大理论物理工作者能进一步传承和发扬老一辈科学家的精神，在实现高水平科技自立自强的征程中发挥更大作用。

"长风破浪会有时，直挂云帆济沧海。""理论物理专款"三十而立，正值青春年华。衷心祝愿理论物理专款在未来的日子里继续发光发热，推动我国理论物理研究走向国际引领，为实现我国高水平科技自立自强做出更大贡献。

理论物理专款助力《理论物理》期刊发展

王伯林

（中国科学院理论物理研究所　北京　100190）

《理论物理》是中国科学院理论物理研究所建所后第四年创办的英文版学术期刊，创刊主编是理论物理研究所建所所长、"两弹一星功勋奖章"获得者彭桓武院士。创刊号于1982年1月发表，期刊宗旨是促进中国和世界其他国家的研究人员在理论物理学各个领域进行学术交流。

自创刊以来，《理论物理》在各个方面均取得了长足发展，无论是发文数量还是国际影响力，都有了显著提升。主办单位理论物理研究所历届领导、期刊历届主编和编委，都坚持创刊时确定的宗旨，专注于发表理论物理各个领域的原创论文和综述文章，并坚持不向作者收取包括版面费在内的任何费用，以此向中国乃至世界理论物理学的研究提供了长期的经济支持。2021年理论物理专款开始对期刊工作进行支持，实施"有效提升《理论物理》期刊国际影响力"项目。该项资助对期刊的发展产生了重大影响，对期刊国际影响力的提升起到了显著的推动作用。项目运行期间，期刊出版了一批具有重要学术影响的论文。例如，在该项目的支持下，以纪念创刊40周年为契机，编辑部配合编委组织了一期包含29篇文章的专刊。项目实施以来期刊的影响因子等多项指标连续大幅度提升，其中影响因子由项目开始之前的1.322（2020年6月公布的2019年度影响因子）提升到了 2.877（2022 年 6 月公布的影响因子，为目前为止最新的影响因子），在全球 86 份物理综合类期刊中排第 40 名，首次进入 Q2 区。

  理论物理专款对《理论物理》的资助，对于期刊缓解经费压力、继续坚持不向作者收取任何费用的理念提供了极大帮助。我们相信理论物理专款通过向《理论物理》提供经济资助和全方位的办刊指导，在促进期刊的长远发展方面必将起到强劲作用。

第二篇
理论物理创新研究中心

开放合作、聚力攻关

——彭桓武理论物理创新研究中心纪实

庄 辞

（中国科学院理论物理研究所　北京　100190）

2016年11月，在理论物理专款的支持下，"彭桓武理论物理创新研究中心"（以下简称"中心"）依托中国科学院理论物理研究所（以下简称"理论物理所"）成立了。这是理论物理专款以中心平台的形式支持成立的第一个研究中心项目。专款每年提供300万的经费，支持中心以"问题驱动"为导向，联合全国理论物理同行，聚焦重大前沿科学问题，促进交叉学科发展，为国家大科学工程提供引领，培养创新型人才。基金委和专款学术领导小组希望这个中心能在全国起到示范作用，使理论物理研究所能够在我国理论物理学界继续发挥引领作用。

中心的成立对于当时的理论物理所来说是非常重要的一项支持，可以说是雪中送炭！理论物理所自成立以来，一直坚持老所长彭桓武先生和周光召先生等倡导的"开放，流动，竞争，联合"的办所方针，在我国理论物理的学术交流、学风倡导、方向引领、协同合作等方面起到了积极的作用。2007～2015年，理论物理所通过卡弗里理论物理研究所交流合作平台和国家重点实验室，充分发挥了团结和凝聚全国理论物理工作者的作用，每年来理论物理所交流访问的科学家和研究生达到700～800人次，在国内外获得了良好的声誉，并引进了一批杰出的青年人才。但由于2015年未通过国家重点实验室评估，以及卡弗里理论物理研究所的依托单位变动，理论物理所遇到了很大的经费困难，无法再持续开展高水平的学术交流活动，一些已经长期部署的自主研究课题和开放研究课题只能终止或取消，这对理论物理所的声誉造成了十分不利的影响。就在这样的艰难时刻，在理论物理专款的支持下成立了彭桓武理论物理创新研究中心，使理论物理所能够继续发挥中心平台的作用，为全国的理论物理学界服务，不仅振奋人心，而且意义深远。

作为理论物理所一名从事科研管理的普通工作人员，我非常有幸见证并参与了彭桓武理论物理创新研究中心从申请、论证、评审、成立并运行6年多来的全过程。在基金委领导的关心和支持下，在专款领导小组的帮助和指导下，在理论物理所全体科研人员和管理人员的辛勤耕耘下，中心从无到有，建立起一系列的运行机制和管理体制，并在运行过程中不断修正和完善，真正成了全国理论物理学界的一个示范性平台，得到了理论物理专款学术领导小组的肯定和认可。值此理论物理专款成立30周年之际，对中心6年来取得的进步和成绩做一个阶段性工作小结，向专款领导小组汇报，也作为中心未来发展的一个新的起点。

一、彭桓武理论物理创新研究中心定位

聚焦重大前沿科学问题，凝聚全国理论物理同行，开展问题驱动和牵引的基础研究，提供一个以实质性深度交流合作为手段、产出原创性研究成果为目标的高端学术研究协作平台。

重视学科交叉与渗透，开展实质性的国际合作与交流，做出一流原创性成果，培养一流领军人才。

二、彭桓武理论物理创新研究中心运行情况简介

在专款学术领导小组和中心学术委员会的指导下，中心围绕定位主要开展以下几个方面的工作。

1. 彭桓武理论物理创新研究中心攻关课题

中心成立时提出的一项重要举措是稳定支持青年科学家凝练重大科学问题，开展较长期的攻关研究。这也是在2015年12月召开的理论物理专款关于成立理论物理中心的研讨会上，专款学术领导小组成员专门针对中心定位提出的要求之一："发挥理论物理在物理学前沿学科'提出问题'的作用。能够'提出科学问题'应该是设立一个理论物理中心的必要条件。通过提出重要科学问题，开展问题驱动和牵引的基础研究，实现理论物理专款新时期资助功能的变革性转换。"

围绕这一中心定位，理论物理所召集全体科研人员开展战略研讨，经所学术委员会遴选推荐，并经理论物理专款学术领导小组审议通过，2017年，以45岁以下青年科研人员作为骨干，在中心设立了四个重大研究课题，分别是：①质量起源的本质：电弱对称破缺机制；②量子场论散射振幅新方法及其应用；③复杂无序系统统计物理新前沿；④利用量子相干性提高引力波测量精度。由理论物理所2012年引进回国的舒菁研究员、2015年引进回国的何颂研究员、杰青研究员周海军和2013年引进回国的王颖丹研究员分别作为四个课题的负责人，与研究所若干科研人员、博士后和研究生一起，组成团队，合力开展攻关研究。中心匹配每个课题每年20万的研究经费，支持团队开展学术活动、访问交流以及开展专家咨询等。2017年，这四个研究课题均取得了非常不错的研究成果。因此，2018年，在延续资助这四个课题的基础上，中心新增部署了两个重大研究课题，其一是多波段引力波的理论研究，由黄庆国研究

员作为团队负责人；其二是复杂液体的相行为，由王延颋研究员负责领衔。2017~2020年，在这几个重大科学问题的牵引下，中心取得了一系列原创性研究成果。举例来说，在散射振幅计算方面，理解了量子场论和弦论散射振幅背后的几何含义；在引力和规范场论的平方关系以及Cachazo-何-袁（CHY）体系方面取得了进展，澄清了为何弦论振幅也存在这样的"平方关系"，并对CHY体系的起源给出了新的解释。在空间引力波源定位的研究中，提出了LISA-Taiji空间引力波探测网络，可以实现引力波源的快速和准确定位。探索统计物理与机器学习的交叉领域，提出了一个应用于统计力学问题的计算方法——变分自回归神经网络。这些工作都发表在*Physics Review Letters*或*Nature*子刊上。尤为值得一提的是，其中两位课题负责人舒菁研究员和何颂研究员，在2020年和2022年分别获得了基金委国家杰出青年科学基金的支持。

现在回过头来看，理论物理专款学术领导小组对中心当时的定位是具有前瞻性的。党的十八大以来，以习近平同志为核心的党中央高度重视基础研究，并对基础研究提出了新的要求。2018年，在国务院正式发布的《关于全面加强基础科学研究的若干意见》中，从五个方面阐述了基础研究的20条重大任务，其中第一个方面就是完善基础研究布局：加强基础研究和应用基础研究，推动数学、物理等重点基础学科发展，围绕科学前沿和国家需求强化重大科学问题超前部署。2022年，中国科学院发布了《基础研究十条》，把开展使命驱动的建制化基础研究作为新时期科学院基础研究的主要任务，发挥建制化、多学科、大平台和综合性等优势，开展有组织、体系化的基础研究，保持一定的高水平自由探索研究。彭桓武创新研究中心在2016年的申报书中就已经把开展"问题驱动"的理论物理研究作为中心最重要的核心任务，引导科研人员从原来的单人作战的自由探索的科研组织模式逐步向建制化、定向性有组织的团队攻关的模式转变，并且达到了既定的目标，取得了非常不错的成绩。

2. 彭桓武理论物理创新研究中心品牌学术活动

1）彭桓武中心 Workshop

围绕中心设立的攻关研究课题，从 2018 年开始，中心每年举办两次比较长期的 Workshop 活动。Workshop 一般持续两周的时间，由中心固定科研人员确定主题，发起并组织国内外科学家来中心开展工作。共举办了 5 次 Workshops，分别是：Workshop on "Gravitational Waves"（2018），Workshop on "Physics, Inference and Learning"（2018），Workshop on "Standard Model and Beyond"（2019），Workshop on "Quantum Simulations and Quantum Devices"（2019），Workshop on "Soft Matter and Biophysics Theories（线上）"（2020）。

中心 Workshop 不同于一般的学术研讨会，学术报告安排得并不密集，有时候一天就安排一个报告，但有时一个报告就讲一个上午，并且讨论一整个下午。报告时间长、合作交流多是参加中心 Workshop 的科研人员最真实的状态，也是科研人员最津津乐道的。今年，中心重启了 Workshop 活动，将在强子物理和量子物理领域各举办一次为期两周的 Workshop。

图 1　Workshop on "Gravitational Waves"

图 2　Workshop on "Standard Model and Beyond"

图 3　Workshop on "Quantum Simulations and Quantum Devices"

2）彭桓武理论物理及其交叉学科青年科学家论坛

结合理论物理所青年人才的引进工作，促进国内外理论物理及其交叉学科领域青年科学家之间的交流与合作，2017年1月，中心举办了第一届彭桓武理论物理及其交叉学科青年科学家论坛。在为期三天的学术论坛上，21名青年科学家详细介绍了各自的科研工作，与参加论坛的科研人员进行了深入的交流和探讨，学科方向涵盖了理论物理的各个研究方向及交叉领域，如理论生物物理、粒子宇宙学、全息理论在凝聚态物理中的应用等。为鼓励和表彰优秀的报告人，论坛专门设立了最佳报告奖，由所有参加论坛的人员投票选出。

青年科学家论坛连续举办了四届，除了青年科学家们精彩的交流报告以外，每次都会邀请两位国内外知名科学家在论坛上做特邀报告。特邀报告人包括中国工程物理研究院研究生院孙昌璞院士、美国普林斯顿大学高等研究院 Stephen Adler 教授、北京应用物理与计算数学研究所贺贤土院士、中国科学院自然科学史研究所张柏春研究员、清华大学王小云院士以及中国科学技术大学陆亚林教授等。这些高水平的特邀报告为青年科学家论坛带来了更多的理论物理及其交叉学科前沿研究动态，丰富了青年学者们的视野，也激发了大家回国工作的热情。

青年科学家论坛对理论物理所的人才引进工作起到了非常有力的支撑，许多国内外青年才俊通过参加论坛认识了理论物理所，了解了理论物理所，也成功通过了理论物理所的人才面试成为研究所的一员。但由于新冠疫情的原因，2021～2022年的青年科学家论坛没能如期举办，今年开始，论坛将继续举办，欢迎国内外的优秀青年人才来中心、来理论物理所华山论剑，一展风采！

图4　第一届论坛最佳报告奖

图5　第二届论坛最佳报告奖

图6　第三届论坛最佳报告奖

图7　第四届论坛最佳报告奖

图 8　孙昌璞院士做题为"量子力学诠释问题"的特邀报告

图 9　Stephen Adler 教授做题为"Collapse Model"的特邀报告

图 10　王小云院士做题为"密码学与区块链技术"的特邀报告

3）彭桓武前沿科学论坛

彭桓武前沿科学论坛是中心的科学大家讲坛，邀请国内外著名科学家来论坛作报告，2017年至今已经举办了共19场论坛报告。报告人包括景益鹏院士、孙昌璞院士、贺贤土院士、王小云院士、吴岳良院士、顾逸东院士，以及来自日本的佐佐木节教授、柳田勉教授、土井正南教授，来自美国的Stephen Adler教授等。前沿科学论坛的报告不限于理论物理，甚至不限于物理，更注重不同学科之间的交叉以及理论物理在其他学科中的应用。这是理论物理所老所长彭桓武先生和周光召先生所倡导的，也是理论物理所一直坚持举办的一项品牌学术活动。

此外，中心还支持并组织召开了多次面向理论物理前沿的战略研讨会，包括第一届"我国高功率强子加速器上的粒子物理高强度前沿研究"研讨会，第十五届"粒子物理、核物理和宇宙学交叉学科前沿问题研讨会"等，对新的学科增长点、新的研究动态进行战略规划和提前部署，包括对国家的科技规划等进行战略研讨，组织力量开展前瞻性研究。

图11　第一届"我国高功率强子加速器上的粒子物理高强度前沿研究"研讨会

3. 彭桓武高级访问科学家计划

中心从2017年开始实施"彭桓武高级访问科学家计划"，旨在吸引国内外优秀研究人员来中心开展科研合作，与中心的固定科研人员结对子，加入他们的课题组，对研究所的有限科研力量形成有力的补充。

在设计制定"彭桓武高级访问科学家计划"章程的过程中，大家展开了热烈的讨论。什么样的科学家可以作为"高级访问科学家"来访？如何申请？如何遴选？"高级访问科学家"能给研究所带来什么？他们有哪些任务？会不会来几天就走了，合作开展不起来？随着这些问题的讨论，高级访问科学家计划的章程也落实了。高级访问科学家应具有正高级相当专业技术职务，与理论物理所固定科研人员有紧密合作关系或即将开展合作研究；每次访问至少 1 个月的时间；访问期间在中心做一次 Colloquium 报告介绍自己的研究工作，并完成合作交流总结报告。

计划实施的第一年，2018 年，我们接受了 5 位国际知名科学家来中心交流访问。来自法国萨克雷理论物理研究所的 David Kosower 教授，与杨刚课题组开展合作，并为研究生讲授了一个月的系列课程"Lectures on Simplifying and Evaluating Feynman Integrals"。来自美国杜克大学的 Thomas Mehen 教授，加入郭奉坤课题组开展合作，在强子物理领域合作成果丰硕。来自美国康奈尔大学的 Csaba Csáki 教授、美国亚利桑那大学的苏淑芳教授，与研究所粒子物理研究团队舒菁和于江浩等开展深入合作，发表了多篇高质量合作研究论文。还有来自澳大利亚西澳大学的温琳清教授，与蔡荣根研究员的引力波研究团队精诚合作，促进了中澳两国在引力波探测和理论研究方面的实质性合作的开展。2019 年，申请彭桓武高级访问科学家的学者人数增加到 20 多人，经学术委员会讨论遴选，最后共接受了 11 位高级访问科学家的访问申请，包括美国加州理工大学的陈雁北教授，莱斯大学的浦晗教授，得克萨斯州立大学的 Chris Pope 教授，德国尤利希研究中心的 Andreas Nogga 教授等。

受新冠疫情的影响，2020~2022 年度的彭桓武高级访问科学家没能如期到访，但中心的合作交流活动并没有停止。在高级访问学者计划取得良好合作成效的情况下研究院持续支持的情况下，中心将合作交流的范围进一步扩大，开始制定实施主要面向国内高校和科研单位的青年科学家的访问学者计划，共接待了来自国内高校的13名青年科学家的访问。

2023年伊始，在收到的共37份访问申请中，中心遴选了13名高级访问科学家和青年访问科学家，涉及理论物理研究的各个领域方向，他们将在中心交流工作1～3个月的时间，与理论物理所的研究人员碰撞出更多的思想火花。

三、结语

六年多来，彭桓武理论物理创新研究中心的运行对理论物理所的学术研究、合作交流和人才培养等方面都起到了积极的作用。引进了一批优秀的青年人才，开始设立助理研究员的岗位以吸引更多青年人才留所工作。2019年开始，中国科学院每年以专项匹配经费的形式对中心予以支持。2021年开始，理论物理专款对中心的支持由一年一期改为四年一期，稳定支持的力度更大。2022年，第23届国际广义相对论和引力会议以线上线下结合的方式成功召开，进一步扩大了理论物理所的国际影响力。2023年，中心将更加广泛和深入地凝练理论物理前沿重大科学问题，调整和优化科研组织模式。新的人才，新的问题，新的思想，新的资源，这些都为中心的进一步蓬勃发展注入了新的活力。彭桓武理论物理创新研究中心将致力于更好地为全国理论物理学界服务，凝心聚力，合作攻关，不辜负理论物理专款学术领导小组的殷切期望，为我国的理论物理研究取得世界瞩目的原创成果做出重要贡献！

"彭桓武高能基础理论研究中心"的设立和建设

卢建新[1]　杨文力[2]

（1. 中国科学技术大学　合肥　230026；
2. 西北大学　西安　710127）

　　国家自然科学基金理论物理专款经费从 2008 年的年度 300 万至目前已提高了十几倍。近十多年来，特别是从第六届专款学术领导小组以来，专款的资助模式发生了很大变化。从以前主要对中国理论物理的发展以扶持为主，专款开始朝建立高端研究中心、培养高水平人才和与之相应的高水平学术活动的开展为主。

　　理论物理专款第六届学术领导小组在 2015 年专款年度第二次会议上讨论成立专款"创新研究中心"。由于这是专款一个新的重要资助项目，专款学术领导小组和基金委领导都特别慎重，特别成立了由专款学术领导小组时任副组长孙昌璞院士牵头的调研工作组，负责对成立这样的中心调研并拟定成立该中心的初步方案。中心建设的主要目的在于支持高端和前沿的理论物理研究，集全国优秀的理论物理研究力量，做出创新性成果。采用专家组顶层设计的方式设立中心。在专款学术领导小组 2016 年度第一次会议上讨论决定由中国科学院理论物理研究所先试点一个理论物理综合性的研究中心，在试点中逐步摸索经验和完善管理办法。

在理论所"彭桓武创新研究中心"试运行约两年，第七届专款学术领导小组在 2018 年度第一次会议上讨论建议，根据研究方向拟再布局 1~2 个新的中心。中国科学技术大学联合西北大学成立的"彭桓武高能基础理论研究中心"正是在这种情况下，由专款学术领导小组和基金委基于两校分别在高能基础理论和量子可积系统方面的基础而决定成立的第一个高端方向性的研究中心。

众所周知，基础理论以及涉及的数学物理方法一直是物理学发展的重要组成部分，牛顿力学以及与之关联的微分、积分方法，量子力学以及与之关联的数理方程和矩阵方法，相对论以及与之关联的张量变换和黎曼几何方法，不胜枚举。近代物理学的发展更是如此。近期有关量子场论（比如并不是所有量子场论都有拉氏量表述）以及量子引力方面（比如一些有效理论描述的局限性）的进展，改变了我们一些常规的认知，尤其凸显出基础理论研究的重要性。不同于粒子物理，我们的宇宙是了解引力基本特性仅有的（天然）实验室，其演化只有一次，我们无法改变宇宙的初态和末态，对其观察获得的有关引力，特别是其量子引力的信息非常有限。因此，建立包括引力在内的完善的基础理论需要理论先行，观察和一些辅助实验起到的是对理论的检验作用。

中国在高能基础理论和数学物理方法方面有一定的基础和良好的传统。老一辈物理学家张宗燧、马仕俊、彭桓武、胡宁、朱洪元等对中国在这些领域的人才培养、研究队伍的形成以及相关研究的指导起到了重要作用。

由于历史原因，中国的科学研究、人才培养和研究队伍的建设在相当长时间里几乎完全停滞。高能基础理论及数学物理方法领域也不例外。改革开放以来，我们在这些领域有了一定的积累和长足的进展。但我们同时也清醒地认识到，中国在这些领域的地位与中国目前在国际上的政治、经济地位不匹配。特别近期我们在国际竞争中凸显出的问题更加突出地表明中国的科研人员，尤其在基础研究领域，需要踏踏实实地沉下心，在虚心向别人学习的同时，要立足于自身、注重学术积累和沉淀，走出自己的路。要解决目前物理学的一些基本问题如量子引力、暗物质、暗能量，我们需要在基础理论方面有深厚的基础并对相关问题有深刻的理解。如果希望在高能基础理论及数学物理方法等领域在国际上有一席之地，中国就得尽早着手培育和组建一支高水平的研究队伍，营造一种尊重学术和学术优先的良好风气和氛围，使研究人员切实地以研究相关物理和数学物理问题为乐趣，潜心和踏踏实实地开展这些问题的原创研究。

理论物理专款学术领导小组决定在"高能基础理论"等相关领域设立"彭桓武高能基础理论研究中心"，是实现上述目标的一些具体举措。

基于中国科学技术大学和西北大学在相关基础理论领域已有的学术基础，考虑到数学物理学科目前在国内发展的困难局面，以及彭桓武先生与中国科学技术大学理论物理的渊源，理论物理专款学术领导小组在 2018 年度第二次会议上讨论建议由中国科学技术大学与西北大学联合成立"彭桓武高能基础理论研究中心"，主要开展量子场论、量子引力理论（如弦理论）以及相关的数学物理方面的学术研究和学术交流，为国内相关基础理论领域的优秀青年才俊提供一个宽松的、优雅的、学术优先的科研环境，并对建设学校要求在人、财、物上给予大力支持。

在接到专款学术领导小组建议筹备该理论中心的通知后，中国科学技术大学和西北大学都给予了积极的响应，并在科研经费、办公空间和专业学术秘书等方面给予了具体的支持。2019 年 4 月 19 日由第七届理论物理专款学术领导小组组长孙昌璞院士和基金委数理科学部常务副主任董国轩研究员带队的专款学术领导小组和相关数理科学部领导组成的考察组，对两校成立该中心的条件和准备情况进行了实地考察并给予了肯定，对该中心的运行和发展给出了如下中肯的建议："彭桓武高能基础理论研究中心"应注意避免与国内相关研究中心同质化的发展倾向，实行保持自己鲜明特色的差异化发展，推进塑造优良的学术价值观和建立更加合理的人才评价机制，以使中心有持续的活力和生命力，同时也还要加强高水平、高质量年轻人才的培养和引进。在发挥全国辐射作用的同时，通过中心的建设以及相关经验的积累为在国内探索发展理论物理的新机制提供新的思路，进一步推动中国理论物理的发展。该研究中心应该努力促进国内高能基础理论和数学物理等相关领域研究人员的实质性研讨和合作，而不是简单的一个集合，也不仅仅是发表一些论文。

基于此，第七届理论物理专款学术领导小组在2019年度第一次会议上讨论决定正式启动"彭桓武高能基础理论研究中心"。

通过这一研究中心的设立和发展以及学术同行们的共同努力，我们期待能够进一步营造宽松的、具有浓厚学术气氛的优雅科研环境，鼓励研究人员尤其是青年研究人员努力提升自己的研究素质，拥有深厚的物理和技术基础，孕育重大科学问题。经过一段时间的积累和沉淀，力争能在某些领域或某些关键问题上有所突破，做出原创性的高质量的并能留得下来的研究工作，真正在国际学术界的相关领域拥有我们自己的一席之地。

该研究中心将围绕量子场论、量子引力理论及量子可积系统等高能基础理论和相关数学物理及其交叉研究方向开展研究工作，具体包括：

场论的一般物理/数学结构及其内涵，比如基于对称性、因果性、幺正性等的要求探讨相关特性；量子引力的一般特性，比如时空本质、相互作用本质以及考虑非微扰下经典与量子的关联，弦理论研究给出的量子引力的相关信息，对有效理论的约束和限制，特别对宇宙学模型的限制。

量子可积系统的严格解。发展求解量子可积系统的一般方法，考虑在弦理论中的一些应用比如 AdS/CFT 对应，精确求解高自旋系统、多组分玻色子系统和多组分费米子系统等，基于严格解，检验弦理论中一些强弱对偶关系，研究上述系统的基态自旋构型、费米子配对机制、元激发和结构因子的特性，深入研究系统的动力学行为和量子临界性质。

场论、量子引力、量子可积等方向涉及的物理及数学物理问题，比如量子场与引力关联的本质，几何、拓扑特性以及相关的可积性问题。

为此，本中心设立了三个研究团队攻克上述问题：

（1）场论、量子引力及其有效理论与应用，该团队涉及的关键科学问题为量子场论一般结构及其非微扰特性，量子引力，时空、相互作用本质和非微扰下经典及量子的关联。

（2）量子可积系统的严格解及其应用，该团队涉及的关键科学问题为建立、理解和刻画量子多体系统普适的理论框架。

（3）相关数学物理问题的研究，该团队涉及的关键科学问题为发展场论、量子引力以及量子可积系统相关的数学物理方法。

这三个研究团队的主要成员包括中心骨干成员（主要为中国科学技术大学和西北大学的固定研究人员）和客座成员（主要为国内从事与中心研究方向紧密相关的国内其他高校和研究机构的杰出学者与优秀青年研究人员）。

中心鼓励不同学术背景和拥有不同学术语言的同行互相学习，了解对方领域的物理问题，相互借鉴，共同提高，积极开展不同研究方向和领域间的交叉研究。不仅在同一个学术团队内开展不同方向间的学术交流和研讨，我们还将开展不同学术团队间的学术研讨与合作。

通过深层次的学术交流，使得具有不同学术背景的团队成员能够彼此了解对方研究领域涉及的物理以及相关的数学物理问题，发挥各自的长处和特点，彼此借鉴，共同攻关，对涉及的问题有所解决或发现新的问题和答案，自然形成不同领域间的交叉研究，并且相关领域间通过一段时间的了解和合作，最终做出好的原创性、有特色的研究工作。

在团队协作的同时，中心尊重每个成员的个体独立性、个体的研究特色和研究能力（包括好的物理素养和深厚的数理基础）。中心特别鼓励和强调研究的深度、原创性，做经得起时间检验、留得下的工作。

中心学术活动的开展主要以学术访问、学术研究、小规模的高级学术研讨、小规模的专题学术研讨会、开设高级专题讲座/课程等方式进行。

为保障中心学术研究的高效开展，中心设立了学术委员会，负责中心运行的战略咨询和指导，设立了中心（中国科学技术大学、西北大学）联合主任，具体负责中心的运行和管理，也设立了每个研究团队的召集人，负责相应团队的学术活动的开展。

中国科学技术大学的优势在高能基础理论以及一些相关的数学物理方面，而西北大学的长处在量子可积系统的严格解上，彼此间的学术研究有一定的互补性和共性。通过该中心的运行和推进机制，双方研究人员有深层次学术交流的机会，了解对方研究中涉及的物理、数学物理问题，相互促进、借鉴，共同提高，并在此基础上力争做出重要的研究工作。

本中心已运行3年，在学术研究和学术交流方面取得了比预期要好的成绩。在学术交流，特别是国际学术交流方面，尽管受到疫情的严重影响，本中心还是尽最大努力开展了不少学术活动和交流（具体见30周年文集杨文力、卢建新的另一篇文章）。特别要提到的是：本中心的成立使得我们有机会开启了国内年度"场论与弦论"的研讨会，目前分别在合肥、西安和北京办了三届，每一届都是国内相关领域研究人员，特别是年轻研究人员开展相互学术交流的盛会。参加人数一般为60余人，邀请报告30多场。这种年度研讨会在印度、日本、韩国以及东亚地区等都有，我们也一直期待有这种年度研讨会。该中心的成立正好给予了举办这种年度研讨会的机遇。

在人才方面，我们邀请了国内相关领域几乎所有的青年杰出人才作为本中心的客座成员（目前有17位），我们还将继续邀请并吸纳近期回国工作的青年才俊。我们近期也引进了多位青年人才，比如彭桓武高能基础理论研究中心（合肥）引进了在非微扰量子场论方面有重要建树的且获得韩国Institute for Basic Science（IBS）青年科学家的Chiung Hwang博士的加盟。

在科学研究方面，该中心的成立，使我们的研究成果，无论在量方面还是质方面，都明显得到了大力提升，超出了预期。比如科大中心成员陈晨利用量子色动力学（QCD）非微扰泛函方法计算了质子的轴形状因子，解决了二十多年悬而未决的问题。中国科学技术大学成员黄民信给出了pp波背景下全息对应新字典，解决了该背景下计算临界超弦高亏格振幅的难题以及把拓扑弦反常方程首次运用到超对称指标定理的计算，他因此被邀请在全球华人数学家大会上做45分钟的报告。中国科学技术大学成员周双勇对有效场论提出了凸几何及群论方法，极大地提高了求解正定性约束的效率，利用完整的交叉对称性得到的正定性约束证实了有效场论（EFT）威尔逊系数在$O(1)$量级，支持了自然性假设，他也因此被邀请写美国物理学会Snowmass EFT正定性约束方面的白皮书。西北大学成员王兆龙、刘冲和新进成员何院耀等分别在全息对偶的量子反常起源、非对称调制不稳定性的精确理论描述以及精确预测二维相互作用费米气体的Berezinskii-Kosterlitz-Thouless（BKT）转变温度方面都取得了重要成果。

本中心在3年的建设时间里无论在学术研究、学术交流方面还是在人才方面都取得了长足的进步。我们有信心在专款的进一步支持下和中心成员各自的努力下，本中心的建设会更上一层楼，会更接近考察组对建设该中心的期待以及本中心设立的建设目标，为中国理论物理，特别在形式理论整体水平的提升方面，做出应有的、实质性的贡献。

从理论物理交流平台到
"彭桓武高能基础理论研究中心"

杨文力[1] 卢建新[2]

（1. 西北大学 西安 710127；
2. 中国科学技术大学 合肥 230026）

西北大学理论物理学科从20世纪80年代起在已故著名物理学家侯伯宇教授的带领下，坚持在数学物理与量子场论等国际前沿领域从事研究工作，取得了以"侯氏变换"为代表的一批重要理论研究成果，在国内外享有重要的学术地位。然而，由于地处西部且属于省属院校，学校吸引人才和投入研究经费都十分困难，特别是青年人才开展科学研究缺少启动经费。进入21世纪以来，西北大学理论物理学科的发展走入低谷。国家自然科学基金理论物理专款（简称理论物理专款）的持续支持对西北大学理论物理学科的发展无疑是雪中送炭。先后有33人次得到博士启动项目、合作研修项目等项目的支持，15人次到国际理论物理中心（ICTP）访问交流。获得专款资助的人员中14人后续得到了面上项目的资助，1人获国家杰出青年科学基金资助，1人获优秀青年基金资助，8人入选陕西省人才计划，19人晋升高级职称，为西北大学理论物理学科人才队伍的建设提供了巨大的支撑，一批青年学者在专款的支持下凝心聚力成长起来。

随着国家对科技事业的不断重视，理论物理专款的资助模式不断创新，资助力度也不断增强，并统筹布局全国理论物理学科的发展。2012年11月"西北大学理论物理交流平台"项目获批立项，成为首批5个"理论物理人才培养与学术交流平台"之一。持续三年的资助为我校理论物理青年教师开展"走出去、请进来"的学术交流活动，开阔眼界、提升水平起到了巨大的支撑和推动作用，极大促进了西北大学理论物理学科的发展，为西部地区理论物理研究保留了火种。2016年西北大学理论物理交流平台成为理论物理专款重点资助的2个交流平台，资助金额进一步提升，在学校"211工程重点学科"建设经费只有50万元/年的情况下，专款资助强度达到了60万元/年，助力平台建设进一步向着高质量深层次科研合作和高质量创新型人才培养的目标发展。

基金委数理科学部和理论物理专款学术领导小组的领导对平台的建设非常重视，经常组织实地考察以及邀请平台负责人到基金委汇报工作，开展对平台建设成效的评估。时任数理科学部物理二处处长蒲钊研究员、时任专款学术领导小组组长孙昌璞院士、副组长罗明兴院士等都曾带队调研"西北大学理论物理学术交流和人才培养平台"建设情况。在历次考察中，均组织与校长和主管科研的副校长座谈沟通，听取学校对理论物理学科发展的支持和考虑，从基金委层面帮助学科争取学校在经费和资源投入上的倾斜和支持。学校进而提出"基础学科要养"的新思路，从配套经费和人才引进等方面给予"一事一议"的特殊优惠政策。

长期以来，理论物理专款重视支持开展形式多样的学术交流活动，搭建平台，营造氛围。西北大学借助专项项目和交流平台的支持，持续组织学术交流活动。2006年，在专款的支持下，西北大学与中国科学院理论物理研究所合作在线举办了"数学物理与可积系统"研究生暑期学校，邀请国内外专家为来自全国36个高校、研究院所的140位学员以及西北大学50余名学生和青年教师开设了

"孤立子与可积系统""孤立子理论""可积模型及其应用""二维共形场论""不变几何流和可积系统"等五门主干课程以及十余场专题学术报告。2016年，专款又支持西北大学举办"第九期理论物理前沿暑期讲习班——可积模型方法及其应用"。国内外30余位专家学者为来自全国29所大学和研究机构的82名学员开设了"量子可积系统基本理论""Quasi-Exact Solvable Models""非对角Bethe Ansatz方法""凝聚态物理中的严格可解模型""长程关联量子多体可积系统""共形场论""非线性物理系统中孤子与怪波""可积结构在弦理论中的应用"等9门课程和30余场前沿学术报告。2018年，西北大学依托理论物理交流平台，举办了"分子模拟理论前沿讲习班"，促进理论物理与理论化学的交叉融合发展。这些活动促进了我国理论物理基础研究储备人才的培养。

依托西北大学理论物理交流平台，我们组织了"International Workshop on String/M Theory and Related Topics""International Workshop on Frontiers of Theoretical and Computational Physics and Chemistry""扭结理论国际研讨会""2017全国量子物理：基础、前沿与未来会议""第五届全国光孤子学术研讨会""理论物理前沿""场论、统计物理及相关问题""量子可积系统新进展""量子多体理论前沿研讨会"等系列国内外学术交流活动。邀请诺贝尔物理学奖获得者David J Gross和David Wineland来校讲学，邀请国际知名专家开设了包括"Loop Quantum Gravity""Bio Nano/Micro Electro-Mechanical Systems""Quantum Many-Body Theory""Quantum Optics, Decoherence, and Dressed Atoms""量子信息前沿"等高端课程。西北大学理论物理交流平台自建设以来，共邀请国内外学者来访并做学术报告200余场，支持研究骨干及学生出国进修访问13人次，参加国际学术会议90余人次，国内学术会议300余人次。同时，我们定期组织"量子信息""量子可积系统""非线性物理"等专题讨论班，吸引了本硕博，以及西安周边兄弟院校的青年教师参与。我们还与兰州大学理论物理交流平台保持联动，组织召开"西北地区理论物理研讨会"等学术活动，发挥辐射和带动作用。

2019年，专款对理论物理研究平台的支持再次升级。第七届理论物理专款学术领导小组决定设立"理论物理创新研究中心"，显示了理论物理专款学术领导小组在开展有组织和体系化科学研究方面的高瞻远瞩。中国科学技术大学与西北大学发挥各自在高能基础理论和数学物理方面的优势，合作组建"彭桓武高能基础理论研究中心"，开展量子场论、量子引力理论/弦理论以及量子可积系统等相关数学物理方面的学术研究和学术合作与交流，探索培育和组建高水平的研究队伍、营造良好学术风气和氛围、开展基础理论原创研究的新机制。中心成立以来，举办年度"场论与弦论"系列研讨会等学术会议13场，"M-理论矩阵描述"系列讲座17场，"强关联多体数值计算和辅助场量子蒙特卡罗算法"讲习班。国内外知名学者和青年学者来中心进行长短期学术交流140余人次。研究成果有5项发表在 *Physical Review Letters* 上，43篇发表在 *Journal of High Energy Physics* 上，49篇发表在 *Physical Review* 系列。中心成立以来为中国科学技术大学和西北大学吸引了国家级海外人才2人，省级人才计划入选者2人，青年人才9人。

2020年11月，"彭桓武高能基础理论研究中心（合肥）"正式在中国科学技术大学揭牌。基金委数理科学部常务副主任董国轩、时任理论物理专款学术领导小组常务副组长向涛院士、中国科学技术大学校长包信和院士与赵政国院士共同为中心揭牌。2021年5月，西北大学承办了由理论物理专款学术领导小组、中国科学院理论物理研究所主办的第十七届彭桓武理论物理论坛和第二届彭桓武理论物理青年科学家论坛，董国轩副主任，时任理论物理专款学术领导小组组长孙昌璞院士、常务副组长向涛院士、副组长邹冰松院士，委员蔡荣根院士、常凯院士、马余刚院士、卢建新教授、王建国研究员、许甫荣教授、尤力教授，顾问欧阳钟灿院士，特邀报告人郭光灿院士、胡江平研究员，以及来自全国 50 余所高校和研究所的 400 余名学者参加论坛。孙昌璞院士、董国轩副主任和西北大学校长郭立宏、副校长常江共同为"彭桓武高能基础理论研究中心（西安）"揭牌。孙昌璞介绍了彭桓武先生的个人求学和工作经历，以及自己与彭先生在科学研究和生活中交往的点点滴滴。他分享了一系列生动的历史故事以及"理论物理专款"创建的历史过程，深刻阐释了彭桓武的爱国情怀、学术思想、治学精神和高尚人格，极大鼓舞和感召参加论坛的广大师生学习彭桓武科学思想、科学精神，将我国理论物理事业发扬光大。

在理论物理专款的支持下，我们将本着"强化传统特色优势研究方向，促进高水平深入科研合作，推动国际化创新型人才培养"的方针，以广泛交流促深度合作，以深度合作促跨越式发展，在不断增强自身研究实力、产出标志性成果的基础上，发挥辐射和带动作用，力争形成在国内外有一定影响力的高能基础理论研究中心。

发挥兰州理论物理中心在西北地区的"桥头堡"作用

罗洪刚　黄　亮　刘　翔　刘玉孝　安钧鸿　吴枝喜　赵继泽

（兰州理论物理中心和兰州大学物理科学与技术学院
兰州　730000）

2010年，在理论物理专款的支持下，兰州大学"理论物理交流平台"揭牌成立。在国内外同行专家的大力支持下，依托平台，兰州大学理论物理学科快速发展，取得较突出的成绩。2020年底，"理论物理交流平台"升级为"兰州理论物理中心（以下简称中心）"，同时理论物理专款加大对中心的支持力度，进一步促进中心的科学研究、师资队伍、人才培养及社会服务的发展，发挥兰州理论物理中心在西北地区的"桥头堡"作用。值此理论物理专款实施30年之际，我们简要梳理兰州大学理论物理的发展历程，对基金委、理论物理专款学术领导小组及国内外同行专家表达由衷的感谢！

一、兰州大学理论物理发展概况

兰州大学理论物理学科诞生于20世纪50年代，以徐躬耦、段一士为代表的一批先生的到来，使得理论物理在兰州大学扎下了根。老一辈兰大人在引力和规范场论（段一士、葛墨林）、原子核理论（徐躬耦）、量子光学（汪志诚）、量子多体关联动力学（王顺金）、非线性动力学和量子混沌（顾雁）等领域做出了突出成绩。2000年左右，东西部地区经济发展的差异导致包括兰州大学在内的西部高校人才流失。为引"凤凰"筑"新巢"，兰州大学和物理学院针对理论物理学科的发展采取了一系列措施。2004年，兰州大学设立"萃英人才建设计划"加强人才引进，2005年，兰州大学设立"理论物理与数学纯基础科学基金"，用于支持基础学科的发展。一批年轻学者如罗洪刚、刘翔、刘玉孝、安钧鸿、贾成龙、黄亮、吴枝喜等先后入职兰州大学，到黄河岸边安家落户，初步形成了一支年轻团队。

2009年，基金委领导和理论物理专款学术领导小组对兰州大学理论物理发展现状进行调研，为了稳定和繁荣中西部地区的理论物理研究，合理配置全国理论物理学科的地域分布，将兰州大学作为"高校理论物理学科发展与交流平台项目"的试点，这一举措对稳定师资队伍，发展理论物理的研究和教学起到了至关重要的作用。2010年7月，兰州大学"理论物理交流平台"作为学术交流活动的载体应运而生。

理论物理专款的支持，对我们来说不仅仅是经费上的资助，还是国内同行专家们对我们已有基础和工作的认可，以及对我们未来发展的信心和希冀，更是对每一位兰州大学理论物理教师精神上的鼓励！这样的支持愈加坚定了我们在西部坚守的信念，安心从事理论物理研究和学术交流活动，培养理论物理后备人才。

二、专款资助以来兰州大学理论物理的阶段性发展

第一阶段：2010～2015年。

兰州大学"理论物理交流平台"成立后，秉承"走出去、请进来"的原则，开展了广泛的学术交流活动，邀请相关学科领域高水

平学者作报告，进行短期合作研究；老师们也到国内外高校进行学术访问或参加学术会议；平台还组织了三次暑期学校，在不收取任何费用的情况下，为部分有需要的学生提供资助，与西部地区理论物理协同发展。通过这些活动，开阔了师生们的学术视野，与国内外同行有了更广泛而深入的交流，在相关前沿问题上开展合作。

第二阶段：2016～2020年。

按照理论物理专款对"平台建设"三个层次的要求，我们持续深化有特色的学术交流。资助一周以上的学术访问，与邀请者进行深入讨论，拓展实质性合作。为了促进平台内部老师们相互之间的交流，组织两周一次的 Lunch Seminar，由一位老师介绍自己的工作，期间也会讨论平台建设相关事宜，有效地促进了不同方向老师间的相互了解，有利于学科交叉及项目组织。为了促进兰州市及周边地区科研院所的学术交流，加强区域合作，从2016年开始，组织召开区域理论物理前沿研讨会。结合自身的科研工作，邀请国内外相关领域专家就某个课题进行专题系列讲座，通过深入细致的讲授，使得青年教师和研究生能够快速步入学科前沿，开展研究。这些活动有效地提高了兰州大学理论物理方向老师和研究生的学术视野及科研水平，巩固了平台建设成效，提升了整个研究团队的实力。平台聘请了专职秘书做科研辅助，减轻科研人员的事务性负担，也使得平台的学术交流活动逐渐常态化、制度化。

第三阶段：2021年至今。

有了前十年的基础，在深入的学术交流推动下，兰州大学理论物理团队产出了多项创新性成果。受专款资助以来，发表高水平学术论文一千余篇，其中在 *Physics Reports*、*Physical Review Letters*、*Nature Communication* 等物理学顶级期刊上发表了41篇文章，学术影响力逐步提升；获批的基金类型和项目数量也明显增加，青年教师基本上都获批青年基金项目，大部分教授获批面上项目，并获得了面上的滚动支持；汇聚了16人次的国家级人才队伍，并且凝练研究方向，在引力物理、粒子物理、凝聚态量子理论和统计物理等方向开展特色研究。

兰州大学理论物理在平台基础上凝聚西北地区人才，联合东部优势力量，2020年申请获批"理论物理创新研究中心"项目，升级成为"兰州理论物理中心"，由之前的交流型平台逐步转向能够在基础前沿研究领域产出标志性成果的研究型平台，获得更大力度的资助，开启新征程。同期还获批建设了"甘肃省理论物理重点实验室"和"111基地"。2023年，在中心已有基础上，申请获批了"量子理论及应用基础教育部重点实验室"。

十多年来，在专款的滚动支持下，兰州大学理论物理在科研成果、人才队伍、人才培养、学术交流及平台建设等方面都取得了实质性的进步，和专款资助前相比，实现了质的跨越。

三、交流平台时期（2010~2020年）的建设成效

兰州大学"理论物理交流平台"成立后，由理论物理专款领导以及其他高校专家同行们组成指导专家委员会，对平台整体的发展方向、组织形式、发展思路进行指导。10年来共召开了5次理论物理交流平台指导专家委员会会议，对平台在各个阶段的发展目标和建设思路提出了很多宝贵意见。会议之外，指导专家委员会的专家们也对我们的发展提供了很多帮扶，对培养青年人才队伍做了很多贡献。

兰州大学一直有"厚理"的学术传统，自2015年开始对专款资助进行配套支持，在人才引进和研究生招生指标等方面也予以政策倾斜。学校还提供充足的教师办公室、研究生自习室、访问学者办公室、讨论室和学术报告厅，以及计算资源等，保障科研工作和学术交流顺利开展。

10年来中心举办了丰富的学术活动。在专款的资助下，举办了

60余次学术会议，包括高规格会议如第十一届彭桓武理论物理论坛，全国大型学术会议如第五届全国冷原子物理和量子信息青年学者学术讨论会、第十七届全国凝聚态理论与统计物理学术会议、第十五届全国中高能核物理大会暨第九届全国中高能核物理专题研讨会、第十届中国-新加坡物理前沿联合研讨会、第十三届重味物理和CP破坏研讨会、第三届全国统计物理与复杂系统学术会议、第十七届全国量子光学学术会议等，还有40多次小型研讨会，以及3次暑期学校。邀请了国内外著名学者300余人次来兰州大学访问或讲学，其中有诺贝尔奖获得者、中国科学院院士等国内外著名学者，做了近400场次学术报告，有面向大众的科普报告，也有专业小规模的研讨。资助50余人次理论物理师生外出访问，访问期间，双方在短时间内集中各自的研究优势就当前热点学术问题联合开展攻关，很快取得了一定的研究成果。更为重要的是，通过"走出去、请进来"的交流模式，促进了兰州大学理论物理研究人员和国内外同行的长期合作。为研究生开设了15次专题系列课程，这些课程最短6课时，长的有72课时，这对于帮助研究生快速提高专业水平、进入前沿研究具有重要意义，得到了学生们的热烈反响。

我们瞄准理论物理基础学科前沿，坚持与国内外一流大学及研究机构专家开展长期稳定的合作。例如，魏少文教授和刘玉孝教授与加拿大滑铁卢大学R. B. Mann教授进行学术合作，开展黑洞微观结构的研究工作。王永强副教授与中国科学院理论物理研究所蔡荣根院士以及荷兰莱顿大学J. Zaanen教授等同行合作，利用引力全息对偶研究了高温超导中各种有序态与超导态之间的复杂交织结构。刘翔教授课题组与日本东京家政大学的T. Matsuki教授就强子谱学开展了持续深入的合作研究，10年间合作发表论文60多篇，在新强子态研究领域发表多篇有见地的研究工作，并获得实验证实。2012年兰州大学与美国亚利桑那州立大学、英国阿伯丁大学联合建立了"计算与复杂性联合研究中心"，联合发表文章40余篇，三方联合培养博士研究生 3 名，引进国家四青人才 1 人（徐洪亚）。

平台成立以来，深入特色的学术交流促进了高水平研究工作，对中心的人才队伍建设起到了重要的推动作用，先后有 16 人次获得了国家级人才项目支持。在人才培养方面，逐年完善对重要奖项、重要进展的奖励政策，鼓励青年学者及研究生积极参与国内外重要学术活动，对在重要会议上作学术报告以及在核心期刊上发表论文的师生给予奖励。结合兰州大学物理学院以教学改革牵引的综合改革的开展以及"一士班"与"强基班"的设立，平台吸纳了一部分优秀本科生参与科学研究，以此贯通学科前沿和本硕博人才培养。

在兰州大学"理论物理交流平台"成立之时，时任基金委数理科学部副主任汲培文介绍了基金委在学科布局，特别是对西部高校学科建设方面的重视及具体措施，强调要支持西部、试点发展、得到提升、起到辐射带头作用、做一件功在未来的事。在继续提升兰州大学理论物理科研水平的同时，我们发挥了兰州大学在祖国西部的桥头堡作用，积极协助西部兄弟院校学科建设，并资助来访问的青年学者，带动其学科发展和研究团队建设。例如，以兰州大学对口支援青海师范大学为契机，参与青海师范大学物理学科的建设，以国家重大科技需求为牵引，围绕轻强子谱研究的关键科学问题，将该学科建设成为一个特色专业。

我们自 2016 年起组织召开"西北地区理论物理前沿学术研讨会"，目前已举办 6 届。最初只有兰州市内高校及科研院所参与，后来随着会议影响力的扩大，西北五省从事理论物理研究的 30 多所科研院校都加入其中，形成了区域性合作交流网络。会议每年由不同学校轮流举办，历届承办院校有兰州大学、天水师范学院、宁夏大学、青海师范大学，会议规模由最初 50 人发展到 200 余人，由 1 个会场到设立 4 个分会场，同时线上直播。除此之外，中心还创建了学术交流群用于日常报告信息的交流、传播、共享，惠及更多师生。

我们结合自身特色,积极参与大科学工程。粒子物理团队与中国科学院近代物理研究所联合成立了"强子与 CSR 物理研究中心",展开合作。引力物理团队成立了兰州大学"引力研究中心",参与我国空间引力波探测计划,在基础理论、卫星数据处理等方面展开工作,与兰州空间技术物理研究所合作,开展与实验相关的理论工作。

经过 10 年建设,我们由"走出去、请进来"开始,创造了良好的学术交流氛围,再进一步开展有特色、有深度的学术交流,持续引进青年骨干人才,与高水平学者开展合作研究,最终形成具有一定学科特色的理论物理研究平台,提升了团队整体创新研究能力,一步步完成理论物理专款对平台建设要求中的三个层次的跨越。

四、兰州理论物理中心的工作进展

进入新阶段,在同行专家、部委、甘肃省和学校的关心与支持下,兰州大学理论物理在平台建设上成效显著。中心凝聚西北地区理论物理骨干人才,联合东部及国际相关方向的优势力量,力争以前沿性、交叉性和创新性为目标,集中攻关,做出协同性的创新成果,成为带动兰州大学及西北地区理论物理发展的一个重要堡垒,在兰州大学理论物理学科建设取得一定成效的基础上,建设成为一个综合型、有限科学目标、辐射西北地区的中心。

中心依托兰州大学建设,由兰州大学理论物理方向教学科研人员、具有共建合作关系的其他单位部分理论物理方向教师为主体,形成了日趋完善的组织架构。除设立学术委员会负责中心运行的战略咨询和指导外,还设立了执行委员会来具体负责中心运行和管理。执行委员会由兰大理论物理几位学科带头人以及西北地区其他一些学校的代表组成,每年召开一次会议,商议中心公共事务,也会不定期地根据中心运行中需要商议的事项开会讨论。中心还将聘用的秘书、财务助理以及各研究团队的科研助理整合形成了服务团队，协助处理行政事务并提供科研辅助。

兰州大学理论物理自创建以来在理论物理几个方向上的发展就比较均衡，具有理论物理交叉融合与协同促进的特点。近年来，我们进一步凝练方向，围绕引力理论、粒子物理、凝聚态量子理论及统计物理等四个特色方向开展研究，取得了一批代表性成果。例如，刘玉孝团队通过研究黑洞热力学，发现了黑洞隐藏对称性，提出了黑洞微观分子假说，为理解黑洞微观结构做了有益尝试，并应邀在 Physics Reports 上撰写关于暗物质粒子的综述。刘翔团队在夸克物质的理论预言精度上取得进展，引导实验发现隐粲四夸克物质和五夸克物质，应邀在 Physics Reports 上撰写强子物理研究综述，相关成果获中国青年科技奖和教育部自然科学奖一等奖。罗洪刚团队在量子多体系统方面探索多层次涌现规律，揭示多体相互作用与相变的内在机制；与实验合作，在量子系统的热化–多体局域化相变中观测到迁移率边和 Stark–多体局域化现象。安钧鸿团队提出库工程并揭示其在量子计量噪声抑制和自旋压缩制备中的作用，提出 Floquet 工程，预言了大陈数拓扑绝缘体，并被实验实现。黄亮团队揭示了相对论效应对量子遍历性的抑制，发现相对论性量子疤痕并获实验验证，并应邀在 Physics Reports 撰写相对论性量子混沌的综述。吴枝喜团队在病毒多尺度传播与交互结构影响的复杂系统研究中，揭示了多组分病毒形态演化与感染偏好性的宏观起因，为统计物理在生态系统中的应用进行了有益的探索。这些丰硕的成果有效地支撑了高质量人才培养。

未来 5~10 年，中心将聚焦理论物理基础研究，以科学前沿问题为导向，积极响应国家战略需求，坚持与国内外同行开展深度学术交流，长期努力，深层次地理解引力理论、粒子物理、凝聚态理论和量子信息、统计物理等几个方面的一些基本问题。同时，基于中心量子物理相关科研力量建设的"量子理论及应用基础教育部重点实验室"，也将围绕量子基础物理科学前沿及国家需求，在新奇量子效应与物态、量子调控和新原理量子器件的功能化设计等方向开展原创性探索，寻求解决量子科技关键科学问题的原始创新驱动力和培养量子科技研究的创新型人才，服务国家量子科技战略目标的实现。

目前中心拥有一支由 45 位固定研究人员、8 位博士后组成的科研队伍，并依托"111 基地"吸纳国际知名专家作为中心海外学术骨干。固定研究人员中 40 岁以下的青年人占 50%以上。中心成立后，中心成员获教育部自然科学奖一等奖 1 项（刘翔），中国青年科技奖 1 项（刘翔），"中国政府友谊奖" 1 人（Barbara Dietz），国家"万人计划"领军人才 1 人（刘玉孝），"博士后创新人才支持计划" 1 人（白思远）。兰州大学也持续在人才评价机制、研究生分配指标和办公场所保障上对中心加大支持力度，给予科研团队和科研人员更多自主权，划拨了 3000 余平规整的物理空间，为科研人员提供良好的科研环境。

中心成立以来，因受疫情影响很多学术交流活动无法线下进行，中心积极利用网站、微信公众号、微信群、蔻享直播等多种交流形式，扩大学术交流范围。组织学术报告 248 场，其中线上报告 167 场，线下报告 81 场。与国外专家及合作者线下互访次数减少，线上活动增加，邀请国外专家开展专题课程 9 次，共计 174 课时。中心的研究生参加国际学术会议并作报告 19 人次。2022 年 11 月底在线上召开了"第六届西北地区理论物理前沿学术研讨会"，来自西北地区的兰州大学、中国科学院近代物理研究所、西北师范大学、兰州理工大学、天水师范学院、西北大学、西安交通大学、陕西师范大学、宁夏大学、青海师范大学、新疆大学、喀什大学等，以及西南地区的重庆大学、四川大学、西藏大学和部分东部高校代表和科研院所共 45 家单位，470 余人参会，将西北地区理论物理人才汇聚一堂，促进了区域性的交流与合作。中心自 2021 年起开始举办学术年会，将其作为展示中心内部研究人员学术成果、加强交流合作的重要舞台。

中心成立以来共资助了 27 项开放课题，其中学术交流项目主要支持西北地区理论物理科研院所申请举办学术会议，合作研究项目主要支持区域内理论物理研究人员与中心核心成员就中心所聚焦的科学问题开展合作研究。西安交通大学钟渊副教授获资助，于 2021 年 5 月 14 日至 17 日与兰州大学联合在西安举办了引力与宇宙学研讨会；兰州理工大学的朱志刚副教授与黄亮教授合作申请课题，在项目执行期间计算了 Kuramoto-Sivashinsky（KS）方程在不同耗散参数下的能谱，并将其与湍流中典型的能谱做了对比。

中心在学术交流更广泛、科研合作更深入的同时，也更注重后备力量的培养和社会服务。结合学院综合改革，基于本科生"一士班""强基班"的设立，设置本科生"一士科研提升项目"，鼓励本科生较为深入地参与科研，培养具有基础扎实、视野开阔的理论物理后备人才。中心定期举办"段一士前沿物理系列讲座"，邀请校内外专家为本科生分享各自专业领域前沿研究，激发学生探索求知的热情。自 2022 年秋季学期开始，中心定期举办以"探索·求知·明理"为主题的科学开放日活动，采取科普/前沿报告+座谈交流的形式，面向物理学院乃至全校的本科生，并逐步向社会公众开放。中心自 2023 年起，为研究生开办了每周一次的 Lunch Seminar 活动，提供前沿报告，开阔研究生学术视野，进一步活跃中心学术氛围。

五、展望

2010 年至今，兰州大学理论物理在理论物理专款的滚动支持下走过了 13 个春秋。无论是奠定兰州大学理论物理根基的老一辈先生们还是中心年轻一代的研究人员，都有扎根西部、严谨治学、团结协作的精神，就像西北大地生长的胡杨一样挺拔坚毅。

我们深深地体会到，没有专款的资助和同行专家的大力支持及悉心指导，我们不可能实现从"交流平台"到"兰州理论物理中心"的跨越式发展。这既是一种荣誉，更是沉甸甸的担子。我们希望在下一个10年，中心能够紧密围绕相关基本科学问题开展深入研究，潜心攻坚，提升中心在基础研究方面的科学研究水平和学术声誉；发挥中心的"凝才聚智"作用，把发现、培养青年人才作为中心一项重要职能，构建完备的理论物理研究人才梯次结构；发挥辐射带动作用，开展高水平和实质性的学术交流与合作；促进人才和成果评价机制调整，让科研人员能够静心研究、潜心工作，用丰硕的成果支撑中心再上台阶，充分发挥中心在西北地区的"桥头堡"作用！

上海核物理理论研究中心成立

——理论物理专款 30 周年纪念文集

马余刚　马国亮

（复旦大学现代物理研究所　上海　200433）

　　理论物理专款——上海核物理理论研究中心（以下简称上海中心）是由国家自然科学基金理论物理专款支持，依托复旦大学为主体的高端学术交流平台。近两年来，上海中心联合国内外核物理同行，以促进深度交流与合作、产出原创性研究成果为目标，凝练重大基础前沿科学问题开展合作研究，努力提升我国核物理特别是上海及周边区域的核物理学科水平，希望助推国家战略科技力量的长足发展。

　　在理论物理专款中心项目的资助下，上海中心于 2021 年获得了批准，2022 年各项工作启动，项目执行期为 4 年。中心针对核物理学科中不同微观层次粒子的相互作用规律开展研究，一年多来在以下四个研究方向（相对论重离子碰撞、强子物理与量子色动力学（QCD）、原子核结构、原子核反应）取得一些重要进展。①相对论重离子碰撞方面，我们针对同质异位素碰撞的手征磁效应、全局自旋极化现象、相对论磁流体力学、小碰撞系统中集体流起源、夸克-胶子等离子体（QGP）热力学性质演化等开展了深入的理论研究。②强子物理与 QCD 方面，我们对奇特超核的产生、宇宙空间中轻的反物质原子核产生等给出一些理论预言。③在原子核结构理论方面，我们提出了 ^{12}C 和 ^{16}O 的 α 簇团结构对碰撞系统双强子方位角关联的影响，中子皮结构和 α 簇团对直接硬光子发射的影响，磁场对巨偶极共振（GDR）的影响等重要物理效应，研究核衰变的三体过程与连续谱效应、丰质子和丰中子氧同位素的衰变动力学。④在原子核反应方面，我们侧重探索了核物质的平面 Couette 流的演变、双核子动量相关函数等重要核反应现象。此外，我们开展复杂网络研究为原子核反应开展交叉研究打下基础。中心的一个显著特色是学科内的交叉融通，例如我们的研究横跨核子层次到夸克层次，把低能的核结构信息带到高能的重离子碰撞中，寻找重离子碰撞的共性规律。其中一个例子是中心主任受邀在 Springer 出版的 *Handbook of Nuclear Physics* 一书中撰写 *Influence of Nuclear Structure in Relativistic Heavy-Ion Collisions* 章节。中心发表学术论文 30 篇，做国内外学术报告 20 次。

以上成果的取得离不开理论物理专款中心项目的大力支持。尤其在中心项目资助下，我们邀请国外学者坚持每周的复旦核物理前沿开放讲坛，为国内外核物理界提供经常性的网上交流的平台。中心还成功举办 2022 年复旦大学"优秀学生培养计划"粒子物理与核物理暑期学校（学员 100 人），举办"机器学习在核科学中的应用""味物理与 CP 破坏"等专业交叉论坛，组织"核物理青年沙龙"等学术活动。在人才培养方面，1 名成员获得国家杰出青年科学基金资助，1 名成员获得上海市核学会杨福家核科技青年人才奖，中心主任获得上海市教育系统"劳模创新工作室"，培养了 5 名博士后、10 名博士研究生，逐渐发展成为上海和周边地区一个重要的科研人才自由发挥和成长的科研基地及平台。

未来，中心将以更开放的姿态邀请国内外优秀的核理论青年学者到中心来访合作并给予一定的资助，包括邀请西部地区的青年学者，以促进国内学者的核理论合作，并产出更优秀的成果，培育出一批优秀的核理论学者。

有感于"理论物理专款"30周年

吴岳良 [1,2]　马永亮 [3]

（1. 中国科学院理论物理研究所　北京　100190，2. 中国科学院大学国际理论物理中心–亚太地区　北京　100190；
3. 国科大杭州高等研究院　杭州　310020）

在"理论物理专款"成立30周年之际，回望过去，不禁让人有感而发。为促进我国理论物理学的发展，培养理论物理优秀人才，充分发挥理论物理对国民经济建设和科学技术在战略决策上应有的指导和咨询作用，国家自然科学基金委员会于1993年设立了"理论物理专款"。理论物理专款的设立以及其独特的资助模式极大地提升了我国理论物理领域的研究水平，优化了理论物理研究的整体布局，扩大了理论物理交流合作的规模，优化了理论物理交流合作的模式，培养了理论物理的后备人才，扩大了理论物理学科的社会影响力。

让人记忆犹新的是在"理论物理专款"迈入第二个10周年之际，2004年6月1日在中国科学院理论物理研究所举办了一场专门的学术报告会，以庆祝"理论物理专款"成立10周年。时任中国科协主席周光召先生、国家自然科学基金委员会副主任沈文庆院士、首届"理论物理专款"学术领导小组组长彭桓武先生，以及历届学术领导小组的组长和成员、理论物理学界的前辈、中青年理论物理学家及研究生共三百多位与会者参加了这次隆重而热烈的理论物理学界的盛会。此次盛会给人留下了深刻的印象。

周光召先生在"理论物理专款"成立10周年的报告会上首先作了主题报告,他深入浅出、生动活泼的报告给人以深刻的启迪。会议还总结了在"理论物理专款"支持下开展的主要研究项目、各种学术活动和所取得的重要进展,包括:一大批理论物理学领域的青年研究人员和博士后得到了"理论物理专款"作为其从事理论物理研究的启动支持;大批研究生和青年学生通过参与"理论物理专款"的各种学术活动,如"彭桓武论坛""前沿讲习班""暑期学校"等,开阔了视野、拓展了方向;一些理论物理重点研究方向和领域通过"高级研讨班""专题研讨会"等多种形式的支持得到了深入发展;东西部合作项目、西部讲学项目等项目有效地改善了地区发展的不平衡。特别值得庆贺的是在全国理论物理学界同仁的共同努力下,在国家自然科学基金委员会领导对基础研究和理论物理研究的高度重视下,"理论物理专款"的支持强度得到了快速的提升。

周光召先生所作主题报告的精神思想一直影响着我们,在"理论物理专款"成立30周年之际,更加值得我们回顾和思考。周先生用他独有的视角分析和论述了理论物理的重大发展以及给予我们的启迪,包括:理论物理在20世纪取得的重大突破和所起的巨大推动作用,理论物理发展所需要的条件,将帅人才和青年人才如何能够脱颖而出,如何选择一个好的研究方向,如何在学术争论和学术批评的基础之上做出一流的科研工作,以及如何面对理论物理的新挑战,创造出所需的发展条件,使理论物理取得新进展和突破。这些仍然是今天我们需要认真探讨和进一步摸索的问题。

周光召先生在主题报告中还以量子力学的提出为例,阐明了理论物理发展需要的学术环境。他分析指出:在学术环境中,第一,要有适度的规模,有一个在临界体量以上的研究群体;第二,这个研究群体必须要真正地能够展开学术争论和学术批评。他特别强调：要取得重大的科学成果，需要创造若干个条件，有些条件是和政策环境有关的，有些条件必须要理论物理学界克服自身的弱点来进行创造。比如说，学术批评和学术争论风气的兴起，就要靠理论物理学家自己来解决。他还进一步分析指出，理论物理学经过了20世纪的蓬勃发展，现在还面临非常多需要解决的问题，当然解决这些问题的难度也越来越大，牵扯到的学科越来越多。20世纪最辉煌的进展是在最基本的理论上，如相对论、量子力学和量子场论。这些最基本的理论，到现在为止，仍然有迹象表明，都不是最终的理论。无论是在基本粒子还是在天体物理领域，不断发现新的现象，现有理论无法完全加以解释，例如：暗物质的属性、暗能量的本质、中微子的属性、物质质量起源、对称破缺机制、夸克禁闭、宇宙中物质-反物质不对称起源、引力的量子化、量子退相干、高温超导机理、新奇量子物态、生命现象的复杂性等，这些都是当今理论物理面临的挑战。实验和理论研究都预示，人类对自然界的认识还远远不够，对物质、能量、时空的认识有待深入，21世纪在基础科学研究领域必将出现新的革命性突破，导致以物质和时空深层结构为特征的新的科技革命。

周光召先生重点指出，对物理基本理论来讲，现在一个很重要的矛盾可能是复杂性和简单性之间的矛盾。对研究基本理论的科学家来说，总是希望用最简单的理论来解释世界最复杂的现象。但是到了目前这个阶段，从认识夸克以后，已经不大可能由一个简单的理论做到，比如弦的场论就比粒子的场论更为复杂。在极小的尺度上，粒子的能量变得很大，激发的自由度也多，因此在这个意义上说，基本粒子一开始就是一个复杂系统。而复杂性的问题，现在基本上还没有解决的方案。同样，社会现象、生物现象都是复杂性问题。他认为，当年提出量子力学和相对论的时候，数学和哲学在其中起了很重要的作用，现在存在的复杂性问题，很可能需要新的哲学思维和数学方法。

事实上，古时学者把物理学视为"自然哲学"。物理学实际上是从哲学中逐渐分离出来，成为一门独立的学科，近代得到了前所未有的迅猛发展，为人类文明和社会进步提供了最基本和最丰富的科学思想及研究手段，成为自然科学的基础。另一方面，由自然哲学发展成的物理学，除了使用实验手段和新的思维方法外，数学起了不可替代的作用。在分析大量实验数据和物理唯象的基础上，归纳和总结出描述支配物质基本结构和宇宙演化的规律时，需通过运用严格的数学语言和简洁的数学公式来表达。物理学的简洁美、统一美、对称与不对称美则是通过深刻的数学美反映出来。因此，自从物理学成为自然科学的一门独立学科，物理学与数学之间的关系变得越来越紧密，尤其是理论物理学与数学的关系更是密不可分。古代的许多科学家既是数学家也是物理学家，如大家熟知的古希腊的阿基米德，很早就利用数学语言在《论平面图形的平衡》中阐述了杠杆原理并做了大量的实验验证。实际上，数学被古希腊学者视为哲学之起点，"数学"一词的希腊语意思是"学问的基础"。数学亦被中国古代当作六艺之一，它是由计数、计算、量度以及对物体形状和运动的观察中产生和形成的。

到了近代和现代，数学家和理论物理学家之间的合作变得越来越频繁和深入，他们已成为了数学物理的践行者，许多理论物理学家对数学的运用和发展起到了积极的推进作用。例如，牛顿在研究物体和天体的运动规律时发展出新的数学方法——微积分；爱因斯坦则运用对当时的物理学家来说全新的数学方法——黎曼几何，创立了广义相对论；狄拉克为描述点电荷密度给出一个只有积分意义的 δ 函数，随后数学家补充为一个连续线性泛函，并发展了广义函数和分布的概念；杨-米尔斯规范场的大范围整体性质和手征量子反常与纤维丛的拓扑不变量和陈-西蒙斯（Chern-Simons）示性类及指标定理之间建立起直接的联系；超弦理论中的额外维空间与卡拉比-丘（Calabi-Yau）空间之间建立起重要的对应关系。理论物理学家爱德华·维藤（Edward Witten）在发展超弦理论的同时，由于对数学的杰出贡献而获得菲尔茨奖。这些都是理论物理学与数学相互结合所呈现出的典型例子。在理论力学、电动力学、统计热力学、量子力学、流体力学、材料力学、可积系统和动力学系统等各学科分支中的许多物理问题最终都归结为求解数学上的常微分方程、偏微分方程、积分方程、微分积分方程等数学物理方程。物理问题的数学解又会涉及复变函数和特殊函数等多种函数，在求解时经常会用到变分法、泛函分析等各种数学分析方法。近现代数学发展出的代数拓扑、同调群、同伦群、量子群、复几何、辛几何与拓扑、低维几何、非对易几何等数学理论和数学方法越来越多地渗透到理论物理的研究中。例如，在研究微观物理对象的随机性以及各种随机过程的统计规律、无序系统和动力学系统时，随机方法和离散数学等得到了越来越广泛的应用。在量子力学中，通常的物理量变成算子，物理状态用波函数来描述，算子的谱才是测量到的物理量。而在量子场论中，波函数又被二次量子化成为算子用来描述基本粒子在相互作用过程中的产生和湮灭，这使得算子代数和路径积分等数学理论和方法成为量子物理的数学基础。对于量子引力和超弦理论的研究，不仅运用到了现代数学中已有的数学理论和方法，还促进了数学理论本身的发展。

  理论物理发展史给予我们深刻的启示，理论物理一旦与数学和哲学相结合，并得到实验的检验，将导致理论的重大突破，引发新的科学革命。事实上，爱因斯坦的狭义相对论和广义相对论，使得闵氏时空的几何学和黎曼空间的几何学成为物理理论的数学基础和数学描述，同时也使得向量分析、张量分析和微分几何等成为有效的数学分析工具，并改变了人们的时空几何观。粒子理论物理学家研究表明，自然界的三种基本作用力——电磁相互作用、弱相互作用、强相互作用，可用规范场理论来描述，并由规范对称性来支配，这些对称性在数学上用简单的李群 U(1)×SU(2)×SU(3) 来描写。晶体的结构可由欧几里得空间中的晶体点群来描述，这使得群论在物理学中的应用，尤其在粒子物理中的应用变得越来越重要。在规范理论中，规范场作为传递基本相互作用的量子场，它与数学家在现代微分几何学中所研究的纤维丛上的联络相关联，这使得有关纤维丛的拓扑不变量在粒子物理和量子场论研究中变得重要起来，如规范场的磁单极子和瞬子解以及手征量子反常等。在凝聚态物理理论研究中，物质的拓扑相和拓扑缺陷、拓扑量子计算等也直接与现代数学方法相联系。

  物理学中的许多规律还有待进一步揭示和深入理解，并在更小或更大的尺度上进行检验。一方面，在接近普朗克尺度的情况下，如何处理引力的量子效应和认知时空的基本性质；另一方面，在趋向低能情况下，如何理解规范等级问题以及对称破缺等基本问题。诺贝尔物理奖获得者戴维·格罗斯（David J. Gross）2005 年在中国科学院理论物理研究所"前沿科学论坛"上所做的题为"物理学的未来"的报告中探讨了物理学面临的 25 个基本科学问题，许多问题涉及对数学分析和数学方法的运用。其中包括：量子场论中的无穷发散困难与正规化和重整化方法；量子色动力学非微扰相互作用效应和夸克禁闭，数学上人们是否能够求解量子色动力学，如果设想夸克的颜色数是无穷大而不等于三，是否能够构造一个强子的弦论对偶描述；宇宙大爆炸是如何开始的；在大爆炸点到底发生了什么，数学上如何把大爆炸点作为奇点来处理；描述巨大而复杂动力学体系的理论是什么；如何用数学语言描述复杂系统，并结合计算机科学来计算和模拟，例如预言地球的气候变化、细胞中的化学过程及人类大脑行为等过程；物理学中定量计算显得越来越重要，那么计算机是否能代替解析技术；在计算机时代的背景下该如何调整对物理学家的训练；计算机何时能成为具有创造力的理论物理学家。

理论物理研究是基于大量的物理现象和物理实验，依据简洁的物理原理和物理图像，运用严密的逻辑推理和辩证思维，利用严格的数学公式和数学方法，高度概括和演绎归纳出具有普遍意义和深刻本质的基本理论。由此建立的基本理论不仅成为描述和解释自然界已知的各种物理现象和运动规律的理论基础，而且还是预言和发现自然界未知的物理现象和基本规律的理论依据。

理论物理的发展离不开实验的检验，更离不开尖端技术的支撑，理论的突破、实验的进展、技术的革新三者之间实际上是相辅相成的。一个新的理论在寻求实验的检验过程中，必定会对技术的攻关和创新提出前瞻性的要求，由此推动技术的进步。一个熟知的例子就是粒子物理理论——标准模型的检验，它不仅推动了粒子加速技术、精密探测技术、真空技术、低温技术、超导技术等的发展，而且还促使互联网技术、大数据处理技术等的变革；另一个给人印象深刻的例子是关于对引力理论预言的引力波的探测和检验，它对弱力感知技术、激光干涉技术、微推进技术、无拖曳技术、精密测量技术、物理仿真和数值计算等的要求无论是在精度上还是在规模上均代表了目前人类所能达到的极限。事实上，对极小量子粒子到极大膨胀宇宙的认识和理解，必将会涉及极端条件下的实验，导致前瞻技术的突破。因此，由科学目标驱动的技术攻关不仅能推进尖端技术的发展，而且将极大地提升人类的整体创新能力。

近期，随着粒子物理、量子场论、引力理论、宇宙学、引力波物理学和天文学的前沿进展向着交叉综合的趋势发展，对极小粒子与极大宇宙之间内在规律探索的深入，并考虑到国内有关单位对相关理论物理研究方向的整体布局与人才培养的迫切需求，在理论物理专款的支持下，依托于中国科学院大学国际理论物理中心（亚太地区），联合由国科大杭州高等研究院、浙江大学、南京大学组成的研究团队，成立了"理论物理专款量子-宇宙理论物理中心"（以下简称"中心"），以便在基础研究、学术交流和人才培养方面发挥中心的特色优势，尤其是针对从极小量子粒子到极大膨胀宇宙所涉及的一些重要研究方向进行深入探讨，包括：统一理论、宇宙和物质起源、时空和引力本质、引力量子场论、物质深层次结构、黑洞物理和引力波宇宙等。中心成立以来，已经在相关理论物理研究方向、学术交流合作和研究生联合培养等方面取得了具有特色的重要进展。

寻求基本相互作用力和基本粒子的统一已成为21世纪最具挑战性的科学前沿。在"理论物理专款量子-宇宙理论物理中心"和其他相关项目的支持下，本文作者之一完成专著《超统一场论的基础》（*Foundations of the Hyperunified Field Theory*）并作为《理论物理科学高级丛书》在世界科学出版社出版（https://doi.orf/10.1142/12868）。超统一场论为揭秘自然界的基本组元和基本对称性及其基本相互作用、时空和引力本质以及物质和宇宙起源开辟了一个新途径。超统一场论的基础打破了爱因斯坦基于纯粹时空几何观建立统一理论的观念，不再从已有的关于对称和时空及其几何的概念出发，而是把物质和运动的观念作为基本出发点，即：自然界是由基本物质构造块组成，而基本物质构造块总是在不断地运动和变化，且遵循简约的自然法则。为使这样的物质和运动的观念在物理上能合理且自洽地得以实现，超统一场论把成功应用于描述量子场论和经典物理的路径积分作用量原理作为其理论的形式体系，提出基于最大相干运动原理的最大局域纠缠量子比特运动原理，以及标度和规范不变原理作为超统一场论的基础和基本指导原则。具体而言，超统一场论的基础是从物质场的存在和运动观念出发，提出超统一场论遵循的基本指导原则，通过详细的物理分析和系统的理论演绎归纳，建立起理论上自洽的超统一场论，不仅解释已有的物理现象和物理实验，而且能合理地解答基础物理领域长期存在的一系列基本科学问题，包括：什么是自然界的基本构造块以及其遵循的基本运动规律；自然界的基本对称性是什么以及它是如何生成的；什么是时空的基本属性以及它是如何体现的；自然界的时空维数是如何确定的，为什么时间不同于空间，时间只有一维；自然界基本构造块的对称性与时空的对称性是如何相互关联和区别的；为什么自然界存在一个家族以上的轻子和夸克，而我们可见的物质世界仅由其中的一个家族组成（即构成质子和中子的上夸克和下夸克以及形成原子的电子）；为什么我们生活的物质世界呈现为仅有四个维度的时空；什么是自然界的基本相互作用，它是如何由自然界的基本对称性支配的；引力的本质是什么以及它是由什么对称性支配的；时空的本质和结构是什么；为什么引力总是与运动和时空的几何属性相关联；怎样理解宇宙的起源和演化，宇宙的早期暴胀是如何发生的；暗物质的属性是什么，它的存在是否暗示着自然界新的相互作用；暗能量的本质是什么，它的呈现是否来源于自然界新的相互作用；宇称反演和时间反转及物质的基本对称性是如何破缺的；为什么基本粒子的属性具有手征性，为什么今天的宇宙呈现出物质与反物质不对称；基本物理定律的统一描述是否由物质和运动的观念唯一地确定，它将导致怎样的能量观念、时空观念、几何观念和宇宙观念；量子相干性及其局域与非局域量子纠缠的本质是什么。研究表明，基于最大局域纠缠量子比特运动原理以及标度和规范不变原理建立的超统一场论为理解以上这些基本科学问题提供了一个简单和统一的物理原理与物理图像。超统一场论基于的一个至关重要的概念是将希尔伯特空间中旋量场对应的自旋对称性与闵氏超时空中坐标对应的洛伦兹对称性严格地区分开来，以此突破所谓的此路不通定理（No-Go Theorem）。超统一场论引入的一个根本性概念是双标架超时空的呈现，即：一个超时空标架是由坐标参数所刻画的整体平坦闵氏超时空，它被看作描述基本场自由运动的惯性参考系，由此可自洽地推导出相关的守恒定律，并对闵氏超时空中的基本量子场给出物理上有意义的定义，另一超时空标架则是由超引力规范场作为双协变矢量场所刻画的局域平坦非坐标超时空，它是一个以非对易几何为特征而呈现出的动力学超时空，称之为引力规范超时空，被视为描述基本场动力学的物质场超时空。

在理论物理专款量子-宇宙理论物理中心支持下，项目组成员在重味重子衰变中的时间反演对称性破坏、强相互作用物质的对称性及组分、散射振幅的高阶计算以及宇宙双折射现象等方面均做出了一系列有代表性的研究工作。在学术交流方面，中心主办/承办了包括联合国教科文组织"基础科学促进可持续发展国际年"活动中"量子-宇宙物理论坛"在内的多场次活动，吸引了一大批对理论物理和前沿科学感兴趣的学生及青年研究人员参与到活动中，部分学术活动得到了中央和地方相关媒体的关注，对理论物理的研究热点和重点做了重点报道，提升了理论物理的公众影响力。

30年来，理论物理专款为提升我国理论物理的研究水平和影响力发挥了重要的作用，很好地完成了老一辈物理学家倡导设立专款的初衷。理论物理学作为研究物质、能量、时间和空间以及其相互作用与运动演化所遵循的最基本和最一般规律的一门学科，已经成为最能体现基础性、前沿性、交叉性和综合性的一门学科。从量子到宇宙的量子-宇宙物理研究致力于认知和理解宇宙如何从早期高温高密微观粒子的量子状态演化到今天正在加速膨胀的宇观状态。在理论物理专款量子-宇宙理论物理中心的稳定支持下，基于国内外正在运行和建设以及筹备的各种前沿实验，并通过超高精密测量物理平台以及物理仿真和数据科学平台建设，有望解答当今经典宇宙学和早期量子宇宙学以及基础物理的一些未解难题。

拓展队伍、深化特色

——重庆大学理论物理的发展之路兼谈西南理论物理中心的发展思路

吴兴刚　胡自翔

（重庆大学物理学院　重庆　401331）

一、历史背景

重庆大学理论物理学科源起于1929年重庆大学设立的理学院，著名学者郑衍芬教授、谢立惠教授等长期任教于此。1952年左右全国院系调整，包括郑衍芬教授在内的大部分教师均调往四川大学，重庆大学直到1977年才恢复招收物理专业本科生。自20世纪80年代之后，重庆大学的理论物理学科才在杨学恒、方祯云、李芳昱、李重生和张忠灿等教授的努力下建立起来，研究方向集中在粒子物理与核物理以及引力物理。杨学恒教授在国内较早地研究出原子力显微镜；方祯云教授、李重生教授和胡炳全教授在高阶圈图计算以及超出标准模型的新物理研究方面取得进展，1993年李重生教授以"粒子物理中的圈效应"获得了国家自然科学奖三等奖；李芳昱教授提出基于高斯型微波光子流对高频引力波的谐振响应探测宇宙高频遗迹引力波的方案。之后，王万录和王少峰等教授先后来到了学院，凝聚态物理也逐渐发展起来。2002年杨学恒教授和方祯云教授入选了粒子物理与核物理方向，李芳昱教授入选了理论物理方向，王万录教授入选了凝聚态物理方向的重庆市首批学术技术带头人。2005年重庆大学举办了"第九届全国粒子物理学术会议"，方祯云教授主持了开幕式。

重庆大学经1952年全国院系调整，成为以工科为主的多科性大学。长期以来，在以工科为主导的建设思路下，学校的基础学科包括理论物理学科的建设与发展举步维艰，面临极大的困难，物理学科整体水平发展缓慢。1981年国务院就批准了首批博士硕士学位授予单位，重庆大学直至1987年才获批光学硕士点，1993年获批理论物理硕士点，1997年获批凝聚态物理硕士点，2003年获批凝聚态物理博士点，2006年获批物理学一级学科硕士点，2011年获批物理学一级学科博士点，2014年获批物理学博士后流动站。作为重庆直辖市唯一的"985工程"大学，重庆大学在基础研究领域的这种状态引起了学校有志之士以及国内一直关心本地区理论物理发展的知名专家，包括赵光达院士、张肇西院士、罗民兴院士等深深的忧虑，从各种渠道向学校表达了关心。

二、理论物理学科建设与理论物理专款特别资助

理论物理跨越式发展的契机来自于2010年左右，林建华教授从北京大学调任至重庆大学担任校长，着力调整和优化学科布局，发展理科，启动"预聘制青年教师"和"青年百人计划"，提供具有竞争力的科研启动经费和生活条件，引进优秀的青年学者。得益于该人才计划的实施，理论物理方向先后引进了胡自翔、韩德专、李昕等优秀青年学者，并在优秀毕业生中选留了李瑾、王锐等。其中，胡自翔为普林斯顿大学博士后，韩德专为香港科技大学博士后，李昕为中国科学院高能物理研究所副研究员。到2015年，重庆大学理论物理队伍已初具规模，成员数量接近20人；但团队整

体年轻，特色仍不明显。2016年物理系主任吴兴刚教授实现了重庆地区理论物理国家杰出青年零的突破，为这支年轻的队伍树立了榜样。

理论物理专款设立30年来，对于稳定国内理论物理学科队伍，促进理论物理发展起到了积极作用。重庆大学理论物理团队与理论物理专款正式结缘于2013年。当时，在理论物理专款学术领导小组顾问黄涛研究员的建议和支持下，理论物理方向申请到理论物理专款的专项支持，成功举办"第九期理论物理专题讲学活动"（图1）。讲习班邀请到国内外知名专家，如中国科学院高能物理研究所黄涛研究员、浙江大学罗民兴院士、南开大学李学潜教授、中国科学技术大学马文淦教授、劳伦斯伯克利国家实验室Feng Yuan教授、斯坦福大学Stanley J. Brodsky教授等进行讲学，90余名学员现场参加了此次讲习班。此次讲习活动的成功举办，拉开了理论物理学科方向"走出去、请进来"系列交流活动的序幕。随后，我们开始筹划申请成立重庆大学"理论物理学术交流和人才培养平台"。2015年，由李昕作为负责人的平台申请得到了理论物理专款学术领导小组的批准。同年底，物理一处张守著处长和物理二处蒲钊处长现场考察了平台现状和建设规划（图2），并期望平台用3～5年时间，与国内外专家深入合作形成自己的特色，通过加强与周边高校的交流，提升西南地区理论物理学科的整体水平。2018年，蒲钊处长以及理论物理专款专家蔡荣根院士和马余刚院士等再度调研了平台建设情况，并与张宗益校长座谈，进一步落实学校支持理论物理学科的具体政策，鼓励大家立足西部，瞄准科学问题，潜心研究。2020年，理论物理团队获得理论物理专款支持，承办了"第十六届彭桓武理论物理论坛"暨"第一届彭桓武理论物理青年科学家论坛"（图3）。两个论坛在重庆市产生了十分积极而深远的影响，为2021年理论物理团队通过重庆市科学技术局专家评审，成功获批"强耦合体系微观物理"重庆市重点实验室奠定了坚实基础,这也是重庆市批准的首个以理论研究为主的重点实验室。

图1　2013年,"第九期理论物理专题讲学活动"集体照

图2　2015年,物理一处张守著处长和物理二处蒲钊处长现场考察平台并合影留念

图3 2020年,"第十六届彭桓武理论物理论坛"暨"第一届彭桓武理论物理青年科学家论坛"集体照

2020年,在蔡荣根院士的倡议和支持下,重庆大学物理学院与中国科学院理论物理研究所签署合作协议共建"彭桓武科教合作中心"(图4),以及筹备建立"重庆大学彭桓武书院",继承和发扬彭桓武先生的科学精神、学术思想和爱国主义情怀。随后,中国科学院理论物理研究所将多项活动交由重庆大学承办,舒菁研究员成为重庆大学兼职博导,多名研究员对理论物理成员进行了指导,在 *Phys. Rev. Lett.* 等期刊发表了多篇高水平论文。

图4 2020年,蔡荣根院士(右)和夏之宁教授(左)为"彭桓武科教合作中心"揭牌

三、理论物理平台建设成效及西南理论物理中心发展思路

理论物理学术交流和人才培养平台（以下简称平台）对于稳定队伍、汇聚力量、潜心科研起到了非常积极的作用。从平台正式成立至今，经过近七年建设，重庆大学理论物理团队得到了极大的发展。王锐成长为国家优秀青年，新引进了秦思学、张学锋、郭磊、何明全、谢航等优秀青年学者，边立功、甘立勇、林海南、许东辉等优秀青年教师。其中，秦思学和张学锋入选国家青年人才，秦思学为阿贡国家实验室博士后，张学锋为马克斯·普朗克复杂系统物理研究所博士后，何明全为卡尔斯鲁厄理工学院博士后，谢航为香港大学博士后，郭磊为中国科学技术大学特任副研究员，边立功为中国科学院理论物理研究所博士后。近年来，平台共招收博士后16名（2人分别入选国家博新计划和重庆市博新计划，多人次获得国家自然科学基金"理论物理博士后项目"资助）。平台聘请国家授时中心常宏研究员为巴渝讲座教授，聘请唐叔贤院士为客座教授，并通过国家外国专家引进计划成功引进新加坡南洋理工大学物理系杨波副教授。这些举措极大地增强了平台队伍的创新能力和潜力。平台队伍的现有规模已达到30余人，其中含国家级人才4人，省部级人才近10人。近年来，平台成员获批基金委杰青、优青、面上或青年等国家级项目年均6~8项，负责国家重点研发计划子课题和重大研究计划培育项目3项。重庆大学加入了ICAM-China国际合作组，也成为国内"太极计划"的联络人单位之一。

2021年12月，平台被批准成立"西南理论物理中心"（以下简称中心）。中心将以重庆大学为核心，辐射西南，与四川、云南、贵州、西藏、广西等高校及科研院所的理论物理团队协同发展，建成为国家在西南地区有重要影响的基础科学研究基地、人才培养基地和学术交流中心。中心成员由西南地区高校理论物理方向研究人

员构成，设立执行委员会、学术委员会和战略专家咨询委员会进行日常运行。

在前期的平台和后期的中心建设过程中，我们发现可以用少量的经费撬动广泛而有效的合作。因此，我们每年面向西南地区高校开设10～15项开放课题和访问合作项目，迄今已设立46项，项目负责人所在单位包括：贵州民族大学、电子科技大学、云南大学、西南大学、重庆邮电大学、广西师范大学、重庆师范大学、广西大学、黔南民族师范学院、长江师范学院、绵阳师范学院、重庆科技学院、重庆文理学院、宝鸡文理学院、西南科技大学、重庆交通大学等。下一步，中心将设置一般项目和重点项目：一般项目保持原有模式不变，强调地区辐射作用和带动作用；重点项目则用于支持中心成员与国内外知名专家及学术组织的学术交流与合作，寻求研究工作的重要突破。

中心（平台）坚持开展广泛的学术交流与合作，已形成良好的科研氛围，扩大了国内外影响，构建了稳定的学术交流制度。2018～2022年，中心（平台）核心成员及研究生到国内外高校学术访问和交流200余人次，参加学术会议900余人次，做大会或分会学术报告300余人次，邀请了蔡荣根院士、祝世宁院士、马余刚院士、唐叔贤院士、孙昌璞院士（图5）、常凯院士、易俗研究员、曹则贤研究员（图6）、李重生教授、张向东教授、杨昆教授、朱宗宏教授、Stanley J. Brodsky教授、万贤纲教授、赵纪军教授等国内外知名专家到校讲学200余人次。近年来，中心（平台）主办或联合主办国际国内学术会议20余次（图7、图8）。

中心（平台）各项工作的顺利开展极大地带动了西南地区理论物理学科的发展，逐渐形成区域性理论物理研究网络。中心（平台）每年资助重庆地区的兄弟院校，如西南大学、重庆邮电大学、重庆科技学院等联合举办学术会议1～2次，形成了常态化的理论物理以及凝聚态物理年度专题学术研讨会，已成为重庆地区物理学

图5 2019年,孙昌璞院士在重庆大学校庆90周年期间召开专场学术报告会

图6 2019年,曹则贤研究员"贤说物理"系列讲座宣传海报

图7 2021年,东亚活动星系核国际研讨会合影照

图8 2021年，材料微观量子特性与计算凝聚态物理研讨会合影照

科的品牌学术会议，与会人数逐年增加，现已超过百人规模。中心（平台）与四川大学、西南交通大学、西藏大学等兄弟院校的理论物理团队联合成立了西南地区理论物理联盟，轮流承办西南地区理论物理学术年度研讨会（图9）；与电子科大、四川师范大学、西南科技大学等形成了常态化学术交流机制，中心将在后续的运行过程中，进一步加大地区间的合作交流力度。

图9 2018年，西南理论物理联盟高校第二届西南地区理论物理学术研讨会合影照

自中心（平台）成立以来，成员通过多方合作在 *Phys.Rev.Lett.* 杂志已发表学术论文近 20 篇，有力地提升了西南地区理论物理学科的研究水平，带动了西南地区高校理论物理协同发展，对西南地区理论物理学科建设和人才培养形成了有效的支撑作用（图 10）。下一步中心将继续坚持特色方向，聚焦引力与宇宙学、物质深层次结构以及强关联复杂体系等前沿科学问题展开研究；强化领军人才的培养和引进，培养人才梯队，增强合作，扩大交流的广度与深度。

图 10　理论物理团队研究生组织青年理论物理沙龙活动照

四、总结和展望

在理论物理专款的支持下，重庆大学理论物理的火种已经被点燃并逐渐发展壮大，辐射整个地区。西南理论物理中心的成立以及持续建设，必将有助于完善国家在基础研究上的区域布局，有力地激发本地区理论物理人才的发展活力和潜力，提升本地区在基础研究上的创新能力。当前，在理论物理专款学术领导小组专家们的支持和推动下，理论物理团队越来越显现出潜力和力量，学校也越来越认识到理论物理学科的重要性，王树新校长更是鼓励团队放手去规划和发展，并基于"基础理科卓越行动计划"实施了对理论物理学科的重点专项支持。2021年"强耦合体系微观物理"重庆市重点实验室成立，2022年底以西南理论物理中心为基础的重庆量子物理基础学科研究中心也通过了重庆市科学技术局的认定。

理论物理对物理学的发展具有引领作用，同时理论和实验也相辅相成，正如孙昌璞院士所强调的，"理论物理未来将会在对具体系统的实际应用中实现自身创新发展，国家需求驱动的科学研究与自由探索一样，也会导致基础物理的重要突破"。因此，除了在一些基础物理研究课题上寻求突破外，西南理论物理中心成员也将致力于为正在建设中的重庆量子物质科学公共实验平台以及重庆超瞬态科学装置提供重要的基础理论支持。

"道阻且长，行则将至，行而不辍，未来可期"，相信在理论物理专款的支持下，在国内外理论物理同仁的帮助和关心下，西南理论物理中心必能实现既定建设目标，成为国家在基础物理研究的创新高地和人才聚集地，充分发挥出理论研究的基础和引领作用，成长为西部（重庆）科学城的重要组成部分之一，有力地推动成渝地区建设具有全国影响力的科技创新中心！

第三篇
高校理论物理学科发展与交流平台项目

珍惜理论物理专款资助机会，大力提升理论物理研究水平

陈天禄

（西藏大学　拉萨　850000）

青藏高原极端环境对人类的生产生活提出了一定的挑战，但同时其独特的自然地理环境（高海拔、干燥、低气压等）又非常适合开展地基多波段多信使天体物理观测。自20世纪80年代末西藏羊八井国际宇宙线观测站建站伊始西藏大学物理学科的教师就参加了中日合作的 ASγ 实验，随着青藏高原地基对空观测系列大型实验的实施，西藏大学先后成为中日合作 ASγ 实验、中意合作 ARGO 实验、中德合作 CCOSMA 实验、国家重大科技基础设施——高海拔宇宙线观测站 LHAASO 实验和中美合作阿里原初引力波探测实验 AliCPT 合作组重要成员单位。经过三十余年的积累，西藏大学在该领域的研究队伍陆续发展壮大，其队伍从最初的数人发展到如今的数十人，获批了西藏自治区高校第一个教育部重点实验室——宇宙线开放实验室。物理学是西藏大学（1985年成立，前身为1975年成立的西藏师范学院）设立最早的本科专业之一（1975年），西藏大学获批国家自然科学基金理论物理专款"高校理论物理学科发展与交流平台项目"（以下简称"平台"）之前物理学科发展一直相对比较缓慢，受经费等因素限制，师生与内地高校和科研院所的

交流一直比较少，2017 年"平台"的获批为西藏大学物理学科的发展注入了强劲动力。

2016 年 7 月，西藏大学承办"第十三届粒子物理、核物理和宇宙学交叉学科前沿问题研讨会"，会议得到北京大学、南开大学、山东大学、上海交通大学、兰州大学等兄弟高校研究小组会议经费支持。来自中国科学院和兄弟高校 35 个单位 100 余名代表参加了研讨会。这是西藏大学宇宙线教育部重点实验室承办的第一个大型的全国性学术研讨会，孙昌璞院士、马余刚研究员（2017 年当选中国科学院院士）、李学潜教授等高水平专家学者到会交流。时任国家自然科学基金委员会数学物理科学部物理科学二处蒲钊处长和物理科学一处张守著处长莅临会议指导。会议期间，西藏大学物理学学科负责人向领导和专家学者汇报了西藏大学物理学科的发展建设情况，专家们一致认为西藏大学物理学科很有特色，理应发展成为西藏大学的一张"名片"。在专家的指导下，当年西藏大学题为"围绕'高海拔地基观测的天体物理学'相关理论研究平台"获得支持。

截至 2022 年，西藏大学共获得"平台"2 期 6 年的支持，年度项目先后由团队 6 名教师主持，其中 2 名为藏族学者。"平台"运行期间，在蔡荣根院士、马余刚院士的悉心指导下，西藏大学物理学科取得了长足发展，现简要总结如下。

（1）学术交流得到明显加强。获得资助前，西藏大学极少举办全国性或区域性的学术研讨会，人员"请进来、送出去"的数量很少。获得资助后，"平台"先后主办或承办了第一届"多波段多信使天体物理学"中青年学者研讨会（2017 年），高海拔宇宙线观测站（LHAASO）2018 年第一、二次合作组会议，第三届西南地区理论物理学术研讨会（2019 年），第二届"多波段多信使天体物理学"中青年学者研讨会（2021 年），第二届暗物质科学研讨会（2021 年），西藏大学—中国科学技术大学 2022 年高海拔天文观测科学研讨会等较大规模全国性学术研讨会 11 次，参会人员达 490

余人次。2021年和2022年连续举办两届西藏大学物理学科研究生学术论坛。邀请国家杰出青年科学基金获得者刘继峰、张新民、刘正猷、吴晨旭等高水平专家学者进藏访问交流，累计达48人次；累计派出71人次师生赴中国科学院高能物理研究所、中国科学院国家天文台、中国科学技术大学等短期访学。累计派出122人次参加各级各类学术研讨会30次，陈天禄等在35th International Cosmic Ray Conference、Workshop on Astroparticle Physics Ⅱ等国际会议上作报告。上述活动的开展有力地促进了西藏大学物理学科与国内外科研院所和高校的交流合作。

（2）平台人才队伍建设成效显著。"平台"运行期间，理论物理团队中1人入选国家"万人计划"科技创新领军人才，1人入选国家人才引进计划，多人晋升高一级职称，目前物理学科是西藏大学"双高（高学历、高职称）"研究人员最多的学科。学校高度重视理论物理学科平台建设，为引进人才给予了倾斜政策和特殊支持，"平台"引进了王世锋（2019年）、冯有亮（2021年）两位青年才俊任特聘研究员。"平台"协调人陈天禄，年度项目负责人拉巴次仁、刘茂元、王世锋等先后晋升为教授，陈天禄和王世锋入选国家级高层次人才计划。

（3）平台支撑学位点建设取得突破。2018年以"理论物理"为主要研究方向的物理学一级学科硕士授权点获批，2019年开始招生，截至目前已招收物理学硕士研究生90余名，其中藏族4名。2022年物理学学位点自主增设多信使天体物理二级学科招生方向。为提高研究生培养质量，"平台"每年选派6名左右研究生由西藏大学和中国科学院国家天文台、中国科学院高能物理研究所、中国科学技术大学等单位联合培养，联培生作为第一作者的论文已在 *Physical Review D*、*Research in Astronomy and Astrophysics*、《中国科学院大学学报》、《天文学报》等刊物发表。目前西藏大学正在积极筹建申报天文学一级学科博士授权点。

（4）平台支撑本科专业建设成绩突出。"平台"运行期间取得的一系列成果支撑西藏大学物理学专业2021年获批国家一流本科专业（第二批）。

（5）平台支撑重点实验室运行良好。平台团队成员均来自西藏大学宇宙线开放实验室，该实验室在2021年西藏自治区科学技术厅委托科技部科技评估中心开展的西藏自治区重点实验室（工程技术研究中心）评估中获得"优良"结果（25家中仅4家为"优良"）。

（6）团队成员承担国家级科研项目数量和质量显著提升。近五年来，理论物理团队成员承担包括国家重点研发计划课题、国家自然科学基金面上项目和地区项目等10余项，获批数量和质量均居西藏大学各学科前列。

（7）平台团队科研成果产出丰硕。平台团队成员有贡献的论文发表在 *Nature*、*Science*、*Physical Review Letters*、*The Astrophysical Journal* 等高水平学术刊物上，部分论文团队成员为第一作者或通信作者，团队成员的研究水平提升明显。如陈天禄、高启等与中国科学院高能物理研究所胡红波研究员、郭义庆副研究员等合作的高海拔地基天体物理辐射探测实验（HADAR）物理预期的论文先后发表在 *The Astrophysical Journal*（2021）、*Frontiers of Physics*（2022）等刊物上。

（8）学校高度重视理论物理学科平台建设。学校每年均为"平台"项目提供配套经费，2021、2022年"平台"项目配套经费达到50%。

综上，国家自然科学基金理论物理专款的支持对西藏大学物理学科的长足进步起到了非常关键和十分重要的作用。我们希望国家自然科学基金理论物理专款领导小组对西藏大学这所民族地区的欠发达高校物理学科发展建设给予特别关注和支持，十分期望国家自然科学基金理论物理专款继续以合适的方式资助西藏大学理论物理学科的发展建设。

扬州大学理论物理学术交流和人才培养平台建设回顾

岳瑞宏　吴健聘

（扬州大学　扬州　225009）

今年是理论物理专款设立30周年的纪念。2017年，扬州大学获得了理论物理专款的资助，我们有幸参与旨在推动扬州大学理论物理方向的学术交流和人才培养平台建设，进而提升苏中、苏北地区的理论物理水平。在理论物理专款的支持下，扬州大学理论物理学科迅速发展，引力与宇宙学研究方向的研究人员从3人增加到15人，复杂系统与统计物理方向（简称复杂系统团队）的研究人员也从3人增加到12人，且团队规模不断扩大，倍感欣慰。扬州大学理论物理乃至整个物理学科的发展壮大在很大程度上得益于理论物理专款的资助，可以说，没有国家自然科学基金委员会的强力支持，就没有扬州大学物理学科的快速提升。

2017年，扬州大学引力与宇宙学中心（简称引力中心）这棵嫩芽在瘦西湖校区钻出了土壤。通过不到一年的创建，中心成员已经到位6人，并加入国际合作BINGO项目。在中心成立之初，理论物理专款领导及领导小组专家给予了大力支持。2017年6月24日，国家自然科学基金委员会数理科学部物理科学二处蒲钊处长及理论物理专款领导小组专家、中国科学院理论物理研究所蔡荣根院士等到扬州大学指导扬州大学理论物理学科特别是引力中心的建设，论证引力中心的成立。蒲钊处长及蔡荣根院士等对扬州大学物理学科、引力中心的建设提出了许多宝贵意见；指出学科发展要走特色优先、错位发展、积蓄力量、整体提升的思路。专家们希望物理学院不断改革创新，学院学科建设以引力中心发展为契机，逐步迈上新台阶。

理论物理专款领导小组专家如孙昌镤院士、蔡荣根院士、卢建新教授十分关心扬州物理学科的发展和交流平台的建设，并亲临指导，提出有针对性的建设意见，帮助确立理论物理学科的发展方向及特色。经过多方论证和讨论，扬州大学理论物理学科发展以引力与宇宙学研究为特色研究方向，同时发展壮大复杂系统与大气物理研究方向。

在理论物理专款的资助下，扬州大学理论物理平台本着"请进来、走出去"的指导思想建设和发展理论物理，开展学科建设及人才培养。在获得理论物理专款资助的5年时间里，邀请了诺贝尔奖获得者弗兰克·维尔切克教授团队访问扬州，进行学术交流；邀请了加拿大皇家科学院院士 Don Page 教授、巴西科学院院士 Elcio Abdalla 教授、西班牙皇家科学院院士 Diego Pavon 教授等顶级国际专家多次访问交流，开展实际性合作。同时每周举办相关学术活动，邀请了国内外相关专家学者开展实际性的交流与合作。

在理论物理专款的支持下，我们于2017年举办了BRICS第一届引力、天文学与宇宙学国际研讨会；2018年承办了中国物理学会引力与相对论天体物理分会；受国家自然科学基金理论物理专款领导小组委托，2018年11月8日至11月18日，引力中心举办了全息引力及其应用的秋季学校，秋季学校共资助30余所高校的研究生及博士后共54人；2018年11月19日至11月23日，引力中心承办了宇宙学与粒子天体物理国际学术研讨会（CosPA 2018）；2019年，以引力中心为核心，联合上海交通大学、浙江工业大学、湖南师范大学，成立了"引力波物理联合研究中心"；2020年，中心加入"天琴计划"战略合作；2021年，与中国科学院紫金山天文台签订战略合作备忘录。

得益于理论物理专款领导小组及国家自然科学基金委员会的支持，扬州大学理论物理学科得到了快速的发展，2018年获得物理学一级学科博士点授权，2022年入选江苏省重点建设学科。引力中心经过初创的发展阶段，目前已经发展成为国内和国际具有一定影响力的引力和宇宙学研究团队。目前，中心正式成员15人，其中包括长江学者、国家杰青1人、国家优青1人、江苏特聘教授3人。外籍博士后6人，博士、硕士研究生30多人。目前中心承担国际合作、国家及省科研项目30余项，其中包括国际合作2项、科技部引力波重点研发计划2项、国家自然科学基金委员会重点项目1项、国家优秀青年科学基金项目1项。

引力中心建立五年来，科研实现跨越式持续发展，高水平研究成果层出不穷。2019年引力中心成员在《物理评论D》上发表的论文被诺贝尔奖得主Kip Thorne推荐，美国《纽约时报》对此成果做整版报道；2020年关于虫洞形成机制的成果被《欧洲物理杂志C》封面介绍；2021年引力中心在国际权威期刊英国《自然-天文》发表论文，全方位介绍中国空间引力波探测计划；引力中心参与的国际合作BINGO宇宙学计划取得第一批科学成果，7篇核心论文于2022年8月3日在国际一流杂志《天文学与天体物理学》发表并被该刊封面介绍；2022年引力中心成员及合作者在 *Physical Review Letters* 发布黑洞物理原创性成果，首次发现黑洞"长毛"过程中的普适临界现象；2023年引力中心成员及合作者在 *Physical Review Letters* 发表原创性成果，该研究发现了快速淬火下远离平衡态相变动力学临界现象中的普适规律。

复杂系统团队也在不断发展壮大，目前该团队共有成员12人，包括中国气象局科技领军人才、国家气候中心首席科学家1人，国家优青1人。主持国家重点研发计划子课题及国际合作项目各 1 项，国家自然科学基金委员会重点项目 1 项。该团队包括大气物理方向和统计物理方向。

大气物理方向将物理学方法运用到大气科学，针对全球变暖背景下极端天气气候事件和高影响天气事件的频发，利用机器学习的优势，进一步发展 FODAS（2.0）系统，提高我国汛期预测的准确率和时效，为我国的防灾减灾以及可持续发展做出应有的贡献。气候-生态系统互反馈机理，对未来 100 年发展趋势进行预估，以提升人类应对气候变化的监测、诊断、决策能力，为国家的生态文明建设提供理论依据和技术支撑；围绕江苏省提升气候变化适应能力的迫切需求和实现碳达峰碳中和的目标，研究区域气候要素分布及演替特征和区域内城市、农田和其他植被等高扰动生态系统的结构和分布规律，探索区域气候与生态环境之间的互反馈机制，创新气候变化与环境治理多元数据同化、融合的基础理论与技术原理，研究实现碳达峰碳中和的关键因子和关键机制，增强"减排"和"增汇"能力，推动全球气候变化下我省生态环境风险管控技术的发展。

统计物理方向结合统计物理和理论物理方法，聚焦于生物界面水的微观结构和动力学特性及导致的生物效应，开拓性研究在分子层次上水分子与各种生物分子的相互作用的物理机制，并推广至二维大面积动态共价材料、热电输运和超导材料、团簇系统等与新能源器件紧密相关的界面，推动高性能单分子光电器件的构筑和低碳能源的开发和利用。

总的来说，理论物理专款的资助在扬州大学物理学科的发展和成长中扮演着至关重要的角色，为引力与宇宙学研究方向的快速发展和壮大提供了坚实的基础，同时也帮助复杂系统与统计物理方向的研究团队迅速发展。这些发展成果得益于理论物理专款的资助，为扬州大学物理学科的发展和引力研究领域的壮大提供了坚实的基础，为学科的人才培养提供了支持，促进了学生和研究人员的职业发展。因此，我们要感谢理论物理专款对扬州大学物理学科的大力支持。

继前辈理论旗鼓，开东师量子未来

——获理论物理专款交流平台项目资助的8年回顾

衣学喜

（东北师范大学　长春　130024）

一、东北师范大学理论物理专业的历史

1945年党中央决定从延安大学派出部分教师、干部赴东北创建东北大学。后在战火中辗转，于1949年7月学校迁至长春。1950年，根据国家教育事业发展的需要，东北大学易名为东北师范大学。从1948年东北大学创建自然科学院物理系开始，东北师范大学理论物理专业曾经历过一段辉煌的历史时期，培养了一大批优秀的人才，如建校初期的崔九卿、杨名甲；首届物理系主任核物理学家、教育家王琳；1961年优秀毕业生数学家陆家羲先生利用工作之余潜心钻研组合数学20余年，证明了斯坦纳系列和寇克满系列问题，被誉为"世界组合数学界20年来最重要的成果之一"，其成果于1987年获国家自然科学奖一等奖（图1）。1981年，东北师范大学理论物理专业成为我国首批获得硕士学位授予权的单位之一。

20世纪90年代初，东北师范大学理论物理专业发展迅猛，培养出孙昌璞、薛康、付洪忱、金昌浩等一批青年专家。他们迅速在各自的研究领域内崭露头角，成长为全国知名的学术带头人，在数

图 1　陆家羲先生（左）和自然科学奖证书（右）

学物理、量子物理、混沌动力学等方面完成了一系列有国际影响的原创性工作。其中，以"$SU(n)_q$ 群的 q-变形玻色子实现及群表示"为代表的一批学术成果经历了 30 多年的时间考验，如今依然受到国内外学者的关注。在此期间，东北师大理论物理异军突起，形成了国内一支不可忽视的、年轻的理论物理研究队伍。先后获国家教委科技进步奖一等奖、中国青年科技奖、教育部"跨世纪优秀人才计划"、霍英东教育基金会高等院校青年科学奖、教育部"优秀青年教师资助计划"等奖项。杨振宁先生分别在 1993 年、1996 年、2002 年三次访问东北师范大学，并书写荀子名言"制天命而用之"鼓舞东北师范大学师生投身科研事业。很多师生都热爱基础学科。当时理论物理专业青年教师薛康、孙昌璞曾先后到纽约州立大学（石溪）理论物理研究所进行访问和学术研究，得到了杨先生的亲自指导（图 2 和图 3）。孙昌璞还是杨先生在中国大陆招收的第一名联合培养的博士研究生。

然而，20 世纪 90 年代中后期，改革开放后祖国各地经济发展不均衡给科技发展带来的负面效应开始凸显，东北地区的理论物理发展受到了很大影响。其中最大的影响是严重的师资力量流失，一些优秀的青年学者纷纷离开东北，这导致理论物理专业科研实力的直线下降，也进一步影响了研究生的培养质量。在此情况下，既缺

图 2　杨先生（前排左三）和孙昌璞（前排左四）进行学术讨论

图 3　杨先生（左二）和薛康（左一）与校园题字"制天命而用之"合影

少本校新鲜血液的补充，又缺乏对外界人才的吸引力，造成了理论物理专业在后来近 10 年的时间里发展缓慢。而此时理论物理研究适逢量子信息学兴起、发展方向和研究前沿的重要变革时期。理论物理研究在国家经济和科技发展中扮演的角色愈发重要。1993 年，国家自然科学基金委员会为促进我国理论物理学研究的发展，充分发挥理论物理对国民经济建设和科学技术在战略决策上的指导和咨询作用，专门设立了理论物理专款。东北师范大学理论物理学科却错过了这次发展的良机。

二、东北师范大学量子科学中心与理论物理专款

进入 21 世纪，随着科教兴国战略和振兴东北老工业基地战略的相继实施和东北师范大学"尊重的教育""创造的教育"理念的实践，东北师范大学理论物理专业也逐渐迎来了新的发展机遇。2011 年，物理学一级学科获博士学位授予权，理论物理二级学科获博士学位授予权。理论物理专业在吉林省"长白山学者"计划和东北师范大学"东师学者"和"仿吾学者"特聘岗位设立的有利条件下，于 2014 年 8 月成立了"量子科学中心（以下简称中心）"（见图 4），聘请优秀校友、中国科学院院士孙昌璞为名誉主任，以量子理论中的重大问题为驱动，重新整合研究队伍，优化研究方向，开展基础性、前沿性、交叉性的研究工作。同时积极引进海内外高层次人才，吸纳优秀人才，旨在恢复理论物理专业昔日的繁荣。

图 4 孙昌璞院士（左）和校长刘益春教授（右）共同为量子科学中心揭牌

在中心建立之初，为加强对外学术交流，打造以量子科学为主导的交叉的开放式研究平台努力时，恰逢国家自然科学基金理论物理专款设立"高校理论物理学科发展与交流平台"（以下简称"平台"）项目。项目所面向的"有一定理论物理基础但目前理论物理

学科发展仍相对较弱的高校"，正好就是东北师范大学理论物理在当时的写照。幸运的是，中心很快就成为全国第四个、东北第一个获批的平台。通过8年来平台项目的支持，量子科学中心逐渐成长为引领东北地区理论物理发展的学术和交流平台。

在8年间，理论物理专业的研究队伍年龄和研究方向逐渐趋于合理，不仅有从本专业吸纳的优秀毕业生，也从国内外引进了一批工作较突出的年轻学者，还通过理论物理学科负责人PI（Principal Investigator）管理机制培养并转岗两名师资博士后。理论物理专业的科学研究无论从研究水平还是研究队伍建设上也有了很大进步。目前量子科学中心和理论物理研究所共有教职员工21人（见图5），其中教授8人，副教授11人，讲师2人，包括"东师学者"特聘教授2人，入选"教育部新世纪优秀人才支持计划"4人，吉林省"长白山学者"2人，吉林省优秀青年基金1人，吉林省"域外青年专家"1人。在读博士生20人，硕士生40人，均从事理论物理相关的研究工作。逐渐形成了量子基础理论、先进量子器件、材料设计理论、非线性量子理论四个相对稳定的研究方向，平均每年在 *Phys. Rev. Lett.*，*Light*，*Nano Research* 等物理、光学和材料类的主流SCI期刊上发表学术论文40~50篇。8年间，获批国家重点研发计划、国家自然科学基金委员会重点项目、国际合作项目等国家级和省部级科研课题40余项，荣获吉林省科学技术奖自然科学奖一等奖2项。

不仅如此，在平台项目的支持下，中心每年举办规模在150人以上的学术会议1~2次，如成功举办了第九届冷原子物理青年学者学术讨论会、2016全国量子物理：基础、前沿与未来会议、第十五届彭桓武理论物理论坛和第十九届全国基础光学与光物理学术讨论会等重要学术会议。面向东北和内蒙古地区，平台从建设之初就倡导了东北及内蒙古地区量子物理前沿与进展研讨会的举办（见图6）。主办并资助哈尔滨工业大学、大连理工大学、长春大学、延

图 5　中心部分老师和学生合影

图 6　首届东北地区量子物理前沿与进展研讨会合影

边大学、内蒙古大学、东北大学、渤海大学举办了 7 届会议（第 8 届延期到 2023 年举办），邀请东北地区高校青年学者共同分享优秀学者的报告、参与相关课题的合作。通过这一区域性学术活动，不仅加强了东北地区理论物理专业尤其是量子物理方向的交流与合作，还宣传了东北地区理论物理的学术成果，扩大了学科影响力。

此外到 2022 年为止，通过中心设立的临时聘用岗位，已经有来自哈尔滨工业大学、延边大学、东北大学等 10 余所东北地区高校的 20 余名合作者在平台交流学习，提升了本地区的量子物理研究水平。通过 8 年来的这一系列活动助力，东北地区的理论物理尤其是量子物理的发展，充分发挥了平台在东北地区的带动作用。中心逐渐成为东北地区学者的学术交流平台，推动了东北地区理论物理的发展。

在学术交流和人才培养方面，中心通过平台每年邀请 30 位左右国内外知名学者，以学术报告、学术沙龙、暑期学校等多种形式到东北师范大学进行短期访问，青年教师和研究生通过学习和讨论开阔了视野，通过与领域内的专家交流思想，还能够碰撞思维、激发灵感，开展合作研究，与美国、意大利、德国、新加坡、西班牙、中国香港等国家和地区建立了密切的学术交往与合作。同时，每年支持青年教师和研究生访问国内外科研机构 6~10 人次，使他们参与优秀研究团体的科学研究活动，通过进行短期的交流具体科学问题，开展合作研究，或者进行中长期的访问学习，联合培养研究生，提升培养质量。8 年间，培养博士研究生 30 余名，硕士研究生 60 多名。毕业的博士生大部分留在东北地区，成为各高校的青年骨干力量，为东北地区理论物理专业培养了大量人才。

三、结语

通过平台项目的支持，东北师范大学量子科学中心逐渐成为以量子科学为主导，以国家重大需求为桥梁，密切关注国际前沿问题，开展高质量基础理论研究，学术影响力辐射东北三省的一个交叉式、开放式的研究平台，拥有一支年轻、可塑性强、发展潜力巨大的科研队伍。东北师范大学理论物理专业建设取得了很好的成效，不仅推动了专业自身的发展，也促进了整个东北地区量子物理的交流与合作，逐渐恢复了一些昔日的繁荣。恰逢理论物理专款设立 30 周年，这 30 年又正好是东北师范大学理论物理专业兴衰的一个历史周期。虽然前路漫漫，但正如理论物理研究一样，"道阻且长，行则将至"。只要"行而不辍"，无论我国理论物理事业还是东北师范大学理论物理专业，必将"未来可期"。

第四篇
理论物理领域发展态势

引力与宇宙学领域发展态势

蔡荣根　李　理　王少江

（中国科学院理论物理研究所　北京　100190）

导读：引力是自然界中的四种基本相互作用之一，广义相对论是目前描述引力最成功的理论，但它与量子理论还无法自洽地统一起来。宇宙学是研究宇宙的起源、演化和它的命运的科学。随着理论物理的发展和现代科学技术的进步，这些年人们对引力本质和宇宙结构和演化的理解有了巨大的进步，引力理论和宇宙学成为理论物理非常活跃的、也是充满机遇和挑战的一个前沿领域。

一、引力宇宙学领域总体发展现状

1. 引力领域总体发展现状

引力是人类知道最早的，也是目前认识最少的一种基本相互作用。近代以来，人类对引力的认识主要经过了三次飞跃：从牛顿万有引力定律到广义相对论提出，以及最近的引力全息性质的发现（见综述[1]）。近些年，由于观测技术的进步，人类不仅听到了双黑洞并合的引力波，也看到了黑洞的剪影，引力相关研究进入新时代。尤其是引力波的直接探测，更是打开了认识宇宙的新窗口。然而人类对引力的认识还是比较少，引力的本质仍然是一个重大问题。《科学》杂志创刊 125 周年列出了 125 个重要的科学前沿问题，引力的本质就是其中之一。不仅如此，其他一些问题，比如什么驱动了宇宙加速膨胀？黑洞的本质是什么？时间为什么不同于其他维度？基本物理定律能否统一等，这些重要问题的解决都跟引力的本质密切相关。引力理论和宇宙学的研究涵盖黑洞物理、引力波物理、量子引力、引力实验、弯曲时空量子场论、相对论天体物理、暗物质与暗能量、早期宇宙，以及宇宙学探针等重要前沿，相关研究将会推进对自然和宇宙的深刻认识。

广义相对论的建立塑造了人类的时空观，启迪了一系列重大科学发现。到目前为止，爱因斯坦的广义相对论仍然是最成功的引力理论。它的两个最重要预言，黑洞和引力波，近些年得到了实验观测的直接验证。基于广义相对论建立的宇宙学标准模型也取得了巨大成功，解释了包括宇宙微波背景辐射、轻元素的合成，宇宙的结构和演化等大量观测事实。广义相对论甚至也深入到了人们的日常生活，比如导航所用到的全球定位系统，就必须考虑广义相对论效应的修正。需要强调的是，对于弱场低速情况，牛顿理论是广义相对论很好的近似，采用牛顿万有引力和弯曲时空的描述基本是一致的。这也是为什么在很多场合，比如天体物理和空间物理，牛顿引力仍然被广泛使用。但是对于强引力场和精度要求很高的情况，就需要采用广义相对论。

1）引力波

引力波是时空的涟漪，通过波的形式从辐射源向外传播，就像石头丢进水里会激起波纹一样。广义相对论预言引力波存在两种独立极化模式（通常称为"+极化"和"×极化"），并以光速传播的横波。由于牛顿引力常数很小，所以引力波很微弱，这给引力波的探测带来了极大的挑战。1916 年，爱因斯坦在理论上就预言了引力波，终于在 2015 年 9 月 14 日，美国的 LIGO 第一次直接探测到了恒星质量双黑洞并合的引力波信号（GW150914），不仅直接证明了引力波的存在，更直接证实了黑洞的存在，给科学界和公众都带来了极大震撼。2017 年 8 月 17 日第一例双中子星并合的引力波（GW170817）也被观测到，开启了引力波和电磁信号协同观测的多信使时代。另外，产生强引力波信号的波源需要具有快速变化的质量四极矩，因此，理想的波源包括致密双星（黑洞、中子星、白矮星）、星体内核塌缩、早期宇宙的动力学过程等（图1）。这些强的引力波源大多是暗的，无法通过传统的电磁手段来探测。也正是由于引力很弱，引力波在传播过程中几乎不会受到其他物质的干扰，能够携带引力波源和宇宙膨胀的信息。因此引力波的直接探测提供了一种崭新的途径，成为人类窥探宇宙奥秘的利器（见综述[2, 3]）。

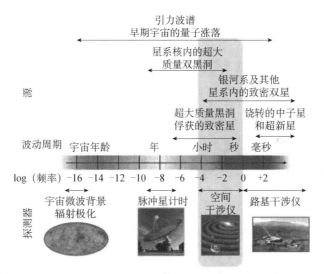

图 1　不同引力波的波源及其相对应的探测方法

不同引力波源会给出不同频段的引力波，根据目前的探测能力和探测手段，通常把引力波的频段分为高频（几十到几千赫兹）、中低频（十万分之一到一赫兹）、低频（百万分之一到亿分之一赫兹）和超低频（小于亿分之一赫兹）。对应不同频段的引力波采用不同的探测方式（图 1）。对于高频和中低频波段，当前主流的手段是利用激光干涉来探测引力波。LIGO 项目正是利用了这一方法探测到了引力波，该项目的三位领导者美国麻省理工学院的 Rainer Weiss 教授、加州理工学院的 Barry Barish 教授和 Kip Thorne 教授被授予了 2017 年的诺贝尔物理学奖。由于引力波物理的重大意义，已经成为大国竞争的关注点。地面引力波探测器适合探测高频引力波，目前有美国的 LIGO、意大利的 VIRGO、日本的 KAGRA、德国的 GE600 和印度的 LIGO-India（在建），第三代地面引力波探测器计划有欧洲的 ET，美国的 CE；中低频波段主要通过空间引力波探测器来探测，在建以及规划中的有欧洲的 LISA、中国的太极计划和天琴计划和日本的 DECIGO 等。目前中国的太极计划和天琴计划的关键技术正在积极研发中，第一颗验证卫星已分别发射成功，关键技术得到了验证。我国也正在积极推进通过脉冲星计时探测纳赫兹波段的引力波（FAST）和通过宇宙微波背景辐射的 B 模极化探测来自宇宙早期量子涨落的原初引力波（AliCPT）。

2）黑洞和引力基本性质

黑洞是一类非常致密的天体，存在一个称为事件视界的单向膜，事件视界以内任何物质（包括光）都无法逃逸。天文学家通过监测黑洞周边的吸积盘或者伴星来确定黑洞的存在。利用黑洞周围物质辐射出的电磁波，2019 年 4 月 10 日"事件视界望远镜（EHT）"合作组织正式发布了人类有史以来获得的第一张黑洞照片（图2），2022 年 5 月 12 日 EHT 合作组织又发布了银河系中心黑洞人马座 A* 的首张照片，为银河系中心超大质量黑洞的存在提供了直接证据。在 2020 年，Reinhard Genzel 和 Andrea Ghez 通过长期监测人马座 A* 周边恒星的运动"发现我们银河系中心有一个超大质量致密天体"而被授予了诺贝尔物理学奖。

经典黑洞一个重要特征是内部存在一个奇点，这种时空奇性几乎与广义相对论同时诞生。彭罗斯以及随后和霍金的工作，在很一般的情况下证明了时空奇异性的形成在广义相对论中几乎是不可避

图 2　人类首张黑洞照片。黑洞位于室女座星系团中的星系 M87，距离地球 5500 万光年，质量为太阳的 65 亿倍。图片取自事件视界望远镜合作组

免的，这就是著名的奇点定理。彭罗斯也因为对时空奇点的研究而被授予了 2020 年的诺贝尔物理学奖。由于奇点的普遍存在，研究时空奇性成为广义相对论中一个非常重要且棘手的问题。为了避免时空奇异性对物理理论带来的不良影响，彭罗斯提出了宇宙监督假设：弱宇宙监督假设要求远距离的观测者不会受到时空奇异性的任何影响，而强宇宙监督假设则希望能够保证经典理论的可预测性。这两个宇宙监督假设互相独立，互不包含。由于宇宙监督假设与时空的整体演化有着密切关系，这导致对宇宙监督的研究要比奇点更加困难。证明或证伪宇宙监督假设是一个相当困难的问题，到目前为止仍然没有获得完全解决（见综述[4]）。时空奇异性和宇宙监督假设成为广义相对论中的前沿研究领域，存在大量值得深入思考的问题。

考虑量子力学效应，基于弯曲时空量子场论可以发现黑洞具有一个确定的温度和正比于其视界面积的熵，因此黑洞也是一个热力学系统。黑洞的热力学熵由著名的贝肯斯坦-霍金熵公式给出

$$S_{\mathrm{BH}} = \frac{k_{\mathrm{B}} c^3}{4 \hbar G} A$$

其中，A 是黑洞视界的面积，k_{B} 是玻尔兹曼常量，而 $\hbar$ 表示约化普朗克常量，c 是光速，G 是牛顿万有引力常量。这一简洁优美的公

式把物理学中最重要的几个基本自然常数都联系了起来，揭示了引力、热力学和量子理论之间深刻的联系。黑洞熵的面积律（而非体积律）预示着引力非常不同于自然界中的其他三类基本相互作用。它揭示了引力具有全息的性质：一个引力体系的自由度由该体系的表面面积测度，一个引力理论可与一个低一维的非引力理论等价描述。

1997年底，Maldacena基于超弦理论提出了AdS/CFT对应（也称规范/引力对偶）[5]，给出了引力全息性的第一个具体实例。引力全息对偶具有重要的科学意义。一是对引力本质的深刻认识。著名理论物理学家威腾称为"对引力认识的概念性变革"；二是基于该对偶性的弱强对偶性质，提供了研究强耦合体系的重要方法，引力全息性质已经被应用到量子色动力学、凝聚态物理、流体力学和量子信息在内的诸多学科，成为引力理论及其相关领域在最近20年来研究最活跃的课题，并取得了一些非常重要的成果。基于对全息对偶的研究，人们认识到黑洞是宇宙中最快速的"量子计算机"，也是最为"混沌"的量子系统，而且揭示时空可能来自于量子纠缠。近期的一个重要进展是对黑洞信息佯谬的理解，即黑洞在形成到相继蒸发的过程是否满足量子力学的幺正性（信息守恒）。基于引力全息，一些研究者采用量子极端曲面的半经典方法解释了黑洞蒸发不会破坏信息守恒[6,7]。但是半经典理论目前还无法给出信息具体如何从黑洞内部逃逸的机制。为了真正解决黑洞信息佯谬，人们还需要量子理论和广义相对论的深入统一。

半经典的弯曲时空量子场论可以解释霍金辐射、霍金温度等，但给不出黑洞熵的量子统计起源。能否真正解释黑洞熵成为量子引力的一块试金石。因此，在谈及引力本质和黑洞本质时，量子引力是绕不过去的话题。协变量子引力最突出的代表是超弦理论。该理论认为弦是物质组成的最基本单元，所有已知的基本粒子都是弦的不同振动的激发，是目前最有希望将自然界的基本粒子和相互作用统一起来的理论。正则量子引力的代表是圈量子引力，它是在 Ashtekar 的联络动力学表述的基础上发展起来的，正则变量是威尔逊圈（和乐）和其共轭动量。这种方式避免了使用度规场，成为一种背景无关的量子引力理论。全息原理认为一个量子引力系统与其边界上某种量子理论等价描述，因此不同于前面的两类量子化途径，它可以看成是引力量子化的另外一种实现。在这种图像下，黑洞自然应该对应于边界上的某种量子态。值得一提的是，以上三种量子引力方案在解释黑洞熵的微观起源方面都取得了一定成功。人们还提出了一些其他量子引力方案。客观来说，至今为止还没有一个公认的量子引力理论，相关研究仍在继续中。

3）类比引力

虽然人们预期在强引力场区域（比如黑洞附近）引力的量子效应将扮演着重要角色，但是基于目前的技术水平，直接探测强引力场区域的量子效应依然是遥不可及。1981 年 Unruh 提出了"类比引力（analogue gravity）"的思想，将弯曲时空中的经典或者量子场的运动规律转化到实验室系统的运动规律中来。经过几十年发展，类比引力已经成为广义相对论、流体力学、量子信息和凝聚态物理等领域的交叉课题。

声学黑洞是最早被提出并被研究最多的类比引力系统：在声波波速与流体流动速度大小相等但方向相反的地方会存在一个与黑洞事件视界相似的分界，产生一个"哑洞"。类似于黑洞的霍金辐射，这个声学视界预期会自发辐射声子。2011 年，实验组[8]测量了声学视界的温度，发现声学黑洞存在自发热辐射，但是对该结果的解读仍存在争议。理论分析表明，经典物理所主导系统本身的噪声和经典热涨落通常远大于声学视界的霍金辐射。为了更好地观察类比引力的量子性质，人们尝试在量子系统中实现声学黑洞。2019 年 Jeff Steinhauer 领导的实验组在玻色-爱因斯坦凝聚体中的声学黑洞发现了明确的类霍金辐射的实验证据[9]，如果得到确认，这将是首次在类比引力系统中直接观测到霍金辐射并测量了相应的温度。

类似于声学黑洞,也可以在光学材料中实现"光学视界":通过改变介质折射率,局部介质运动速度超过介质中的光速,从而为介质中的电磁波提供了一个等效的视界。文献[10]报道了在非线性电介质光纤中对霍金辐射的验证和测量结果,虽然发现了霍金辐射存在的证据,但是没能获得类似于霍金辐射的黑体能谱。反过来,类比引力也可以为人们开发新的光学超材料提供启发。比如,文献[11]受到施瓦西黑洞解的启发,提出了一类特殊的纳米光学结构,可以作为弯曲结构中纳米光学的基础,并可用于集成光子电路。

引力全息对偶也为类比引力的研究提供了广阔的前景。通过对所对偶的量子场论的模拟,可以在经典甚至量子计算系统中来模拟量子引力效应。目前被深入研究的一类系统是 Sachdev-Ye-Kitaev 模型(SYK 模型),它具有"近 2 维 AdS"引力的全息对偶性质,被认为是对偶于引力系统的最简单的量子多体模型[12]。文献[13]将 SYK 模型编码到一个多量子比特系统中,并从理论上展示如何利用量子电路系统和多项式计算资源有效地模拟其动力学,同时也指出了如何通过囚禁离子平台和超导电路来实现该模型。同样,基于 SYK 模型,文献[14]利用谷歌的量子处理器"悬铃木"(Sycamore)首次实现了对全息虫洞的量子模拟,朝着在实验室研究量子引力的目标迈出了一步。类比引力的研究不仅加深了人们对引力本身的理解,同时也为材料物理、凝聚态物理等实验科学带来了新的思想和动力。相信类比引力的研究会在将来取得更大的突破。

2. 宇宙学领域总体发展现状

我们可以粗略地将现代宇宙学分为热大爆炸宇宙学、暴胀宇宙学和精确宇宙学(标准宇宙学模型)三个历史阶段。其中,①热大爆炸宇宙学在观测上基于哈勃膨胀定律、原初核合成和宇宙微波背景三个观测事实,在理论上基于建立在宇宙学原理上的 FLRW 模型；②暴胀宇宙学在观测上解决了平坦性问题、均匀性问题和磁单极子问题，在理论上通过慢滚模型预言了宇宙大尺度结构和微波辐射背景来自于原初微小的量子涨落；③精确宇宙学在观测上基于以 Ia 型超新星距离阶梯测量、宇宙微波背景辐射探测卫星和大尺度结构星系巡天观测为代表的众多宇宙学观测，在理论上确立了一个包含极小的正宇宙学常数、冷暗物质以及能够产生原初高斯绝热近标度不变标量红谱的早期暴胀的六参数标准宇宙学唯象模型，即 Lambda-CDM（LCDM）模型，它能够大致拟合迄今为止从星系尺度到宇宙学尺度对长达百亿年的宇宙学历史的全部观测事实。但是，作为一个唯象模型，LCDM 模型无论在观测上还是在理论上目前都面临着迫切需要进一步研究的问题，而这些问题的（部分）解决将导致现代宇宙学的又一次认知变革（见综述[15]）。

观测上，标准宇宙学模型作为一个较为粗糙的六参数模型，并没有完全精确地拟合所有的宇宙学观测（见综述[16]），特别是近年来的哈勃常数危机以及相伴随的物质密度扰动参数 S_8 冲突。随着对哈勃常数的局域直接测量精度越来越高，最新的利用造父变星定标的 Ia 型超新星测量结果，与测量宇宙微波背景辐射（CMB）的普朗克（Planck 2018）卫星对标准宇宙学模型的全局拟合值之间存在 5 个标准差置信度的冲突。由于其他相互独立的晚期局部测量值也均大于早期全局模型拟合值，因而任何单一的系统误差似乎都无法解释该哈勃常数冲突，故而演变为哈勃常数危机（图 3）。类似地，对 S_8 参数的 Planck 2018 测量值也均大于其他晚期测量，如弱引力透镜、红移空间畸变以及星系计数观测等（图 4）。此外，纯 CMB 数据倾向于一个闭合宇宙，这与重子声学振荡（BAO）给出的平坦宇宙存在冲突，该冲突可能与 CMB 透镜参数有关，其物理起源或诠释暂不得而知。最后，其他诸如大冷斑、半球不对称性、积分 Sachs-Wolfe 效应大尺度异常、四极-八极平面排布异常、CMB 大尺度低极矩等 CMB 异常以及其他星系小尺度反常现象（如

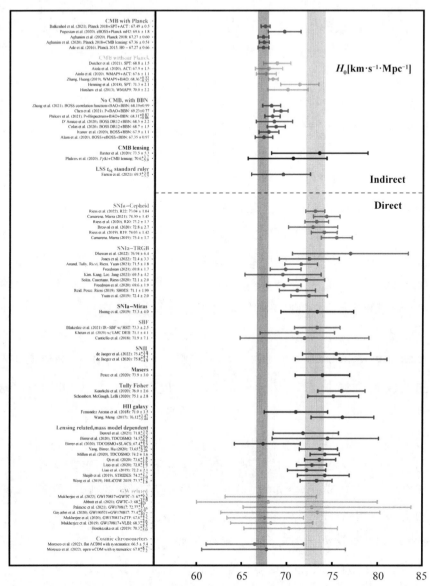

图 3 哈勃常数危机——来自晚期宇宙的局部测量结果系统性地高于早期宇宙的全局拟合结果

重子 Tully-Fisher 关系以及质量差异加速度关系）都暗示了标准宇宙学模型可能存在某些内部的不自洽性。理论上，早期和晚期加速膨胀以及暗物质的本质目前还不得而知，超出标准宇宙学模型框架的新物理要素是否存在及其存在形式也不甚明了。

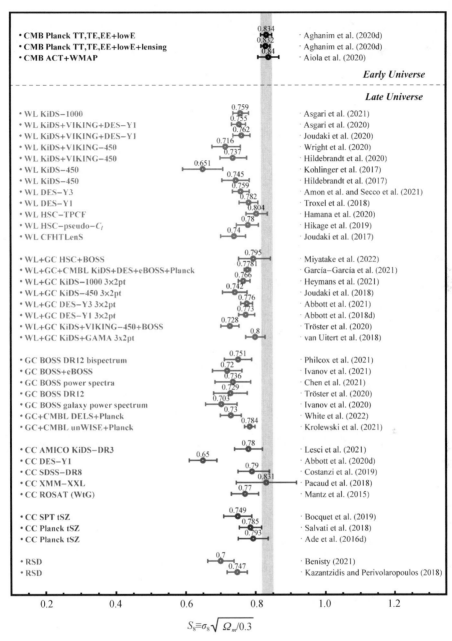

图 4 S_8 冲突——来自晚期宇宙的局部测量结果系统性地低于早期宇宙的全局拟合结果

1) 早期加速膨胀

对早期加速膨胀的研究迫切需要回答的三个主要理论问题是：

①是否存在前暴胀机制（给出暴胀的初始条件）？②暴胀方案的具体模型实现是什么（给出暴胀时期的强耦合能标和哈勃能标）？③暴胀模型和粒子物理标准模型是如何耦合的（给出重加热温度能标）？其中对第①个问题的研究，目前主要有无边界宇宙和量子隧穿方案、火劫（ekpyrotic）宇宙、弦气体模型、反弹宇宙等前暴胀机制，特别是最近由 Neil Turok 等在洛伦兹量子宇宙学框架下而非传统欧几里得路径积分框架下的研究以及最近重新复活的对德西特（dS）时空的量子引力研究。对第②个问题的研究，目前主要有吸引子暴胀模型和轴子暴胀模型，其中吸引子暴胀模型给出了一大类暴胀模型的一般共性结构，特别是它们在超引力模型中的紫外实现以及在与广义相对论等价的其他引力表述（如 Palatini 引力和超平行引力）中的类似构造，而轴子暴胀模型利用弦紧致化自然预言的类轴子粒子通过其微扰平移对称性特性实现暴胀并能自然地避免紫外修正带来的暴胀势函数的微调问题，从而成为检验量子引力理论的实验田：比如弱引力猜想就对轴子暴胀时期呈现的超普朗克跑动给出了强烈的限制。除了瞬子以外，虫洞也可以破缺轴子的平移对称性，因而也与最近讨论得颇为热烈的婴儿宇宙（baby universe）密切相关。此外，最近其他新提出的沼泽地猜想（swampland conjectures）也对标准（慢滚）暴胀宇宙学的物理图像提出了挑战。对第③个问题的研究，由于缺乏超出粒子物理标准模型新物理的线索，目前仅在希格斯暴胀模型中得到详尽研究，但是由于该模型面临严重的幺正性问题和稳定性问题，并由于其模型预言和 Starobinsky 暴胀几乎一致，因此现在一般认为需要额外的里奇曲率标量平方项构成双场暴胀来解决这些问题。

2）暗物质

对暗物质的研究迫切需要回答的理论问题是：暗物质是否具有粒子物理起源？如果是，构成暗物质的组分是粒子性占主导还是波动性占主导？如果不是，构成暗物质的成分是宏观物体还是修改

（涌现）引力效应？对该问题的不同回答将暗物质相应地划分为四个主要候选者：①粒子型暗物质，特别是弱相互作用大质量粒子，但是对它的直接或者间接探测以及加速器对撞机探测都没有发现任何暗物质粒子的迹象，因此最近对暗物质的粒子物理搜寻开始转向并主要集中于波动型暗物质。②波动型暗物质，即超轻标量粒子特别是 QCD 轴子以及其他类轴子粒子，它作为平移对称性自发破缺产生的赝 Nambu-Goldstone 玻色子以及弦维度紧致化的 modulus 场，最初是用来解决强 CP 问题，后来被用来作为冷暗物质候选者（特别是 fuzzy 暗物质和自相互作用暗物质）来解释大尺度结构以及小尺度反常问题（比如 cusp-core 问题、missing-satellite 问题、too-big-to-fail 问题）。此外，类轴子既可以作暴胀场用来驱动早期宇宙加速膨胀，也可以作暗能量用来驱动晚期宇宙加速膨胀，最近还有研究利用类轴子作 relaxion 场解决等级问题以及用来解释正反物质不对称性，因此类轴子本身的理论前景也十分广阔。③宏观的致密天体，比如原初黑洞特别是小行星质量区间的原初黑洞在目前的观测限制范围内仍然有可能构成全部暗物质（图5），它的主要产生机制有暴胀模型小尺度增强机制（比如单场的超慢滚拐点、斜拐点、凹凸点、折返点模型以及双场的超慢滚拐点、曲率子模型和声速共振模型等机制）以及其他与拓扑缺陷相关的原初黑洞形成机制（比如暴胀时期产生的真真空泡泡在辐射时期变成假真空泡泡从而坍缩为原初黑洞，以及辐射主导时期发生的宇宙学一阶相变由于其随机异步特性诱导原初黑洞形成）。④修改（涌现）引力效应，其中纯粹的修改引力方案（特别是唯象的修改牛顿力学方案）与宇宙的大尺度观测不符，而且由于子弹星系团观测清晰地显示出引力质心和发光物质质心的偏离，因此基本排除了纯粹修改引力模拟暗物质方案。但是，最近一种被称为超流体暗物质的具有粒子物理起源的涌现引力方案引起了广泛关注，这种超流体暗物质除了在宇宙学尺度上表现为轴子暗物质的正常流体，还可以在星系尺度上凝聚为超流体并涌现修改牛顿力学行为，从而解释星系尺度动力学的一些半经验规律（如重子性 Tully-Fisher 关系、质量差异加速度关系等其他星系尺度上重子质量-引力质量的强关联关系）。

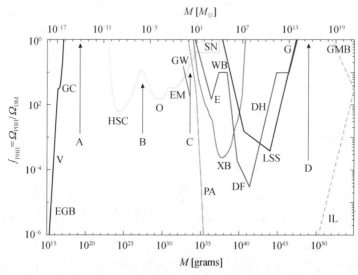

图 5　当前天文和宇宙学观测对不同质量区间的原初黑洞的丰度限制

3）晚期加速膨胀

对晚期加速膨胀的研究迫切需要回答的问题是：暗能量是否是宇宙学常数？如果是，那么需要解释宇宙学常数的精细调节问题（即如何避开温伯格的不可通行定理）。如果不是，需要继续回答暗能量的动力学行为，它是否会穿过宇宙学常数的状态参数 $w=-1$？另外，暗能量也可能是等效的修改引力效应。一般认为暗能量问题与量子引力问题密切相关，一方面，暗能量问题同时具有极大和极小两个尺度的背景，即对宇宙学常数的量子场论微观估计，只有在将其应用于满足宇宙学原理的宏观宇宙，才会出现与观测值的巨大偏差，这暗示了真空能量在小尺度上并非常数而时空在小尺度上并非均匀；另一方面，宇宙学常数（在普朗克单位制下）在量级上与哈勃视界的大小基本一致，因此可能存在直接联系宏观和微观物理的紫外-红外关系。最后，早期和晚期宇宙的加速膨胀特征、暗能量和暗物质的巧合性问题以及暗物质在星系尺度上涌现的加速度能标也和当前哈勃常数在同一量级，也暗示了暗能量和暗物质以及早期暴胀之间可能存在共同起源。总之，对标准宇宙学模型本质及其新物理的探索绝非单一要素的修补拼凑而是直接指向终极理论的一揽子解决方案。

二、引力宇宙学领域的发展趋势和展望

1. 引力领域的发展趋势和展望

不管是粒子物理的标准模型，还是广义相对论以及宇宙学标准模型，它们还都不是描述自然的最基本的理论。天文和宇宙学的大量观测指出，目前占宇宙主要成分的是暗物质和暗能量，而粒子物理标准模型所描述的重子物质仅占当今宇宙总成分的5%。此外，粒子物理标准模型目前也无法解释观测到的物质和反物质的不对称性。广义相对论也不可能是关于引力的最终故事，尤其是霍金和彭罗斯证明的奇点定理，宣告广义相对论将会在极小尺度极高能标下失效；此外，黑洞热力学和引力全息原理的发现，揭示广义相对论在考虑量子效应后会得到不同寻常的修正。更为重要的是，引力本身还是由经典的广义相对论描述的，它给出的经典时空特性与量子理论并不协调，建立一个完整的量子引力理论仍然是现在理论物理学家追求的终极目标之一。

人类经过100年的努力才成功探测到引力波，随着引力波探测器灵敏度的提高，引力波的观测已逐渐成为"新常态"，到目前为止人类已经观测到了100多个引力波事例。引力波为人类进一步探索宇宙的起源、形成和演化提供了一个全新的观测手段，也为深入研究超越爱因斯坦广义相对论的量子引力理论提供了实验基础。通过探测各个频段的引力波将开启引力波天文学、引力波物理以及宇宙学研究的新纪元。更进一步，科学家们可以同时观测电磁辐射、

中微子、宇宙线和引力波去研究宇宙的基本自然规律，多信使天文学和宇宙学观测时代已经来临。

除了广义相对论，物理学家也提出了很多新的引力理论（见综述[17]），并由此衍生出一些新的预言，比如牛顿引力常数随空间或时间变化、等效原理破缺、存在"第五种力"等。因此，未来对现有理论的基本假设和规律进行更加精密的实验检验意义重大。除了传统的检验手段，引力波和冷原子精密测量是两种新的检测途径。前者使得人们得以在强引力场和动态时空对各种引力理论进行检验，后者是基于冷原子发展的原子钟和原子干涉仪等精密测量工具。冷原子采用量子物质作为引力测试对象，将量子力学和广义相对论直接联系在一起，有利于直接探索两大理论适用的边界。我国空间站提供的微重力环境为冷原子精密测量提供了理想的实验条件，未来可以在更高的精度对引力理论进行检验，寻找超越广义相对论的新物理。

近些年黑洞的存在性得到实验观测的决定性支持，因此理解黑洞的内部结构成为一个重要的科学问题。黑洞内部结构跟时空奇异性、宇宙监督假设等重要问题联系在一起，对于广义相对论的可预测性以及观察普朗克尺度物理学的可能性非常重要。进一步考虑量子效应，将如何对黑洞内部结构产生影响？奇异性是否还存在？宇宙监督假设的地位是什么？该如何表述？对这些重要问题的理解无疑会对认识黑洞和引力本质提供巨大帮助。

自从霍金辐射发现以来，黑洞就成为量子引力研究的中心对象。AdS/CFT对应提供了量子引力对至少一类时空精确的非微扰定义，给出了高维引力和边界量子系统之间的字典对应，也揭示了量子引力和量子信息之间的深刻联系。典型的例子是时空的信息通过全息纠错码可以冗余地存储在边界理论中，以及最近半从经典方法解释黑洞蒸发不会破坏信息守恒[6, 7]。量子黑洞研究的进展暗示了量子引力与量子信息以及量子多体物理之间深刻的联系，未来的一些重要问题包括：①边界系统中一个典型态的引力对应是什么？②这种对应与火墙佯谬的关系是什么？③这种对应如何推广到超出 AdS 的时空，特别是真实的宇宙时空？④黑洞微观状态的起源是什么？⑤是否能够在实验室构造帮助理解量子引力问题的模型系统？

未来的研究将在理论和观测两个方面深入开展。一方面，人们将继续从理论上来进行对引力本质的深入研究，探索量子引力可能的实现方式。尤其是黑洞热力学研究所揭示出的引力、量子力学和热力学之间的深刻关系，为探究引力的本质属性提供了重要启示。另一方面，实验技术的快速进步和大科学装置的兴建，尤其是引力波天文学和引力波宇宙学的兴起，将会极大地促进人类对基本物理规律和宇宙的起源和结构的认识。理论和实验的相互促进，必将孕育着引力和宇宙学上的重大突破。

2. 宇宙学领域的发展趋势和展望

1）极早期宇宙

对极早期宇宙（辐射主导之前）的探测包括原初引力波、原初非高斯以及其他原初特征信号在 CMB、星系大尺度结构以及随机引力波背景上留下的印记，其中：①原初引力波在 CMB 上产生的 B 模极化可以用来确定暴胀时期的哈勃能标（及其导数变化能标）以及标量扰动进入强耦合区域的能标；②原初非高斯性及其变化行为在 CMB 和大尺度结构的双频谱上留下的可观测信号，不仅可以反映暴胀的具体实现机制，还可以给出暴胀时期其他粒子及其相互作用的信息（轻标量自由度数目，重场自由度数目、质量和自旋），甚至有可能通过量子扰动的初始态、传播速度和相互作用帮助我们甄别前暴胀机制（如无边界宇宙、量子隧穿、火劫（ekpyrotic）宇宙、弦气体模型、反弹宇宙等），从而给出实现量子引力的关键信息；③超出最简单的单场慢滚暴胀模型的近尺度不变的原初功率谱的其他特征，比如来自偏离吸引子解的振荡行为（比如单场凹凸点和多场拐点以及声速共振等机制)、在吸引子解附近周期性振荡的背景量所导致的共振行为(比如轴子 monodromy 或者非 Bunch-Davies 真空)以及暴胀时期额外的物质主导或者宇宙学相变等其他前辐射主导时期,都将在 CMB 的各向异性谱、CMB 谱畸变、星系巡天、21cm 线和随机引力波背景(如标量诱导引力波)留下观测信号。最后,除了上述观测暴胀宇宙学研究外,理论暴胀宇宙学研究还包括:①暴胀宇宙学的场论研究(如有效场论参数化),②暴胀宇宙学的弦论研究(如弦论中对德西特解的构造、德西特空间的量子引力研究以及暴胀模型的紫外完备特征即沼泽地猜想等),③暴胀宇宙学的全息引力研究(如 dS/CFT、dS/dS、FRW/FRW、FRW/CFT 和在 AdS/CFT 内嵌入 dS 或者 FRW 解以及将 AdS/CFT 提升到宇宙的构造等),以及④暴胀宇宙学的量子信息研究(比如原初扰动的纠缠熵等),这些都是当下以及未来对理论暴胀宇宙学研究的发展方向。

2) 早期宇宙

对早期宇宙(辐射主导时期至 CMB 时期之前)的观测主要来自随机引力波背景以及其他辐射遗迹的观测,这是因为暴胀结束后但在 CMB 之前的早期宇宙对光是不透明的,因此主要的探测手段仍然是引力波,特别是来自宇宙学一阶相变的随机引力波背景,它将给出 Peccei-Quinn 相变(诸如 LIGO 等地面引力波探测实验)、电弱相变(诸如 LISA、太极和天琴等空间引力波探测实验)、QCD 相变(诸如脉冲星计时阵列和平方公里阵列等探测实验)以及其他对称破缺一阶相变模型(如 B-L 对称性破缺、大统一对称性破缺、超对称破缺、R-对称性破缺等)的模型细节,给出寻找超出粒子物理标准模型新物理(比如重子生成机制、禁闭-退禁闭机制等)的线索。此外,除了以上连续对称性破缺诱导的宇宙学一阶相变外,离散对称性破缺诱导的宇宙学一阶相变还将产生诸如畴壁(domain wall)、宇宙弦、单极子、纹构体(textures)等拓扑缺陷,它们也将产生随机引力波背景,特别是宇宙弦产生的引力波背景横跨多个引力波探测区间,如能探测将可以直接检验弦理论。最后,对其他辐射遗迹的探测,除了对 CMB 的极化探测,还有对宇宙中微子背景等其他轻粒子遗迹背景的探测。目前原初核合成对 QCD 相变后其他轻粒子遗迹有效自由度数目的限制在 95%置信度上不超过 3.3 个(其中标准模型中微子已经占了 3.046 个),未来 CMB-S4 探测实验将对 QCD 相变前 1GeV 的标量粒子敏感,这对于类轴子粒子和重费米子的耦合探测至关重要。未来更高精度的 CMB 探测实验将有可能限制重加热后任何与标准模型达到热平衡的新物理粒子。

3)晚期宇宙

对晚期宇宙(CMB 之后至晚期加速膨胀时期)的观测主要来自射电观测(如 21cm 观测等)、红外观测(如詹姆斯·韦伯卫星等)、下一代星系巡天观测以及更高精度的距离阶梯测量。首先,对 21cm 线的观测可以重构宇宙从黑暗时代到黎明时期直至再电离时期结束的整个演化历史,给出暗能量状态方程参数的高红移演化,追踪物质密度涨落的分布及其物质功率谱指标的跑动,给出第一代发光天体及其结构的信息。特别地,最近发现的速度诱导声学振荡(velocity-induced acoustic oscillation,VAO)将有可能作为高红移时期一个干净的标准尺来测量高红移的哈勃膨胀率。其次,最近对局域宇宙的高精度距离阶梯测量,特别是利用造父变星定标的 Ia 型超新星的距离-红移测量,进一步加剧了此前发现的哈勃常数偏差冲突,因此未来利用其他超新星定标方法(如红巨星支顶端、Miras 星)以及其他与超新星无关的测距方法(如脉泽星、面亮度涨落、重子 Tully-Fisher 关系、强引力透镜时间延迟、引力波标准汽笛)将有助于厘清哈勃常数危机的实质。最后,对晚期宇宙的星系巡天项目未来将朝向更大天区更深红移持续推进(比如 DESI、Euclid、WFIRST、LSST,以及即将发射的中国空间站巡天望远镜),给出星系尺度上暗物质的精细性质,获得局域宇宙物质分布全貌，在更高精度检验宇宙学原理和大尺度结构形成理论，给出暗能量和暗物质本质的线索甚至是原初暴胀功率谱的非高斯特征信号。

对暗物质的研究，我们在此仅特别强调对原初黑洞的研究，特别是小行星质量区间范围内的原初黑洞作为全部暗物质的可能性。对原初黑洞的理论研究主要集中于原初黑洞的形成机制、产生机制和探测机制（见综述[18]），其中对原初黑洞的形成机制的研究主要通过数值相对论模拟，主要目标是给出原初黑洞形成的密度涨落超出的阈值，目前的理论兴趣是探究原初非高斯性对原初黑洞形成机制的影响；而对原初黑洞产生机制的研究主要是通过在小尺度上修改最简单的原初扰动功率谱，但是这种小尺度的增强机制往往需要精确微调才能保证原初黑洞的生成，最近有研究发现宇宙学一阶相变可以一般化地诱导原初黑洞形成，因此未来仍然值得继续研究；最后对原初黑洞的探测机制的研究主要通过霍金辐射、微引力透镜和原初黑洞并合的引力波背景给出，未来应当探索新探测机制来限制目前使原初黑洞作全部暗物质的开放窗口。

对晚期加速膨胀（暗能量）的研究，我们在此仅特别强调对哈勃常数危机的研究，这是因为：①对晚期宇宙的多种局域测量结果（无论是采用哪种对距离阶梯的定标方法，还是测量本身是否依赖于距离阶梯测距）都系统性地高于来自早期宇宙的全局拟合结果，由此基本排除了某种单一系统误差导致的可能性；②修改早期宇宙的方案虽然能够在一定程度上缓解哈勃常数危机，但是基本都会进一步加剧物质密度扰动参数 S_8 的冲突，因此仍然需要同时修改晚期宇宙；③单纯修改晚期宇宙特别是全局的均匀性修改（不涉及小尺度上非均匀性修改）会受到来自反向距离阶梯的强烈限制。因此目前解决哈勃常数危机可行的方案，要么偏向同时修改早期和晚期宇宙的混合方案，要么需要我们在扰动阶非均匀地修改极晚期宇宙。无论采用哪种方案都需要修改晚期宇宙，从而与驱动晚期加速膨胀的暗能量密切相关。

由于作者的知识所限，以上讨论的并不能反映引力和宇宙学领域的发展全貌，对未来研究方向和展望也并不一定完全正确。

参考文献

[1] 蔡荣根, 王少江, 杨润秋, 等. 引力本质. 科学通报, 2018, 63(24): 2484-2498.

[2] Cai R G, Cao Z, Guo Z K, et al. The gravitational-wave physics. Natl. Sci. Rev., 2017, 4(5): 687-706.

[3] Bian L, Cai R G, Cao S, et al. The gravitational-wave physics Ⅱ: Progress. Sci. China Phys. Mech. Astron., 2012, 64(12): 120401.

[4] 蔡荣根, 曹利明, 李理, 等. 时空奇异性和宇宙监督假设. 中国科学: 物理学 力学 天文学, 2022, 52: 110401

[5] Maldacena J M. The large N limit of superconformal field theories and supergravity. Adv. Theor. Math. Phys., 1998, 2: 231-252.

[6] Penington G. Entanglement wedge reconstruction and the information paradox. JHEP, 2020, 09: 002.

[7] Almheiri A, Engelhardt N, Marolf D, et al. The entropy of bulk quantum fields and the entanglement wedge of an evaporating black hole. JHEP, 2019, 12: 063.

[8] Weinfurtner S, Tedford E W, Penrice M C, et al. Measurement of stimulated Hawking emission in an analogue system. Phys. Rev. Lett., 2011, 106: 021302.

[9] Munoz de Nova J R, Golubkov K, Kolobov V I, et al. Observation of thermal Hawking radiation and its temperature in an analogue black hole. Nature, 2019, 569(7758): 688-691.

[10] Drori J, Rosenberg Y, Bermudez D, et al. Observation of stimulated Hawking radiation in an optical analogue. Phys. Rev. Lett., 2019, 122(1): 010404.

[11] Bekenstein R, Kabessa Y, Sharabi Y, et al. Control of light by curved space in nanophotonic structures. Nature Photonics, 2017, 11: 664-670.

[12] Maldacena J, Stanford D. Remarks on the Sachdev-Ye-Kitaev model. Phys. Phys. Rev. D, 2016, 94(10): 106002.

[13] Garćıa-Álvarez L, Egusquiza I, Lamata L, et al. Digital quantum simulation of minimal AdS/CFT. Phys. Rev. Lett., 2017, 119(4): 040501.

[14] Jafferis D, Zlokapa A, Lykken J D, et al. Traversable wormhole dynamics on a quantum processor. Nature, 2022, 612(7938): 51-55.

[15] Abdalla E, Abellán G F, Aboubrahim A, et al. Cosmology intertwined: A review of the particle physics, astrophysics, and cosmology associated with the cosmological tensions and anomalies. JHEAp, 2022, 34: 49-211.

[16] Perivolaropoulos L, Skara F. Challenges for LCDM: An update. New Astron. Rev., 2022, 95: 101659.

[17] Clifton T, Ferreira P G, Padilla A, et al. Modified gravity and cosmology. Phys. Rept., 2012, 513: 1-189.

[18] Escriva A, Kuhnel F, Tada Y. Primordial black holes. arXiv: 2211.05767 [Astro-ph.CO].

场论与粒子物理领域发展态势

何小刚[1] 廖 益[2] 曹庆宏[3] 郭奉坤[4] 何 颂[4] 周 顺[5]
安海鹏[6] 邢志忠[5]

（1.上海交通大学 上海 200240；2.华南师范大学 广州 510006；3.北京大学 北京 100091；4.中国科学院理论物理研究所 北京 100190；5.中国科学院高能物理研究所 北京 100049；6.清华大学 北京 100084）

导读：粒子物理学是在追求"极小"——探索物质的最深层结构与最基本相互作用的科学研究中发展起来的，其最强有力的理论工具是量子场论以及与之相关的形式或有效理论。本文旨在简要概括场论和粒子物理学领域的现状、问题与未来发展趋势，聚焦于近年来在形式理论、标准模型有效场论、希格斯与顶夸克物理、强相互作用与强子物理、弱相互作用与味物理、中微子物理与暗物质寻找等主要研究方向所取得的重要成果以及面临的挑战和机遇。

一、场论与粒子物理总体发展现状

从1897年发现电子到2012年发现希格斯粒子，实验和理论物理学家经过一个多世纪的不懈努力，深刻理解了物质世界的微观结构，建立了正确描述电磁力、强核力和弱核力的标准理论——粒子物理学的标准模型（图1）。标准模型由电弱统一理论和量子色动力学两大板块构成，包含夸克和轻子以及传递相互作用的玻色子，其理论基础可以概括如下：①集狭义相对论和量子力学之大成的量子场论；②由特殊幺正群 $SU(3)_c \times SU(2)_L \times U(1)_Y$ 所描述的定域规范对称性，分别对应色量子数守恒的强相互作用、宇称最大程度破坏的弱相互作用和电荷守恒的电磁相互作用；③导致电弱对称性自发破缺的布劳特–恩格勒–希格斯机制，使传递弱相互作用的 $W^{\pm}$ 和 Z^0 玻色子以及所有带电费米子获得质量；④可重正性。

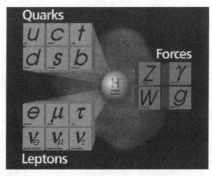

图1　粒子物理学的标准模型

尽管标准模型的有效性和预言能力从贝塔衰变所代表的低能标到大型强子对撞机正在探索的能量前沿都得到了众多实验的有力验证，且该理论与宇宙学的结合也极大地促进了人类对宇宙早期演化动力学机制的理解和描述，但它仍然不够完备。首先，标准模型的群结构表明它并非真正意义上的统一理论，含有过多自由参数（尤其是与夸克和轻子相关的"味"参数）。其次，标准模型在定量解决低能非微扰问题方面依然面临诸多困难。再次，该理论甚至未能定性理解中微子的质量起源，也未能提供暗物质粒子的合适候选者。最后，该理论与已知的量子引力理论尚无任何实质性、可检验的关联。标准模型的理论框架本身存在的诸如此类的局限性，以及近年来实验观测到的若干"反常"现象，成为探索超越标准模型的新物理的强烈动机。

构建包含量子引力的紫外完备理论,并在电弱能标以有效场论的形式还原标准模型的基本特征以及克服其弱点,是弦论等形式理论研究的主旋律之一。近年来,针对标准模型有效场论的研究几乎臻于极致,与此相关的还包括希格斯有效场论和中微子有效场论等。这些重要进展也为精确检验标准模型和寻找新物理提供了有力的理论工具。

得益于众多高精度的实验结果,粒子物理学的其他理论研究方向也取得了令人振奋的长足进展。在能量前沿,主要研究对象包括希格斯粒子和顶夸克的性质、电弱对称性自发破缺的动力学以及可能的新粒子和新相互作用形式;在亮度前沿,针对重强子衰变、奇特强子态、带电轻子的性质、中微子振荡等重要科学问题的研究取得了一系列重要成果;在宇宙学前沿,针对中微子和暗物质的粒子属性的研究方兴未艾。下面将对上述主要方向的发展趋势逐一介绍。

二、场论与粒子物理的发展趋势和展望

1. 形式理论

21世纪以来,场论与粒子物理的形式理论研究取得了重要进展;它们集中在场论、引力与弦论、数学物理等领域的交叉前沿,例如,场论与引力高精度计算的新方法、散射振幅新形式、规范-引力对偶、非微扰和严格求解方法等。这些进展的共同特点是大大加深了我们对量子场论本身的理解,这将对基础理论的发展起到非常重要的作用。

散射振幅是量子场论的核心概念,是联系理论和高能实验的桥梁。相关研究的原始动机来源于其在对比理论与实验数据方面的重要应用价值:无论是现有的还是未来的高能实验,都需要更加精确、快速地计算场论振幅;引力和弯曲时空场论的微扰计算对引力

波、早期宇宙等物理也有重要意义。在应对高精度计算的挑战中，人们发展了比费曼图更有效的微扰计算方法（例如在壳方法），揭示了在传统场论框架中很难理解的新结构（例如，规范场、引力和弦论隐藏对称性及其内在联系），乃至发现了振幅新的表述形式（例如 CHY 形式、振幅多面体等）。近年来，振幅相关研究进展极其迅速，已成为最受关注的形式理论方向之一。从规范场论和引力振幅的数学结构到量子色动力学的实际计算，从高圈积分的解析性质到振幅与数学的交叉，该方向直接联系了粒子物理、场论基础、数学、引力与弦论等诸多领域。

散射振幅等方向的进展促使我们重新思考诸如规范不变性、定域性、因果律、时空等基本概念，甚至在特定理论中找到了量子场论新的表述形式，例如，从振幅多面体等纯粹几何的表述中，满足相对论和量子力学原理的散射振幅会自然出现，从而在特殊情形下实现了量子场和时空本身从几何中涌现（emergent）。这些进展深化了我们对基础理论的理解，催生了新的数学方向，并为从量子场论出发解决量子引力、时空本质等问题提供了新的思路（图 2）。

过去 20 年人们发现了以规范–引力对偶（AdS/CFT）为代表的一系列场论和弦论中的对偶性：例如，被称为"21 世纪的谐振子"的最大超对称杨–米尔斯理论（N=4 SYM）与 AdS 空间中的引力存在强弱对偶；这一对偶定义了 AdS 空间的量子引力，大大加深了人们对黑洞量子性质、全息与量子纠缠等方面的理解，更是首次实现了 N=4 SYM 中物理量的非微扰计算和严格求解。AdS/CFT 思想已经被推广和应用到量子信息、夸克–胶子等离子体、强关联系统、凝聚态物理等诸多领域。与之相关，共形场论不仅对偶于量子引力，更是深入理解量子场论及其分类的前提（包括无法用拉氏量描述的场论）。该方向的重要问题包括推动共形场论的非微扰计算（例如自举方法），发展量子可积模型，乃至研究更一般的强耦合理论。

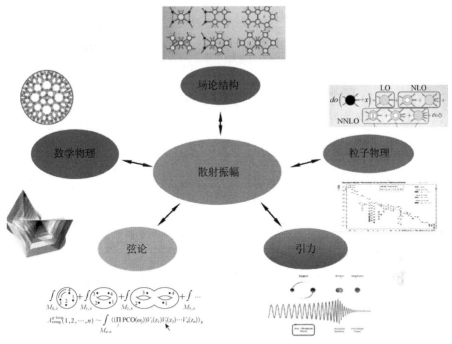

图2 散射振幅及其相关研究方向

现代物理学和数学的联系越发紧密,尤其是场论和弦论的研究与代数、微分几何、拓扑等方向相互促进。例如,弦论研究与Calabi-Yau流形、镜像对称性、拓扑不变量等,上述振幅研究直接推动了若干新兴的数学方向(例如正几何、丛代数等)。我们期待物理与数学在未来发生更多美妙而有重要应用的交叉。

2. 标准模型有效场论

物理现象是丰富甚至繁杂的,物理研究则从简单、理想的物理体系出发。在理想体系中,我们将小的量(比如特征长度、质量)置零、将大的量看作无穷大,这样建立的理论能对现象进行简洁而有效的描述,而真实体系对理想体系的偏离,可以通过对小的量或大的量之倒数做微扰展开逐阶包括进来。因此,在这个意义上,物理理论都是有效理论;而小或大是相对所研究的现象而言的,因此,每一个有效理论都有其有限的适用范围。在高速运动的微观世界，物理现象受量子论和狭义相对论支配，这样建立的理论即量子场论。现代观念认为，量子场论也是有效理论，简称为有效场论（EFT）。

粒子物理标准模型（SM）在解释实验结果方面取得了巨大成功。按有效场论的观念，标准模型针对的也是理想情形：除了标准模型的粒子，不存在比电弱能标 $\Lambda_{EW}\approx 100\text{GeV}/c^2$ 更轻的粒子，比 Λ_{EW} 更重的粒子如果存在的话，其质量对应的能量远超目前实验能达到的范围，可以看作无穷大，因此它是一个可重整的场论。由于标准模型未能回答一些基础性理论问题，我们相信在更高的能标 $\Lambda_{NP}\gg\Lambda_{EW}$ 存在新物理。因此，在有效场论框架下，标准模型对应于 $\Lambda_{NP}=\infty$ 极限下的相互作用，很大但有限的 Λ_{NP} 则诱导出有效耦合参数（称为 Wilson 系数）被 $1/\Lambda_{NP}$ 压低的有效相互作用，此即标准模型有效场论（SMEFT）。

SMEFT 适用于新物理能标 Λ_{NP} 和电弱能标 Λ_{EW} 之间的能区，只包括 SM 量子场，遵循其规范对称性 $SU(3)_C\times SU(2)_L\times U(1)_Y$，但一般会破坏 SM 中的偶然对称性，如重子数 B 和轻子数 L 守恒。事实上，随着 $1/\Lambda_{NP}$ 展开阶增高，有效相互作用包含的高量刚算符呈现出不同的 B、L 守恒或破坏特征。SM 相互作用对应于量纲不超过 4（取自然单位制及质量量纲为 1）的完备而独立的算符集，它们保持 B−L 守恒。量纲 5 算符是唯一的，在电弱对称性自发破缺后给出中微子的马约拉纳（Majorana）质量，因此破坏 L 两个单位；量纲 6 完备而独立的算符集于 2010 年完全确立，其大部分算符保持 B、L 守恒，少数算符分别破坏 B、L 各一个单位但保持 B−L 守恒。近几年来，完备而独立的 SMEFT 算符集已经推进到量纲 12 水平。比如，量纲 7 算符分为两组，其中一组 B 守恒但 L 破坏两个单位，另一组 B、L 各破坏一个单位但 B+L 守恒。这些守恒律或其破坏特征将导致不同的物理效应，如质子衰变模式、中子反中子振荡、原子核的无中微子双 β 衰变等；一般来说，它们可能来源于不同的高能标新物理。

从唯象学角度看，SMEFT 的一个显著优势是其普适性。在满足前述一般性假设下，$\varLambda_{\mathrm{NP}}$ 能标新物理的动力学细节体现在 SMEFT 中威尔逊（Wilson）系数上，而框架本身是通用的。在唯象学研究中，可以利用所有实验数据限定这些未知系数，所得结果在一定程度上是一劳永逸的——任何高能标新物理都必须满足这些限定条件。近年来，人们针对高能对撞机特别是大型强子对撞机（LHC），系统研究了量纲 6 算符对 SM 粒子参与的过程的影响，评估了未计入的更高量纲算符带来的理论不确定性。研究主要集中在两个运动学区域，即 SM 粒子在壳或近阈产生和衰变的过程，以及运动学分布的高能端。针对前一个区域高统计量及在壳三粒子过程主导的特点，人们发展了 SMEFT 的几何表述形式（geometric formulation）；高能端统计量小，但高量刚算符的贡献得到提升。人们开发了一些软件和算法，以便在合理评估理论不确定性的基础上，利用 LHC 实验数据获取尽可能精确的限制。未来发展将集中在几个方面，如：纳入 SMEFT 更高阶的结果，开发拟合新算法，研究对 SM 参数及 Wilson 系数进行整体拟合等。SMEFT 唯象学研究的另一个重点则针对低能高亮度实验，包括夸克和轻子味物理，特别是轻子数破坏的过程，发展了相应的低能有效场论。目前，关于原子核无中微子双 β 衰变的粒子物理分析基本完善，原子核矩阵元的不确定性有待核物理界进一步改善；涉及第二代费米子的轻子数破坏已有一些研究，但亟须研究高亮度的观测手段。

如何利用 Wilson 系数的唯象学限制来排除、挑选可能的新物理理论？这涉及具体的高能标理论与 SMEFT 之间的匹配（matching）计算问题。传统方法一般基于费曼（Feynman）振幅来确定 Wilson 系数，在单圈水平变得很复杂。近年来，人们借助于泛函（路径积分）方法，结合规范协变导数展开和圈动量区域积分，发展了高效的单圈水平匹配计算方案。目前，多个研究组开发了自动化程度较高的匹配计算软件，并在开发与其他软件的接口。该方案的有效性已在若干热门的新物理模型匹配计算中得到验证，人们在尝试将其推广到其他的有效场论（如软共线有效理论）。此外，一个有趣的理论进展是，如果有效场论存在一个自洽的紫外完备理论，因果性和幺正性将对散射振幅施加限制性很强的色散关系，从而得到有效场论 Wilson 系数必须满足的正定性条件。这些正定性约束甚至可以是非线性的，因此有可能给出 Wilson 系数必须满足的上下限，这意味着有效场论的参数空间中，只有某些区域对应于自洽的紫外完备理论。有效场论方法还被应用于其他学科分支的研究并取得有趣的新成果，如宇宙大尺度结构和暴胀，引力波天文学，以及凝聚态物理中的非平衡态现象、费米与非费米液体、物质的奇特激发态分形子（fracton），等等。

3. 希格斯与顶夸克物理

粒子物理电弱标准模型的核心是部分统一的电磁与弱相互作用的规范理论。作为非阿贝尔规范相互作用，三种弱规范玻色子的静止质量本应为零，但与实验观测相矛盾。另外，弱相互作用对宇称守恒定律的破坏，导致标准模型费米子的质量项会明显地破坏弱 SU(2) 的对称性。因此，标准模型的电弱规范对称性必定是一种"破缺"了的对称性。然而，对称性破缺后使得有质量的规范玻色子具有了纵向极化自由度，而纵向极化的规范玻色子的高能散射行为破坏了幺正限，从而使得理论在电弱能标附近失去预言能力。为此，在建立标准模型时，物理学家引入了电弱对称性的自发破缺机制，在（日后证明）不破坏理论幺正性和可重正性的前提下，赋予标准模型的弱规范玻色子和基本费米子非零质量。在极小标准模型中，这一机制是通过引入"布劳特–恩格勒–希格斯场"（以下简称"希格斯场"）实现的。希格斯场通过获得非零的真空期望，实现标准模型中的电弱对称性自发破缺，一方面赋予标准模型粒子非零质量,另一方面在模型中给出一个标量粒子——希格斯粒子。

希格斯粒子是标准模型中最后一种被物理学家发现的基本粒子,人们对它的性质知之甚少(图3)。2012年物理学家在欧洲核子研究中心(CERN)的大型强子对撞机(LHC)上发现希格斯粒子之后,物理学家对它的理论研究取得了长足进展。这首先反映在对于各种标准模型产生道的理论计算精度得到了大幅度提升。以LHC上希格斯粒子的主要产生道为例,其理论计算的精度已经达到了次次次领头阶QCD(N^3LO QCD)的水平。此外,与希格斯粒子相关的各种新物理模型和机制也获得了进一步的讨论,这一方面体现为希格斯粒子各种性质测量结果对这些新物理的限制,另一方面体现为标准模型希格斯粒子所处质量区间带来的诸如真空稳定性问题和早期宇宙电弱相变性质等新物理问题。

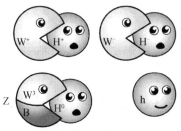

图3 标准模型中的三个弱相互作用玻色子"吃掉"希格斯场的三个戈德斯通自由度获得质量,希格斯场余下的一个自由度成为标准模型中唯一的一个基本标量粒子

由于物理学家对于希格斯粒子的性质,特别是真空自发对称性破缺的起源等问题仍然知之甚少,在未来很长一段时间内,对希格斯粒子性质的研究将始终居于粒子物理高能量前沿的核心地位。这主要包括对希格斯粒子的精确研究,特别是对反映标准模型电弱对称性自发破缺起源的希格斯势的研究。对后者的最主要研究手段,乃是对于LHC以及未来对撞机上多希格斯粒子产生过程的研究。这对于理论工作提出了如下一些要求:首先,要给出尽可能精确的标准模型预言;其次,阐释实验观测结果对于各种重要物理过程——如早期宇宙电弱相变的影响和意义;最后,通过模型相关和模型无

关的有效场论框架，给出不同新物理对于希格斯势和实验观测可能的影响。

作为通过电弱对称性自发破缺获得质量的标准模型中最重的基本粒子，顶夸克与希格斯粒子具有很强的相互作用，从而强烈地影响着标准模型的自发对称性破缺。另外，顶夸克是标准模型中唯一在强子化之前衰变的夸克，其极化信息被完整地保留在衰变产物中。所以，研究顶夸克物理能够帮助物理学家更好地理解诸如真空稳定性等对称性破缺的性质；同时，顶夸克也可以作为相互作用结构信息的携带者，揭示各种相互作用除强度外的更多的信息，比如手征性质、CP性质等。此外，近年来，顶夸克过程也开始被用来研究高能对撞机上的量子纠缠性质。这方面的研究，仍在进行中。

4. 强相互作用与强子物理

量子色动力学（QCD）是描述强相互作用的基本理论，将原子核乃至强子内部的强相互作用还原为点粒子夸克和胶子之间的相互作用，它的基本特点是：在高能区，相互作用弱，从而可以采取微扰论的方法处理；而在低能区，相互作用强，完全由非微扰的动力学主导。由于实验上能直接探测到的参与强相互作用的最小单元是色单态的强子，而不是组成强子的夸克和胶子（这一现象被称为色禁闭），因此，非微扰的强相互作用是强子物理研究的核心，由之导致的色禁闭的物理机制、物质的质量起源、强子的自旋结构等仍是标准模型内的未解之谜。

强子物理研究的前沿是由当前运行和讨论中的实验驱动的，包括强子的谱学、衰变和产生、强子间的相互作用以及部分子结构等，并且也为检验标准模型并寻找超出标准模型的新物理提供不可或缺的输入（如缪子反常磁矩中的 QCD 贡献、QCD 轴子性质的精确计算等）。下面我们简要讨论强子谱学和强子结构两个方面。

强子谱学研究的重要目的是对实验上观测到的强子（包括自旋

为整数的介子和半整数的重子）进行分类，并由此探索和认识强子的内部结构和相互作用的规律，从而有助于对色禁闭机制的理解。夸克模型是对强子分类的主要方法。2003年以来，实验上发现了大量强子共振结构，例如Belle在粲偶素能区发现的X(3872)、BESⅢ和Belle发现的带电类粲偶素$Z_c(3900)^{\pm}$、BaBar发现的粲介子$D_{s0}^*(2317)$、LHCb发现的一系列隐粲五夸克态P_c、BESⅢ最近发现的轻介子$\eta_1(1855)$等；图4以粲偶素为例展示了理论预言与实验观测之间的巨大偏差。这些共振结构超出了三夸克重子和正反夸克组成的介子的图像，从而是奇特强子态（包括多夸克态、胶球、混杂态以及类似于原子核的强子分子态等）的候选者，对这些新发现的共振结构的理解是当前强子谱研究中最受关注的问题。而要对强子进行分类，则需要建立可靠的强子谱。强子态对应于涉及强子过程的S矩阵的极点；此外，S矩阵还有三角奇点等奇异性，它们会带来类似于共振态的实验信号，体现的是特殊的运动学效应。强子谱研究的进一步突破将依赖于新一代的高亮度实验，例如，日本的Belle-Ⅱ、北京正负电子对撞机（BEPCII）的升级、欧洲的大型强子对撞机（LHC）的第3～5轮运行、美国的电子离子对撞机（EIC）、讨论中的超级陶粲装置（STCF）和中国电子离子对撞机（EicC）等；同时，需要构建考虑了运动学效应的振幅分析，从而给出更可靠的强子谱。

强子中不仅包含对其进行分类依赖的价夸克，还包含真空中量子涨落产生的海夸克以及胶子，强子的自旋和质量等便应是各种味的正反夸克和胶子的贡献之和。实验发现，价夸克的自旋只贡献了质子自旋的一小部分，将质子的自旋定量分解为各种夸克、胶子和轨道角动量的贡献之和目前仍是当前研究的前沿问题。类似地，夸克的质量也只提供了核子质量的一小部分，而超过90%的核子质量（从而也对应于可见物质世界质量的绝大部分）则来源于非微扰QCD通过迹反常这种量子效应的贡献；核子以及其他强子的质

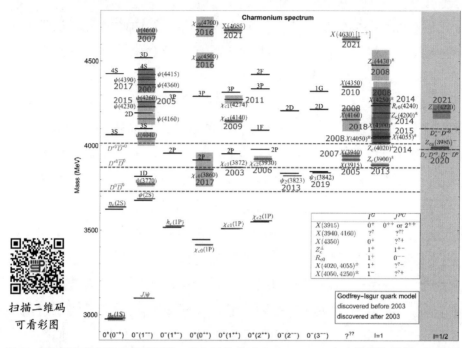

图 4 粲偶素和类粲偶素的质量谱，其中黑线表示 Godfrey-Isgur 夸克模型的预言，红线表示到 2003 年为止实验发现的粒子，蓝线表示 2003 年到 2021 年实验发现的新的粲偶素和类粲偶素（以及相应的发现年份），阴影表示实验测量的质量误差

量起源，即将质量定量分解为各种贡献之和，也是当前强子结构研究的热点问题。对强子结构的深入理解需要研究强子内部的部分子分布，包括部分子分布函数、三维动量空间的广义部分子分布和横动量依赖分布等。对核子结构进行研究，从而探索核子的自旋和质量起源将是 EIC 和 EicC 的主要物理目标之一。

强子物理研究的主要理论方法包括：将时空离散化并通过路径积分量子化定义的格点 QCD，它是基于第一性原理的、原则上误差可控的方法，并且可以通过调节格点的大小、夸克质量等给出实验上无法测量的信息，为理解各种非微扰 QCD 现象提供输入，随着计算技术的发展，格点 QCD 将越发重要；基于手征对称性及其自发破缺、重夸克的味对称性和自旋对称性等 QCD 的近似对称性构建的有效场论，这类方法也是模型无关并且可系统改进的，是沟通实验测量和格点 QCD 计算之间的重要桥梁；基于解析性（即因果性）、幺正关系（即概率守恒）和交叉对称性等基本原理构建的色散关系，它通过解析性建立不同能区的物理之间的联系，将一些非微扰的量表达为实验可测的物理量的积分，随着实验精度的提高，将在标准模型的精确检验方面发挥重要作用；此外，还有基于 Dyson-Schwinger 方程等泛函方法的连续时空量子场论，基于对 QCD 真空中的非微扰效应进行参数化建立起来的 QCD 求和规则，以及组分夸克模型等半唯象或唯象方法，它们将持续为定量和定性理解非微扰现象提供重要的物理图像和理论输入。

可以预期，新一代的高亮度实验和格点 QCD 计算，通过有效场论、色散关系等理论方法搭建其间的桥梁，在唯象方法的协助下，将帮助人们深入揭示非微扰强相互作用的动力学规律。

5. 弱相互作用与味物理

弱相互作用是了解自然规律中非常关键的一环。弱作用的标准模型已建立起来。实验已发现的参与弱相互作用三代不同夸克（u, d）、（c, s）、（t, b）和轻子（v_e, e）、（v_μ, μ）、（v_τ, τ）等基本粒子被形象地称为不同的味道，如图 1 所示。目前弱作用和味物理研究的主题是研究传播弱相互作用的 W 和 Z，及赋予各种粒子质量的希格斯玻色子，以及这些玻色子与不同夸克、轻子怎么相互作用的特性，进一步检验标准模型和发现新物理。

人类对弱作用的认识开始于贝克勒尔（A. Becquerel）1896 年发现的放射线。其发现的射线中包含称为贝塔（β）具有很强穿透力的电子。1930 年，泡利认识到要挽救核的 β 衰变过程能量守恒需要中微子的必要性，尔后费米建立了贝塔衰变理论，20 世纪 50 年代证实了费米理论在弱作用中的普适性。弱作用理论发展中非常重要的一步是由李政道和杨振宁引领的推翻宇称守恒法则的革命性突破。1956 年开始了粒子物理发展的黄金时期：弱作用破坏宇称守恒被验证，中微子被测量到，确认了中微子作用的 V-A 形式；20 世纪 60 年代格拉肖、萨拉姆和温伯格等提出了在杨-米尔斯规范场框架下弱电相互作用的 $SU(2)_L \times U(1)_Y$ 统一标准模型，陆续发现预言的中性流、传播弱作用的 W 和 Z 玻色子、三代轻子以及也参与强相互作用的三代夸克；CP 对称性破缺的发现和模型的建立，以及中微子振荡。在此期间，强作用的色动力学理论也被提出。2012 年弱电统一模型预言的希格斯粒子也被实验证实，找到了建立弱及强相互作用的标准模型的最后拼图。图 1 归纳标准模型的基本粒子和相互作用。

W 和 Z 玻色子的发现以及它们的相互作用在不同过程的精确检验是弱相互作用研究的极大成功。非常有意思的是弱作用的研究获得了意外的电磁和弱作用的统一理论。希格斯粒子的发现，也验证了标准模型粒子质量起源机制的正确性。不同代的夸克或轻子费米子除了质量不同外，在标准模型里其他量子数都相同，表明各代费米子弱作用有普适性。处于弱作用本征态费米子会是质量本征态的混合组合，带来非常丰富的味物理研究内容。费米子的混合由幺正矩阵描述。小林和益川发现如果存在三代夸克，其混合包含一个 CP 破缺的相角可以解释观测到的 CP 破缺实验数据，建立 CP 破缺的标准模型，而且由此预言的第三代夸克被实验证实。混合幺正矩阵特性已被实验验证。三代轻子也有类似的混合，并且也被实验证实。

标准模型极大的成功，激发人们更深入地研究和检验标准模型并发现新物理。标准模型本身还有许多缺陷。比如，引力作用还不能在同一理论框架下统一起来。标准模型本身要有多余 18 个以上的自由参数来描述。目前也解释不了为什么宇宙中物质多于反物质。有许多能部分回答这些问题的理论框架，如超对称、大统一、多维空间和多希格斯粒子模型等，但都缺乏足够的实验证据。

由振荡现象证实的非零中微子质量，以及宇宙学中需要的暗物质和暗能量是存在标准模型外新物理的有力证据。但是新物理的源头还是不清楚。这些会在中微子和暗物质部分有更多的讨论，就不在这里展开。虽然能量前沿 LHC 研究对探寻新物理能标在不断提高，但还没有确切的新物理迹象。在弱作用和味物理的高亮度研究中，目前有一些与标准模型预言差 3 到 4 的标准误差异常现象，如缪子反常磁矩、一些 B 衰变分支比等，但是仍然需要进一步确认。希望不久的将来通过实验和理论研究不断的努力，能打开发现新物理的突破口。

6. 中微子与暗物质

中微子振荡实验证明了中微子有质量，而天文学和宇宙学观测提供了宇宙中存在暗物质的有力证据。因此，中微子的质量和暗物质的存在是具有坚实实验基础的新物理，而中微子和暗物质的基本性质已成为当前粒子物理学和宇宙学领域的重要前沿课题。

中微子理论研究主要集中在中微子质量的产生机制、轻子味混合背后的对称性、以中微子为焦点的粒子物理与天体物理、天文学、宇宙学的交叉研究。若将粒子物理标准模型视为低能有效理论，则量纲为 5 的温伯格算符在规范对称性自发破缺之后产生中微子的马约拉纳质量。在树图层次上实现温伯格算符的完整理论只有传统的三类跷跷板模型，它们是中微子质量产生的最简单和最自然的选择。跷跷板模型的低能有效场论的构建已被提升至单圈水平，由此得到的截至量纲为 6 的算符及其威尔逊系数为跷跷板模型的低能实验精确检验奠定了理论基础。

探究轻子味混合背后的对称性的最新进展可分为两类：一是基于中微子振荡实验结果推测可能存在的"最小"味对称性；二是在超弦理论框架下通过额外维空间的紧致化实现有限模群的味对称性。在第一类方案中，最具代表性的是 μ-τ 反射对称性，其对味混合参数的理论预言与实验测量结果完全吻合。将 μ-τ 反射对称性与轻子味空间的平移对称性或转动对称性结合可以进一步限制中微子质量模型的参数并提高其理论预言性。与传统的分立味对称性相比，第二类方案中的有限模对称性要求轻子场与希格斯场的汤川耦合系数是模形式，从而避免引入过多的标量场来实现与观测相符的轻子味混合模式。

中微子是连接粒子物理与天体物理、天文学和宇宙学的桥梁，而极端的天体和宇宙学环境为研究中微子的基本性质提供了独一无二的平台。最新的理论研究发现，在早期宇宙中或超新星内部中微子的自相互作用和正反中微子角分布的不对称可能导致快速味转化的集体效应，后者对宇宙早期演化、超新星爆发机制有深远的影响。当前，天文学和宇宙学观测的实验进展日新月异，相关的理论研究也亟须积极推进。

大量的天文学和宇宙学的观测在各个尺度上给出了暗物质存在的证据，并且测量出了今天宇宙中平均的暗物质能量密度为总能量密度的四分之一。但是人类今天对暗物质的粒子物理属性依然一无所知。

弱相互作用大质量粒子（WIMP）暗物质模型由于其和电弱能标独特的联系最早被人们重视。人们在超出标准模型的各种新物理模型中都尝试构造了 WIMP 暗物质候选者。国内和国际上的主要暗物质探测合作组都以探测 WIMP 为主要科学目标。另外，WIMP 暗物质还可以产生间接探测信号和对撞机信号，因此也是宇宙线实验和对撞机实验研究的重点。但是，目前各种实验探测上都没有探测到令人信服的 WIMP 信号，因此人们（尤其是理论家）开始把主要精力逐渐向轻暗物质和超轻暗物质转移。

质量在 MeV 附近的轻暗物质所携带的动能往往小于传统探测器的阈值，需要一些加速机制才能利用传统暗物质探测器进行探测。近年来，人们不断研究各种各样的利用天体物理现象加速暗物质的可能性。其中包括利用太阳中的电子加速、利用宇宙线中的高能粒子加速等。另外，新的探测技术，包括新的半导体技术、超导技术、超流技术等来实现低阈值的探测的研究也在如火如荼地进行中。

更多的理论家将目标转移到对质量小于 keV 的超轻暗物质的研究之中。超轻暗物质的代表是轴子、类轴子和暗光子。超轻暗物质的质量下限为 10^{-21} eV，因此质量跨度有 24 个数量级。对于每一个区域都需要应用不同的技术手段进行探测。正因如此，近年来涌现出了一批探测超轻暗物质的新方法，比如将量子精密测量技术融入传统的谐振腔探测中，利用射电天文方法寻找超轻暗物质，利用视界望远镜（EHT）探测黑洞超辐射产生的超轻暗物质，利用引力波探测器寻找超轻暗物等。

可以说目前（图 5）人类正在不断地将各种先进的技术用到暗物质的探测中。期待在不久的将来人类能够探测到暗物质的粒子物理属性。

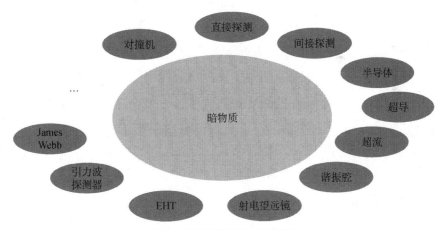

图 5 暗物质研究与探测途径

核物理领域发展态势

许甫荣[1]　李健国[2]

（1. 北京大学　北京　100091；
2. 中国科学院近代物理研究所　兰州　730000）

导读：从发现物质天然放射性，建立原子有核模型，到相继发现质子、中子和原子核自发裂变等里程碑事件以来，核物理已走过120多年的历史。20世纪30年代发明的带电粒子加速器为人们在实验室探索原子核结构提供了广泛的实验手段，同时期，提出了第一个定量描述原子核的唯象液滴模型。这些早期研究为核物理开启了往后百年的辉煌历史。当今核物理依然生机勃勃，是物质世界的一个重要层次。小到物质最微处，大到宇宙恒星演变，核物理无不发挥着重要作用。本文概述了当前核物理发展现状以及未来发展趋势与展望。

一、核物理领域总体现状

自核科学诞生到20世纪80年代初，人们研究的原子核（核素）只有几百个（其中稳定核不到300个），这些原子核具有较大的结合能，称为深束缚原子核。自1985年美国伯克利国家实验室合成放射性核素开始，放射性核束物理这一新领域被开辟出来，并迅速成为国际核物理学科前沿。随后人们研究的核素数目迅速扩大，目前实验上已合成的核素达 3000 多个，理论预言的核素为 8000～10000 个，如图 1 所示。随着原子核不断远离稳定线，原子核最外层核子的分离能逐渐减小，直至等于或小于零，即原子核滴线。滴线区原子核，外层核子处于弱束缚或不束缚状态，称为开放量子体系。

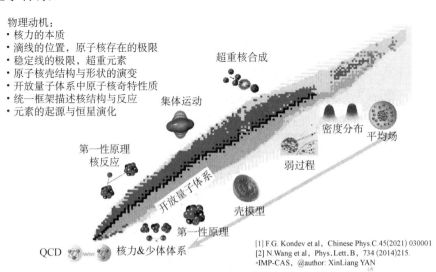

图 1　核素图，不同能量尺度下的原子核模型及核物理热点研究方向
（核素图由中国科学院近代物理研究所颜鑫亮提供）

随着放射性核束实验的不断开展，人类对原子核的认识向更广泛的区域扩展，在滴线区原子核中发现了大量新现象与新效应，如晕核、新幻数的产生与传统幻数的消失、软巨共振等新的集体运动模式、新的衰变模式、同位旋对称性破缺、核反应中的多步过程和强耦合效应等奇特现象，这对传统核模型的普适性提出挑战，但也给理论核物理研究带来新机会。不稳定原子核在宇宙核素合成过程和核物质状态方程等方面的研究中发挥着重要作用。合成超重元素、登上"超重稳定岛"是人类半个世纪以来的梦想，多核子转移反应有可能提供进入"超重稳定岛"的新途径。以俄、德为代表的

一些国家的著名实验室一直致力于超重元素的合成与研究，已经合成到 118 号超重元素。我国兰州重离子加速器国家实验室在超重核素合成方面也取得了令人瞩目的发展，已在国际占有一席之地，进入超重核素合成先进行列。

在重要科学和技术目标的牵引下，近些年各国都投入大量的人力物力建造核物理大科学装置，聚焦于探索极端条件下的核结构与反应，如美国投资建造的稀有同位素束设施 FRIB、欧洲核子研究中心的放射性核束流装置 ISOLDE、德国的反质子和离子研究装置 FAIR、法国的在线放射性离子产生系统 SPIRAL2 以及日本放射性同位素束流工厂 RIBF 等。目前我国重离子加速器主要有兰州重离子研究装置 HIRFL 和北京 HI-13。HI-13 是一台低能重离子加速器，已运行 20 多年，在核物理基础研究中取得了高自旋、核天体反应等一批重要科研成果。兰州重离子加速器具有加速从氢到铀全离子的稳定束和放射性束，取得了以新核素合成、高自旋态、短寿命原子核质量测量、放射性核奇特结构等为代表的有影响力的系列科研成果。正在建造中的中国强流重离子加速器 HIAF 将是具有国际领先水平的下一代放射性核束装置，具备产生极端远离稳定线核素的能力，为研究极端条件下原子核性质提供重要平台。

原子核是由质子和中子构成的自束缚体系。由于原子核的自束缚特性，它呈现出了非常丰富且奇特的物理现象，如：壳结构、集团结构、形变、核子发射与晕现象等。核理论研究主要面临两个基本关键问题：核力和量子多体关联。

1. 核力本质

核力是理解核子如何结合成原子核的一个基本问题。Hideki Yukawa 在 1935 年提出核子-核子间通过传递玻色子（π 介子）产生相互作用，很好地解释了原子核克服质子之间的库仑排斥束缚在一起的问题，同时也预言了介子的存在。1947 年 π 介子被发现，1949

年 Yukawa 因此获得诺贝尔物理学奖。此后，各种基于玻色子交换的核力模型被发展，用于描述核子间相互作用。20 世纪 70~80 年代，描述强相互作用的量子色动力学（QCD）理论被提出并迅速发展。QCD 描述夸克间的强相互作用，是更基本的底层理论，人们认识到核力是构成核子的夸克间强相互作用的剩余相互作用。原则上可以从 QCD 获得核力，但 QCD 在原子核低能量尺度下是非微扰的，从基本 QCD 出发描述核力很困难。尽管可以从非微扰格点 QCD 探讨核力，但实际计算还存在诸多困难与挑战。20 世纪 90 年代，Weinberg 提出手征有效场论（Chiral EFT），并将其应用到低能 QCD 能区，开启了核力研究的新篇章。手征核力通过手征对称性及其自发破缺与 QCD 联系起来，但可以进行微扰展开，从而使计算更具操作性。在手征 EFT 框架中，核子之间的多体力（包括三体力）可以自动出现。手征 EFT 核力已成为当今核物理第一性原理计算的高精度核力[1]。

2. 复杂的核量子多体问题

原子核是一个横跨少体到多体的复杂量子体系。由于原子核的核子数目不够多（$A<300$），使用统计方法会带来较大的误差。量子多体问题呈现出一些很难从还原论角度理解的新现象。Phillip Anderson 在"more is different"的论文中也对此进行了讨论。另外，Weinberg 对理论物理学家忠告"You can use any degrees of freedom that you like to describe a physical system, but if you choose the wrong ones, you will be sorry"（你可以使用任何你喜欢的自由度来描述一个物理系统，但如果选择了错误的自由度，你将会是遗憾的）。不同能量层次都有各自对应的自由度，研究问题的自由度不合适，对现象的解释将是非常费劲且不必要的，比如用量子场论去研究大海波浪的形成是不明智的。

尽管原子核的处理比较困难，但基于现象学的核模型取得了巨大的成功。早期提出的液滴模型将原子核比作一个不可压缩的液滴，是一种宏观核模型，可以对原子核质量、裂变等提供较好的描述。20 世纪 50 年代，两个互补的理论模型被提出，分别是 Mayer 和 Jensen 的原子核壳模型，以及 Bohr、Mottelson 和 Rainwater 的原子核集体模型，大大加深了人们对原子核的认识。因此，Mayer 和 Jensen 与 Wigner 分享 1963 年诺贝尔物理学奖。Bohr、Mottelson 和 Rainwater 获 1975 年诺贝尔物理学奖。核壳模型认为核子在所有其他核子产生的平均场中近似独立运动，考虑自旋-轨道耦合后，成功解释了原子核幻数性质。集体模型的基础是壳模型，并对壳模型作了重要补充，认为原子核可以发生形变，并产生转动和振动等集体运动，对原子核的振动和转动谱提供了简单而完美的解释。随后，基于独立粒子壳模型和集体模型，大量的微观理论方法被人们发展出来，如组态混合壳模型、相互作用玻色子模型、形变壳模型与密度泛函理论等，用于描述原子核并取得成功。然而，这些方法对原子核性质的描述中都选取唯象核力，无法反映真实核力的性质。同时，唯象核力的确定需要引入额外的参数，这导致不同方法之间对于未知原子核的描述存在较大的差异。为了深入认识核力性质，并在核力与原子核性质之间建立联系，21 世纪初，人们尝试从真实核力（重现核子-核子散射相移、^{3}H 与 ^{3}He 结合能）出发，利用量子多体方法，严格求解原子核多体体系，即所谓的原子核第一性原理计算。

过去 20 年，原子核第一性原理计算研究取得了巨大发展，除了得益于手征有效场论核力的发展，还由于核力重整化方法的发展，计算能力更强和收敛性更快。随着高性能计算资源的不断提升与先进的量子多体方法的不断发展，我们可以期待更精确的第一性原理计算，并对未知原子核性质提供更精确可靠的理论预言。当前核物理第一性原理计算正朝着中重核及重核区推进。

二、核物理领域的发展趋势和展望

当前核结构、核反应和核天体的挑战性问题主要体现如下。

● 将质子和中子束缚成稳定核和稀有同位素的核力的本质是什么，核结构和反应中的丰富现象是如何出现的？

● 随着质子-中子数不平衡和激发能量的增加，单核子、团簇和集体自由度如何共存和演化？

● 核素图的滴线位置，原子核存在的极限是什么，在这些极限附近和之外会出现什么特征？

● 稳定线的极限在哪里？最重的元素是什么？

● 如何统一核结构和反应？

● 宇宙核素起源是什么？相关的化学进化（chemical evolution）是如何进行的？

● 恒星是如何演化的，它们留下了哪些核痕迹？

● 中子星和致密物质的结构与本质是什么？

● 如何更好地利用核科学提供的知识和技术进步来造福社会？

回答这些问题需要理论和实验协调一致；需要在核结构、反应和核天体方面有一个全面的前瞻性研究计划。其核心目标是对原子核的性质及其核衰变和反应中的行为达成预测性的理解；绘制它们存在的界限；揭示宇宙中恒星演化、恒星爆发和核素合成的内在核物理机制；利用原子核的特性来实现对自然界基本对称性的精确测试；应用核科学造福社会。这些目标高度整合，并且是相互交织在一起的。

受当前核物理加速器与探测技术的限制，实验上对不稳定原子核的研究主要集中在较轻及靠近稳定线的区域。大量的滴线附近原子核，特别是丰中子侧，对目前的实验研究提出了很大的挑战。随着新一代大科学装置的不断建成与升级，如美国稀有同位素束设施（FRIB）的投入使用以及未来中国强流重离子加速器装置（HIAF）

的建成，对于不稳定原子核研究将向更重和更靠近滴线的区域扩展，人们也期待在这些未知的原子核中发现与探索更加丰富的物理现象。同时，实验上发现的新奇现象也给理论发展提供了更大的机遇，发展高精度的原子核模型对更深入地认识原子核性质很关键。

1. 高精度手征核力

原子核是由质子与中子组成的复杂量子多体体系。原子核的结构和反应受核力的控制。手征有效场论（EFT）为在 QCD 框架中研究原子核的性质提供了一个等效途径。目前的手征 EFT 核力的低能常数主要通过拟合核子–核子散射实验数据确定，这是目前大家不满意的一个地方。原则上可以利用格点 QCD 计算来确定（至少限制）这些低能常数。遗憾的是目前的格点 QCD 计算还存在较大的不确定度，还无法直接从 QCD 计算中确定所有手征核力低能常数。所以，利用格点 QCD 计算提供手征核力信息是一个很值得努力的方向。

2. 核素图的滴线位置及滴线区原子核奇特现象

由于质子间存在库仑力，所以核素图中丰质子侧原子核先达到滴线。目前，丰质子侧滴线位置确定到 $Z=93$ 号元素，然而，中子滴线位置的确定，目前仅到 $Z \leqslant 10$。滴线区原子核属于开放量子体系，这些滴线区的原子核中存在奇异的衰变模式与结构，例如，纯中子的四中子共振态、^{18}Mg 与 ^{9}N 中分别发现的四质子与五质子发射、^{7}H 的四中子发射以及重核 ^{185}Bi 的单质子发射等奇特现象。这些奇特的现象对核子大小的假设、原子核壳层结构等提出了巨大挑战。随着新一代大科学装置的不断建成与投入，如美国 FRIB、日本放射性同位素束流工厂（RIBF）以及中国的 HIAF，对极端条件原子核的研究将推向更广的范围，原子核滴线位置的确定也将向更重的元素推进。

滴线原子核粒子发射阈值较低,与外部环境(即共振与连续谱)耦合较强,对于滴线原子核奇特性质的描述也给当前的核物理模型提出了巨大的挑战。未来的发展中,深化包含共振与连续谱自由度的高精度理论模型,尤其发展包含共振与连续谱效应的第一性原理方法,是一个优先考虑方向。建立滴线外原子核奇特结构、衰变与反应之间的联系,帮助我们更深层次地了解开放量子体系原子核性质,也为研究原子、分子、量子点、量子光学器件等量子开放体系提供先知。

3. 原子核壳结构与形状在整个核素图中如何演变?

近年的研究发现,远离稳定线的原子核会出现质子和中子单粒子态的剧烈重排。在这种重排下,一些新的原子核特征也随之出现,包括传统幻数的消失以及新幻数的出现、四极和更高阶的形变、多个形变构型的共存等。远离稳定线原子核性质的细致研究对我们全面理解原子核壳结构及形状在整个核素图中的演变非常关键,也对深层次认识原子核性质至关重要[2]。

国内外大科学装置的建成与投入为我们推动原子核壳结构与形状演化的探索提供了新机遇。首先,目前的研究发现在丰中子侧原子核中,出现传统的幻数8、20、28与40等消失,同时也发现14、16、32与34的新幻数的出现。原子核其他幻数如50、82、126等会消失吗?在更重或极端条件的区域还有其他的新幻数吗?这些基本的核物理问题对人们认识原子核性质很重要。其次,原子核中的基态与激发态通常出现集体运动,并且激发态中可能存在不同的形状,对于极端条件下原子核形变的研究一直是一个悬而未决且热点的问题。另外,四级形变在原子核中普遍存在,但稳定的高阶形变研究依旧非常困难。原子核八极形变被认为可以大大增强原子的电偶极矩(EDM),所以相应的核形变精确计算非常关键。

原子核第一性原理计算在过去的10年中取得了实质性的进展,

并提供了直接将 QCD 支配的核力与核结构中的有序与集体运动联系起来的可能性。未来的研究中，需要发展先进的理论模型，研究幻数结构性质对原子核性质的影响，并探究整个核素图区域原子核幻数结构演化的微观机制，深入揭示张量力、三体力等对壳结构演化的影响。对于原子核形变的研究，发展变形组态、EFT、考虑对称性的第一性原理多体方法以及含时密度泛函和其他超越平均场方法将是重要的研究方向。

4. 如何统一描述核结构和核反应？

原子核反应是研究原子核结构的重要实验手段。核物理一个长期没有得到解决的问题：如何在同一个理论框架里自洽统一描述原子核结构与反应。目前，大多数核反应计算往往不考虑或不自洽考虑核结构细节，这导致核反应计算不能很好包含核结构的影响。人们已经发展了若干先进的核结构模型，同时对于原子核反应的描述也有相应的核反应模型。然而，原子核结构与反应模型往往相对独立。比如，核反应计算大多基于唯象光学势，其中势参数通过拟合核反应实验数据确定，这样的计算不能很好地包含核结构对核反应性质的影响。

随着人们对原子核结构与反应性质认识的不断深入，发现原子核结构与反应之间存在紧密的联系。因此，发展在统一理论框架内微观而自洽地考虑核结构中单粒子及多粒子与反应道之间的相互耦合，统一描述核结构与核反应，同时获得核结构和核反应信息非常关键。在未来的一段时间内，核物理的一个新前沿是发展对核结构和动力学反应统一描述的理论模型，尤其是基于原子核第一性原理方法的模型，更深入地研究阈值效应、核子-核子关联、反应道耦合对原子核结构与反应的影响，更深层次地认识原子核结构与反应的联系。

5. 超重核研究：新元素合成与攀登"超重稳定岛"

自 150 年前俄国科学家门捷列夫创制元素周期表开始，人们便一直探寻自然界中元素的存在极限。目前，实验上合成最重的元素已经达到118号Og，另外，超重112～118号元素的发现填满了元素周期表的第七周期，再往更重的区域，即向第八周期的119与120号元素探索时却遇到了巨大的困难。另外，合成更丰中子的超重核素，攀登"超重稳定岛"也是核物理学家半个世纪以来的梦想。超重元素的合成与一些重大的核物理基本科学问题密切相关，例如，检验原子核壳层模型、超重元素和长寿命超重原子核存在的电荷与质量极限等基本科学问题[3]。

超重核的研究可分为对超重核结构、衰变与裂变和合成反应机制的研究。在超重核结构方面，超重核区的壳层结构、超重岛的位置、超重核的形状等性质是人们重点关注的问题。在衰变与裂变方面，深入关注α粒子的预形成机制、微观研究裂变势能面和位垒、探索裂变动力学与断点后等裂变过程。对于超重原子核合成反应机制的研究，直接关系到如何合成新元素以及登上"超重稳定岛"；利用重离子熔合蒸发合成超重核的截面极小，目前的多核子转移反应技术合成新核素尚无法达到超重核区等。因此，理论上进一步研究超重核合成反应机制非常关键。另外，超重原子核的核电荷数大，核外电子运动速度很快，相对论效应明显，可能导致核外电子排布不再遵循已知的元素周期性规律。超重核研究不仅涉及核物理，也涉及原子物理、化学等学科或领域，具有重要的科学意义。此外，超重稳定岛上的同位素还可能蕴含着巨大的应用价值。

尽管目前国际上已有的大科学装置已经为人们认识和理解原子核的性质、鉴别新核素以及检验和发展现有的理论模型提供了重要实验条件，但是，在合成Z=119、120号元素和探索"超重稳定岛"方面仍然要求装置具有非常高的传输效率和非常强的本底抑制能力，以产生更丰中子的稳定束流。我国惠州的强流重离子加速器（HIAF）计划于2025年建成并投入运行，将会是国际上开展超重核研究的最佳先进装置之一。

6. 激光光谱学技术

激光光谱学技术是一个强大的实验工具，以核模型无关的方式同时获取原子核的多种基本属性（自旋、电磁矩、电荷半径等）。这些可观测量的测量是通过探测原子/离子能级的超精细结构和同位素位移来实现的。激光光谱学方法在核物理研究中的应用有着悠久的历史，其起源涉及对自然界中发现的稳定和长寿命放射性同位素的研究。20 世纪 70 年代，将激光光谱学设备集成到 RIB 设备中，开启了所谓的"在线"实验的新时代，允许对长同位素链的核特性进行系统研究。在线激光光谱学形成时期的一个显著例子是对缺中子的汞同位素的巨大奇偶交错效应和同核异能态退激 γ 射线的能量移动（isomer shift）。这种行为为形状共存现象提供了早期的、令人信服的和直观的实验证据，这仍然是当前核结构研究的一个关键主题。

7. 核素起源与恒星演化

理解核素的合成，特别是原子序数大于铁的核素以及恒星演化，仍然是核物理学中重要的基本科学问题。远离稳定线核性质的研究，与平稳和爆发性天体过程以及核物质状态方程密切相关，同时也涉及当今重要前沿交叉科学问题。新一代稀有同位素束流设施的不断建成与投入，如美国 FRIB、中国 HIAF 与锦屏地下实验室 JUNA 等，为解决天体物理学中长期存在的核物理问题创造了机会。研究恒星爆发中产生的不稳定核的性质和反应，了解极低能量和截面下核反应，以及在实验室中探索极端密度下的核物理，是今后重要的研究热点。

理论研究方面，利用新的实验核结构与反应数据，基于超级计算机，发展先进的核天体物理模型，提供尽可能真实并包含关键核过程的天体核合成环境，模拟复杂的核合成过程，深入理解元素起源，阐明关键核反应过程与核合成的关联，并提供核物理与天文观测之间的必要联系。发展将反应理论与恒星模型相结合的先进方法，基于极低能量和截面下的重要核反应数据，深入研究恒星核合成过程并揭示恒星演化过程。

8. 超越标准模型的核物理问题

从表征核力的必要动力学和性质，到发现核 β 衰变中宇称对称性的破缺，核结构与物理学基本对称性的联系在历史上一直发挥着重要作用。原子核的无中微子双 β 衰变交叉了核物理与粒子物理两个领域。这个衰变过程违反基本对称性，对描述强、弱和电磁相互作用的标准模型提出了严峻挑战。核结构理论计算无中微子双 β 衰变核矩阵元，是实验探寻无中微子双 β 衰变候选核时必不可少的关键第一步。无中微子双 β 衰变和核电偶极矩将证明存在超越标准模型的新物理。这些问题的测量与解释严重依赖于相关核矩阵元的精确计算。

9. 高性能计算及量子计算

高性能计算已经进入百万兆级时代。计算对于核科学的所有领域都是必不可少的，它能够为实验和理论核物理、加速器操作和天体物理观测提供最先进的计算、模拟和分析。高性能计算被认为是"核物理领域的第三条腿"，将为前沿重大问题研究打开一扇窗户。随着新兴架构不断增长的计算能力，加上应用数学、软件和数据以及核物理本身的同步进步，加速了科学发现，改变了核科学领域。这些未来的先进计算有望在我们对核现象的理解方面取得前所未有的进展。人工智能和机器学习正被用于揭示数据中的物理问题。量子计算具有量子位（qubit）的大信息容量及其固有的量子力学性质，有可能加速解决我们对核量子体系及其动力学过程的全方位理解。

10. 与其他学科的交叉

对强关联费米体系的定量和定性理解是核物理的核心，这个问题也是量子化学、超冷原子气体和凝聚态物质中普遍存在且非常关注的问题。核理论一直处于学科领域的前沿，并继续受益于物理学其他领域的发展。原子核理论也受益于量子信息科学的进步，发展量子多体问题的量子算法可能会导致量子计算领域的急剧发展，而对原子核中纠缠度的研究可能会为解决量子计算问题提供新见解和新方法。另外，开放原子核体系具有原子、分子、量子点、量子光学器件等体系中类似的特征。开放量子系统为量子力学的基本问题提供了许多重要的见解，这些问题涉及不可逆性和衰变、波函数坍缩的测量以及量子系统动力学中纠缠的作用。

核物理一直处于物质科学的最前沿，对人类生存和国家安全与发展有着重要意义，是衡量国家综合国力的一个重要标志。在基础研究方面，核物理大科学装置与探测技术的发展，以及先进理论方法的提出，极大地拓展了人类探索微观世界的范围和深度。在应用方面，核物理发展对能源、医疗、环境、交叉领域以及国家安全等领域的发展具有重要的推动作用，可以说核物理及其应用已经深入到科学及人类社会的每个角落，还将继续发挥重要作用。

致谢北京大学核理论研究生团队成员：袁琪、许志成、程泽华、范思钦、金少亮、胡荣哲、徐鑫宇、侯佳豪、张弛。

参考文献

[1] Machleidt R, Entem D. Chiral effective field theory and nuclear forces. Phys. Rep., 2011, 503: 1.

[2] Otsuka T, Gade A, Sorlin O, et al. Evolution of shell structure in exotic nuclei. Rev. Mod. Phys., 2020, 92: 015002.

[3] 周善贵. 超重原子核与新元素研究. 原子核物理评论, 2017, 34(3): 318-331.

统计物理领域发展态势

赵 鸿[1] 全海涛[2] 周海军[3] 王 炜[4]

（1.厦门大学 厦门 361005；2.北京大学 北京 100871；
3.中国科学院理论物理研究所 北京 100190；
4.南京大学 南京 210023）

导读：统计物理是物理学重要支柱之一，具有丰富的内涵并广泛应用于探索自然科学及人文社会科学相关领域。然而，迄今为止，这一学科的许多基础课题，如非平衡统计物理、小系统的统计物理与热力学、复杂系统的统计物理等方面，仍有待进一步发展和完善。为庆祝彭桓武先生倡导的理论物理专款成立30周年以及感谢专款对统计物理学的持续支持，本文将以开放的方式对相关研究进展和发展趋势进行概述。部分观点仅基于作者有限的视角和理解。

一、统计物理领域的总体发展现状

统计物理学旨在研究宏观现象的微观机制，诠释宏观系统的物理特性，并试图为具有复杂相互作用的多体系统建立一般性理论，以理解和刻画超越微观相互作用所能预言的整体行为或涌现现象[1-3]。玻尔兹曼-吉布斯统计作为目前被广泛接受和使用的平衡态统计物理理论体系，以系综概念为基础，导出了微正则、正则、巨正则等系综分布函数，从而描述系统在热平衡状态下的宏观性质，如能量、熵、自由能、热力学势等。量子统计物理同样在此框架下建立，以玻色-爱因斯坦分布、费米-狄拉克分布等来研究量子平衡态系统的统计规律。此外，研究受驱动的非平衡系统的定态，例如活性物质，以及无驱动系统趋向平衡的规律，从而理解和刻画传热、传质、输运等现象的非平衡态统计物理，以及研究物质在不同相之间转变的相变理论、临界点附近系统的标度不变性和普适性的临界现象理论，研究玻璃、自旋玻璃、液晶等无序系统的理论，以及远离平衡态系统中出现有序结构的耗散结构理论等都属于统计物理的传统研究领域。随着人类社会认识世界范围的拓广，以非线性、非广延、尺度维度有限、强关联为特征的复杂系统也逐渐成为统计物理研究的范畴。复杂系统领域的网络系统、社会系统、金融系统、生命系统、机器学习系统等往往具有可网络化的共性，可视为物理学中的网络化介质，由此形成了复杂网络研究领域。

近几十年来，以涨落定理为代表，非平衡统计物理在远离平衡系统的规律探索方面取得了一定进展。涨落定理将热力学第二定律从不等式推广到关于热力学量分布函数的恒等式，试图提供从介观到宏观的统一描述。在平衡态统计物理方面，适应自然科学进入微纳米时代的发展，小系统研究已成为一个主要热点领域。然而，小系统的统计物理与热力学目前仍处于初创阶段。同时，统计物理学努力向自然科学的各个领域拓展，已在生命科学、社会和生态系统、网络系统以及深度学习等领域占有一席之地。在这一系列研究的推动下，以理解和刻画复杂相互作用多体系统的涌现行为为目标，逐渐形成了试图涵盖所有这些领域共性的"复杂系统"学科。2021年的诺贝尔物理学奖授予"复杂系统"，这标志着基于统计物理和非线性动力学正式诞生了一个新学科。然而，在可预见的将来，复杂系统学科和统计物理仍将保持密不可分、相互促进的关系。

经典力学、量子力学、电动力学、统计力学构成了物理学的基本理论体系。然而，相较于其他学科，统计物理，特别是非平衡统计物理，仍处于框架性理论的发展和修正阶段，有许多基础性问题亟待解决。尽管玻尔兹曼-吉布斯统计目前是主流体系，但玻尔兹曼设想的统计物理框架与吉布斯统计存在很大差异。吉布斯发展系综理论使得源于麦克斯韦、玻尔兹曼等的思想形成了一个完整且自洽的体系。吉布斯系综方法主要适用于描述平衡态或局部平衡系统，需将混合性作为其基本假设，建立人为引入的系综的统计性质与实际系统之间的关系，即系统物理量的时间平均等于系综平均。

玻尔兹曼学派一直以追求更纯粹物理的理念，坚持宏观热力学可基于微观力学直接推演出来，包括不可逆性和热力学第二定律等，这涵盖了理解非平衡态到平衡态的演化，并意味着统计物理规律可由确定论的力学规律衍生出来。坚持至今的玻尔兹曼学派似乎更加乐观，信念越来越清晰[4,5]。这归功于确定论系统混沌运动的发现、从大数定理到中心极限定理、从大偏差理论到 Levy 引理等的数学进展以及量子系统本征态热化理论等方面的进展。这个学派认为一般系统都是所谓典型性系统，处在典型态；决定一个系统演化的不仅是其力学方程，而且也包含初始条件。这两条假设化解了微观系统的可逆性与宏观不可逆性之间的矛盾。这方面的研究是统计物理特别是非平衡统计物理一个持久的前沿。由于其在给出平衡态和非平衡态统计的统一刻画以及处理少体问题方面的优势，在这套思想体系下重建统计物理不仅具有理论价值，而且具有应用价值。尽管这个方向具有"中兴"的特征，一些具体模型上也实现了不借助系综理论的统计物理描述，但要达到建立一个抛开吉布斯框架的统计物理体系的目标，仍有很长的路要走。正如玻尔兹曼学派建立之初所面临的情况一样，尖锐的批评始终伴随着这个学派。近年来，主流统计物理学者认为典型态不足以完整刻画平衡态。

基于玻尔兹曼的这种思想体系形成了确定论学派，认为物理现象是由一系列严格确定的规律和原理所支配的，包括统计物理规律。基于对统计物理基础的深入理解，另一个基本学派应运而生，即概率论学派。吉布斯的系综事实上是所谓前概率论的体现。概率论学派为了避开不可逆起源的问题以及确定论系统如何提供随机性，直接以描述系统的随机微分方程为出发点，从而实现概率描述。他们发展建立了随机动力学或随机热力学，成为当前统计物理主流学派。

朗之万方程是此学派的典型代表，也是随机微分方程的先驱。其核心出发点是直接在确定性的微观演化方程上引入随机力，从而使得微观系统从开始就具有不可逆性，且在随机驱动下实现遍历性。这一框架由于操作性强，原则上可以用于有限小系统以及非平衡系统，从而被广泛应用，成为许多交叉学科的工具和理论支撑。近年来，这一领域由于大偏差理论的应用获得了长足的进展，不仅提升了传统随机过程诸如布朗运动等方面的理论刻画和认识，而且把功和热等概念定义到微观轨道上，开辟了微小热机研究的新模式，建立了随机热力学。这个领域的研究者不仅倡导大偏差理论是统计物理的数学基础，而且更进一步，试图让一些具体的物理规律成为统计描述的涌现行为[6]。尽管如此，这一体系目前还不能和玻尔兹曼-吉布斯统计框架媲美，它的基础往往建立在外加热源的统计物理之上，把一些概念上的难题推给了热源也就是外界。对于诸如强关联、长程关联、非马尔可夫的系统也仍然无能为力。

另外，一个在我国和欧洲影响广泛的方法论体系是普利高津的耗散结构理论。这个理论志向高远，面对人类最有兴趣的对象如生命等，它试图回答开放的非平衡系统中，物质和能量的输入与输出如何导致系统内部出现稳定的或亚稳定的有序结构，也就是耗散结构。普利高津的理论是在物理学领域"墙内开花"，却在化学生物等领域"墙外香"的理论。

在 20 世纪 70 年代早期，著名物理学家安德森提出了一套与普利高津不同的研究复杂系统的范式，倡导从对称破缺角度理解复杂性如何从简单性引起，认为"More is different（多者异也）"[5,7]。简单的对称系统的对称破缺引起复杂现象，不仅包括对流等简单的结构，也可能揭示生命等复杂结构的本质。这些宏观现象是遵从同样微观规则的少体系统所不具有的，但是一旦系统足够大，复杂结构就可以"涌现"出来。甚至可能从物理学的基本原理解释生命如何从无生命物质涌现出来。安德森认为建立复杂系统的真正理论是当下物理学家的任务。

非平衡统计物理理论体系远未成熟，还正处在发展中。物理学领域一些学者以"金银铜铁锡"来划分学科发展的阶段，量子力学等学科现阶段已经处于"铁锡"时代，而非平衡统计物理应当尚处于"铜"时代，因此具有很大的发展潜力。近年来，学界对统计物理的重视正在加强。2021年诺贝尔物理学奖被授予"复杂系统"方向，而其中帕里西的自旋玻璃研究问题本身属于统计物理核心研究领域，而真锅淑郎和阿塞尔曼预言二氧化碳引起全球变暖的理论和方法也正是非线性动力学和布朗运动的应用成果；2022年Duminil-Copin研究与统计物理相变相关的随机数学成为菲尔兹奖得主之一；2022年狄拉克奖又授予了Lebowitz等三位统计物理学家。以非线性、强关联、非广延、微纳尺度、生命现象等为对象的统计物理复杂系统研究领域，无疑会成为自然科学新的角力场，如果能够尽早培育科学研究生态，培养人才，培育团队，中国学者有望在统计物理复杂系统这一古老且新兴的领域争得一席之地，为科学的进步做出框架性的贡献。

二、统计物理领域的发展趋势和展望

近年来，统计物理相对集中的热点领域包括非平衡系统的弛豫规律、多体系统的涨落关系、小系统统计物理与热力学、统计物理基础、量子热力学、黑洞热力学、宇宙热力学、非平衡相变和动力学相变、自旋玻璃、复杂网络系统、软物质系统和复杂生命系统、低维和超构材料输运性质、金融物理、人工智能的统计物理基础等，其中复杂生命系统包括从基因序列、生物分子、细胞到生物组织和生物种群等方面。本文仅对其中几个的发展趋势进行简单讨论。

1. 统计物理基础

统计物理基础问题自统计物理学科建立之初便一直是研究和争论的核心。然而，不同学派对基础问题的侧重点有所不同。在玻尔兹曼-吉布斯统计物理框架下，系统必须满足混合性，以保证系统的时间平均等于系综平均，从而实现系综描述能指导实际面对的系统的逻辑。这需要从确定论的动力学系统出发，给出能均分、混合等假设环节的证明。这一路线图导致了 Poincare-Birkhoff 定理、KAM（Kolmogorov-Arnold-Moser）定理、Anold 扩散、A 公理系统等。然而，这条途径遇到了解析证明的瓶颈，只有非常特殊的系统，如 Sinai 台球模型，被证明具有严格的遍历性。值得重视的一个进展是经典晶格系统热化的研究，起源于 20 世纪 50 年代费米等利用数值模拟对能均分的检验。经过半个多世纪的探索，目前已经基本搞清楚一般的晶格系统热化弛豫遵循普适的规律：只要非线性相互作用存在，足够大的晶格一定能在有限的时间内达到能均分。但是，从均分到热化，即统计分布，仍是有待研究的关键课题，进展有限。

玻尔兹曼学派的框架不需要遍历性假设，不需要引入额外的不可逆性，而是以典型态的概念协调确定论和概率论。虽然这个路线图有一定进展，但各环节仍需要更加第一性的证明。概率论学派则以外界的随机驱动实现遍历性，或者将统计分布设计成条件概率的必然结果。尽管如此，各学派在基本目标上具有共同点：从动力学或随机动力学第一性地推演出对应的统计物理分布,如微正则分布、正则分布、巨正则分布、玻色-爱因斯坦分布、费米-狄拉克分布等。关于如何达到这一基本目标,目前存在不同的思路和争论,包括经典起源和量子起源。其中,量子起源是冯·诺伊曼等早期倡导的观点,他们认为,量子理论是物理系统更准确的理论,统计物理所需的概率描述或概率起源应当从量子力学出发才可能获得。

2. 非平衡系统的弛豫规律

趋向平衡是非平衡物理研究的基本问题。统计物理假设一个非平衡系统在经过足够长的时间后,一定能达到平衡态,而趋向平衡态的规律决定了系统的诸多重要宏观性质,如传输等。起源于20世纪30、40年代并基本完成于20世纪60年代的近平衡系统趋向平衡的理论是非平衡物理最重要的成果和内容。这套理论以昂萨格涨落耗散理论和久保等建立的线性响应理论为基础,提供了计算热传导、电传导、热电等输运系数的公式。这套理论体系被认为完善地解决了线性响应区的问题,但是如果比照量子理论的标准,实际上还没有完全"落地":给定了系统的哈密顿,虽然有计算这些系数的 Green-Kubo 公式,但是并不能获得输运系数显式的表达,而需要进一步计算对应的关联函数。一个成功的落地的例子是推出了固体材料中计算热传导系数的公式 $\kappa=cvl/3$,这里 c 是热容,v 是声子速度,l 是声子自由程。不过这是一个近似公式,是采用了单模弛豫近似后求解出的 Green-Kubo 公式,它在很多固体材料计算中和实验数据比较并不完全准确,这表明需要进一步获得更准确的关联函数。

实际上,过去三十多年,一些非平衡统计物理的前沿课题就来自于这个遗留的"尾巴",代表性的例子是低维晶格热传导研究。低维热传导问题在 20 世纪末的最后几年成为热点,并一直持续至今。其核心问题是确定晶格系统的热流涨落关联函数,从而由

Green-Kubo 公式得到输运系数。这个看似简单的问题，迄今还没有明确的结论。一些研究表明一维、二维晶格系统如果具有平移不变性，则其热传导系数随着系统尺寸发散，另一些研究则意味着实际的这类系统当尺寸足够大时，热传导率还是收敛的，热传导遵从傅里叶热传导定律。这些研究目前已经拓展到了一般小尺度系统的热传导问题，特别是界面热传导、网络结构材料热传导等问题上。这方面的研究不仅具有理论价值，而且会在诸如芯片散热等问题上具有应用价值。

非平衡统计物理还有一个大的领域是开放系统，特别是这类系统所涌现出的自组织亚稳态或稳态。如何从对称破缺角度理解耗散结构，理解复杂性以及耗散结构如何"涌现"出来，是这方面的前沿课题。可以预期这将是今后自然科学研究的一个重大问题，它涉及了理解生命、理解大脑、理解社会等人类直接面对的系统。

3. 涨落定理

自 20 世纪 90 年代起，一批学者先后提出了涨落定理，描述微观尺度上，系统在正向和反向过程中发生的事件的概率之间的关系。涨落定理把热力学第二定律从不等式推广成为有关热力学量分布函数的恒等式，表明有限系统中违背热力学第二定律的熵减过程和满足热力学第二定律的熵增过程同时存在，只是熵减过程与熵增过程的概率之比随着系统尺寸增大而指数减小，热力学极限下则完全由熵增过程主导。涨落定理试图深刻理解热力学第二定律，是非平衡统计物理一个重要的发展。当使用合适的物理量写出这些关系时会给某些应用带来优越性，如著名的 Jarzynski 等式，它把初始的平衡态和最终的平衡态之间的自由能差和从前一个态到后一个态做功的系综平均联系了起来，从而避免了传统上计算这一自由能差需要制造准静态过程的麻烦，为一些生物小系统等的自由能计算和测量提供了新途径。

近年来，涨落定理获得了很大的发展，在扩展涨落定理，使之适用于描述具有多自由度的系统、非马尔可夫系统、强关联系统等更复杂的系统方面，在建立非平衡过程中系统对外做功满足的非平衡功的涨落定理方面，在证明涨落定理的普适性方面都取得了重要进展。涨落定理还被用于描述生物系统中的涨落，例如蛋白质折叠、DNA 链分离和细胞膜中的热噪声、生物进化论有益突变规律等。涨落定理的实验验证方面也取得了很多成果，在胶体、激光冷却原子系统、单分子系统等各种体系中直接测量涨落并验证了涨落定理。

涨落定理还存在很多问题有待进一步研究。例如，把涨落定理的研究拓展到更广泛、更复杂的体系，包括生物系统和经济系统。进一步的实验检验和寻找实际应用也将是今后研究的重点，比如把涨落定理应用于改进自由能测量，或者应用到改进自由能计算的分子模拟方法等方面。同时需要指出，关于涨落定理的科学意义以及今后的发展前景，学术界还存在争论。

4. 量子热力学

在量子热力学中，小系统的行为由量子可观测量和波函数描述。热力学定律被扩展到量子域，一个关键特征是量子涨落，这是由于量子力学内禀的不确定性而产生的。这些涨落会对量子系统的热力学行为产生重大影响，理解和控制这些涨落是量子热力学研究的一个重要方向。

量子热力学可能会对其他相关领域产生广泛的影响，包括量子计算、凝聚态物理学和材料科学等。量子热力学的一些典型课题包括研究能够用于能量转换的量子热机，利用量子效应提升热机效率；研究量子制冷原理和方法，实现小型量子设备的冷却，在量子计算和低温探测器的设计中获得应用；将非平衡功的涨落定理扩展到量子系统而给出量子功涨落定理，描述量子系统中做功的概率，并应用于高效热机和制冷机的设计；将量子热力学的原理扩展到强关联的量子系统，建立强关联系统的量子热力学，更好地理解奇异状态的热力学性质；探索热力学与量子信息论之间的关系，建立量子信息热力学，理解信息处理过程中的基本热力学原理，比如信息擦除过程的 朗道尔原理；开发新技术，使用量子计量技术测量小型量子系统的温度。

量子热力学是一个非常活跃且发展迅速的领域，预计将来还会在以下方向有重要发展：更加精确地理解量子系统能量转化，从而定量刻画光合作用中的能量传输效率，设计高效的能量转化器件，为能量的高效利用开辟新的途径。在量子信息处理过程中的应用等方面预计也会形成新的研究热点。

5. 黑洞热力学

黑洞热力学的建立始于 20 世纪 70 年代 Bekenstein 和 Hawking 的工作。其基本概念是将黑洞视为一个热力学系统，具有质量、电荷和自旋等物理量，同时也具备熵、温度和热容等热力学量。黑洞热力学建立了热力学量与黑洞的物理性质之间的联系，例如，黑洞的熵与其事件视界面积成正比，黑洞的温度随质量的减小而增加。当黑洞与粒子相互作用时，黑洞会失去能量和质量，因此会发生辐射，即霍金辐射。

黑洞热力学是一个非常综合的学科方向，与统计物理、量子理论和引力理论密切相关。目前，黑洞热力学已经成为一个非常活跃的领域，其中小黑洞到大黑洞的相变是热点之一。这项研究通过类比范德瓦耳斯气体的热力学相变行为，分析推断黑洞的相变行为，并进一步推断黑洞也应具有微观自由度，相变即是这些微观自由度之间共存与竞争的表现。黑洞热力学的研究方法表现出高度交叉综合的特点，例如，对热力学几何的应用，将几何标曲率的正负对应于系统微观分子间的排斥和吸引。当前，黑洞热力学已广泛应用于全息原理和非平衡统计物理等领域，在物理前沿问题中具有重要地位。黑洞热力学也被认为是建立量子引力理论的重要一环。黑洞热力学的统计物理基础是未来的一个重要课题。

6. 统计物理在人工智能领域的应用

近年来，人工智能迅速发展，AlphaGo、AlphaFold、ChatGPT等软件的横空出世，预示着人工智能将深刻地影响人类社会各个方面，包括科学研究的模式。人工智能与统计物理具有广泛的联系。人工神经网络是人工智能的核心工具，其中著名的霍普菲尔德（Hopfield）人工神经网络和统计物理的伊辛（Ising）模型非常相似。受限玻尔兹曼学习机在人工智能领域中应用广泛，其结构和算法基于玻尔兹曼分布，具有无监督学习方面的优越性，也是深度信念网络的基本模块。统计物理的一些基本概念，如熵、信息熵、自由能、能量景观等，也被应用于人工神经网络的理解和算法设计。神经网络作为一个复杂动力学系统，被发现具有相变和自组织临界现象，特别是发现深度网络泛化能力或推广能力随着网络的复杂度增加具有类似从玻璃态到晶体态的相变，这深化了对深度网络的机理的认识。统计物理领域发展起来的复杂网络方向和人工智能结合非常深入，已经相互交融在研究具有网络结构的系统方面，例如信息网络、互联网、交通网络、电网、经济网络、社交网络、脑网络等。

人工神经网络特别是深度网络被广泛应用于物理学，作为分析处理数据以及分析系统结构和特性的工具，不仅包括材料设计等领域，也包括理论物理、核物理、天体物理等领域。统计物理在人工智能方面的一个重要角色可能是揭示和理解机器学习的机理。目前，机器学习，特别是基于深度人工神经网络的机器学习，存在着"黑箱"特征，缺乏可解释性和透明性。所设计的神经网络往往知其然而不知其所以然，不能一般地阐明机器在学什么、如何学、如何才能学好等基础问题。统计物理、复杂系统、非线性动力学的深度介入预计能够在这方面取得突破。另外，在生物分子方面，人工智能的研究快速发展，例如，在蛋白质折叠和蛋白质设计方面取得了突飞猛进的成果。如何从统计物理方面理解其内在的物理机制和动力学过程，找出其统计物理规律，提出了新的挑战。在量子力学领域，张量网络方法已经在设计机器学习高效算法方面展现了优越性，并用经典计算机挑战了量子霸权。统计物理在人工智能方面的应用将为人工智能的发展提供重要的理论支持，并推动人工智能技术的不断发展。

7. 统计物理向自然科学乃至社会科学诸多领域的交叉

统计物理已经在信息物理、生物物理、金融物理、社会科学、人工智能、复杂网络、脑科学、地球气候学等交叉领域形成了一系列前沿热点方向。生物物理方面的交叉包括生物大分子结构和功能、细胞演化和信号过程、生物群体运动、脑科学、生物系统的非平衡态行为、生物神经网络、生命过程的统计物理等。社会科学方面的交叉包括了互联网、交通网、社交网、传染病、人类集体行为等。诸如数字经济、网络经济、网络安全等领域也越来越受到重视。此外，统计物理方法还被用来研究金融市场、经济系统等方面的问题，并建立了金融物理学科方向。整体而言，这些交叉领域都属于复杂系统，因此统计物理和非线性动力学在这些领域具有广泛的应用前景。一些研究已经表明，这类看似复杂的系统确实可以在一定程度上遵从严格的统计物理基本规律，如大脑表现出的临界现象和物理学中的临界现象非常类似，由此发展出了"临界脑"理论；基于社交网络数据证明信息传播遵从渗流相变规律，进而发现渗流相变可适用于一般的可网络化系统的刻画。可以预计交叉领域的研究范围和研究深度会进一步加强，并且在不远的将来取得重要的成果。

近年来，交叉学科应用的一个成功范例是自旋玻璃复本对称破缺平均场理论用于深入探索NP-完备随机约束满足问题和组合优化问题的相变现象，这是首先由帕里西教授和合作者于 2002 年取得突破性进展的。这些研究打开了从自旋玻璃统计物理角度理解计算复杂性的大门，引领了一个新的研究方向的产生，至今仍然方兴未艾，并逐渐拓展到图网络统计推断等信息科学问题和多层人工神经网络系统[8]。

然而，统计物理向这些领域的拓展也面临着非常大的挑战，有些方向甚至出现了停滞。可以看到，这些交叉领域的研究对象大多不是"好"的统计物理系统，往往具有多尺度、小系统、长程关联、非平衡、非马尔可夫等特征，有些还涉及自主活性甚至人类意识和情绪等。这些特征本身已经超越了现有统计物理理论框架，需要发展统计物理理论和方法才可能覆盖他们。目前，这些领域的很多方向往往给人以"只见统计，不见物理"的印象。因此如何深入地提炼这些领域的统计物理问题，实质性实现交叉是需要深刻思考的课题。

三、小结

国内统计物理学的研究具有很好的传统，一大批著名老一辈科学家在相关领域做出了重要贡献。例如，20 世纪 80 年代，中国科学院理论物理研究所周光召、苏肇冰、郝柏林、于渌等完成了"关于非平衡量子统计的闭路格林函数研究"，对 20 世纪 60 年代由 Schwinger 建议的闭路格林函数理论框架做了系统分析，提出了一套有效的理论表述方案，已经成为相关领域中的经典原创性工作。十几年前，统计物理研究队伍人数急剧减少，出现了较大的人才危机。其间，国家自然科学基金委员会在一些专家和院士的支持下，对统计物理复杂系统进行了大力的扶持和培育，使得研究队伍迅速恢复和壮大，形成了若干统计物理攻关团队，并取得一批有影响的成果，达到了国际前沿，在某些方向甚至具有了引领作用。特别是在彭桓武先生倡导的理论物理专款项目30年来的持续支持以及中国科学院理论物理研究所和多个高校有关专家的引领下，目前国内统计物理领域人气正在聚集，呈现出繁荣之势。在恰逢统计物理与复杂系统学科大发展的背景下，相信国内学者一定能够抓住机遇，在这一领域取得重要成果和贡献。

致谢：感谢钱纮、王文阁、王矫、苗兵、黄亮、刘玉孝、张勇等多位教授在本文写作过程中给予的有益建议。同时，感谢胡岗教授、孙昌璞院士、欧阳钟灿院士等对本文写作的指导，以及前期调研的支持和鼓励。

参考文献

[1] Brown L M, Pais A, Pippard B. 20世纪物理学. 刘寄星, 译. 北京：科学出版社, 2014.

[2] 陈式刚. 非平衡统计物理. 北京：科学出版社, 2010.

[3] 郝柏林. 统计物理学进展. 北京：科学出版社, 1981.

[4] Cercignani C. 玻尔兹曼：笃信原子的人. 胡新河, 译. 上海：上海科学技术出版社, 2006.

[5] Dorfman J R. An Introduction to Chaos in Nonequilibrium Statistical Mechanics. Cambridge Lecture Notes in Physics 14. Cambridge: Cambridge University Press, 1999.

[6] Qian H. Statistical chemical thermodynamics and energetic behavior of counting: Gibbs' theory revisited. J. Chem. Theory Comput., 2022, 18: 6421-6436.

[7] Anderson P W. More is different. Science, New Series, 1972, 177: 393-396.

[8] Mezard M, Montanari A. Information, Physics, and Computation. Oxford: Oxford University Press, 2009.

凝聚态物理领域发展态势

周 毅[1] 方 辰[1] 万贤纲[2]

(1. 中国科学院物理研究所 北京 100190；
2. 南京大学物理学院 南京 210023)

导读：凝聚态物理学是由固体物理学发展演变而来的，主旋律是探索和研究物质的新状态。凝聚态物理理论则是一门研究大量粒子聚集形成的物质体系的结构、物性等，以及不同物态之间的相变的理论科学。

自20世纪40年代以来，凝聚态物理学科已经形成了其独特的研究模式：通过"绝热连续性（adiabatic continuity）"和"对称性"这两大理论基石，物理学家们成功地探索和研究了包括金属、能带绝缘体和半导体、铁磁和其他有序磁体、超流和超导等在内的众多物质状态；并对不同物质状态的连续相变和临界现象有了深刻的认识，形成了所谓"普适类"的概念。其中，绝热连续性意味着人们可以通过无相互作用的极限情况来理解相互作用的多粒子系统；另外，对称性及其自发破缺允许我们可以通过少数的自由度来理解具有指数增长自由度的多粒子量子系统。这种研究物质状态的模式也被称为 Landau-Ginzburg-Wilson 范式。该研究范式的建立极大地加强了凝聚态物理学作为独立学科的研究能力及其对其他相邻学科的影响力。

从 20 世纪 70 年代开始，以 Berezinskii-Kosterlitz-Thouless 相变、量子霍尔效应和高温超导为代表的一系列新的物理发现都无法被容纳到 Landau-Ginzburg-Wilson 范式的框架中。凝聚态物理理论的发展呈现出颠覆这一传统范式的趋势，寻找新的研究范式势在必行。通过过去三四十年的探索，人们逐渐发现"关联"和"拓扑"成为理解新的物质状态及其相变的关键词。"关联"与相互作用以及相空间密切相关，成为产生新物质状态的"动力"；而"拓扑"形成一个除对称性之外的、新的物质状态的基本组织原则。此外，近三十年来得益于计算机技术和数值计算能力的高速发展，人们通过能带计算和数值模拟研究新的物质状态的能力大为提高。

一、强关联电子理论

物理学是实验科学，在电子强关联系统方面，过去三十年的理论研究主要受到相关实验发现的推动。这一时期的主要实验发展包括：铜氧化物高温超导的深入研究、铁基高温超导体的发现和研究、量子磁性系统的研究等。此外，量子纠缠等相关领域的概念也被引入到凝聚态物理的研究中，推动了这一时期的理论发展。

铜氧化物高温超导的主流理论都基于 Anderson 在 1987 年指出的其母体是 Mott 绝缘体这一基本事实，将掺杂的 Mott 绝缘体作为理论研究的出发点。在此基础上，张富春和 Rice 仔细研究了铜氧化物的电子结构，将三带模型简化为单带模型，建立了研究高温超导的最小模型：t-J 模型。此后，大多数高温超导的理论研究都基于单带 Hubbard 模型或者 t-J 模型。国际学术界的主流理论包括基于共振价键图像的重正化平均场和规范理论等。这些理论预言了 d-波超导电子配对对称性和赝能隙。中国物理学家在这一时期的主要贡献包括：指出 t-J 模型的基态和低能激发态具有相位弦效应，并进行了系统的理论研究；提出高温超导层间电子相干运动的微观模型，研究 c 轴方向超流密度等物理量的温度依赖规律；研究轻如蛛丝的（Gossamer）超导的理论，并将其应用于有机超导体的研究；提出准粒子相干散射的理论，并将其应用于高温超导的隧道扫描显微镜（scanning tunneling microscopy，STM）实验等。

2008 年的铁基高温超导体的发现，是这一时期凝聚态物理发展的重要事件。早期对铁基超导体的研究集中于超导电子配对机制和配对对称性、磁性起源、局域-巡游二相性等方面；近期铁基超导体系中的拓扑能带和马约拉纳零能模成为研究的关注点。我国科学家在这几个方面都有重要贡献。在铁基超导研究初期，中国科学院物理研究所和中国人民大学的研究团队对确立铁基超导体的能带结构方面起到关键作用，在能带计算的基础上他们指出了铁基超导磁性相互作用的起源并预言了之后被实验验证的磁有序结构。香港大学张富春教授研究组是国际上最早从电子强关联的角度研究铁基超导理论的研究组之一。胡江平等根据 S4 对称性提出了对铁砷和铁硒两类不同铁基超导体系的统一理解。此外，胡江平等首先提出铁基超导中存在拓扑能带，并得到后续的实验验证。

量子磁性的研究与高温超导密切相关，在过去近 30 年逐渐演变为一个较为独立的凝聚态物理学分支。作为独特的量子多体系统，量子磁性的理论研究与其他物理学分支在发展中相互促进，形成良好的互动，包括量子场论和共形场论、量子信息、数学物理、相变和临界特性、新型数值计算方法等。量子磁性的一个重要研究对象是量子自旋液体。量子自旋液体中的"液体"用于形容量子涨落导致基态自旋无法形成有序排布。但其本质上不同于由基态宏观简并导致的剩余熵或者热涨落造成的经典自旋无序态，而是形成具有长程纠缠的多体量子态。在过去 30 年中，这方面最重要的理论结果是 Kitaev 通过严格可解模型证明了量子自旋液体基态和分数化的低能激发态在理论上的存在性。张广铭和向涛等发现 Kitaev 蜂窝模型可以通过 Jordan-Wigner 变换得到严格解，并由此建立了不同相之间的对偶关系。中国物理学家在量子自旋液体理论方面的贡献还包括：建立统一描述费米液体与量子自旋液体的理论，指出金属-自旋液体转变是连续相变，并得到后续实验的部分验证；建立自旋子-声子相互作用的规范理论，提出用超声衰减探测自旋子和规范场的方案；通过数值计算发现 Kagome 晶格上存在量子自旋液体基态等。

其他量子磁性系统的理论研究也取得丰富的成果。例如，Senthil 等提出从量子反铁磁到共振价键晶体的相变不能由 Landau-Ginzburg-Wilson 范式来描述，其相变点是所谓的解禁闭量子临界点，伴随着分数化低能自旋激发态的出现。郭文安和 Sandvik 等通过 J-Q 模型研究解禁闭量子临界点，提出双尺度标度的理论，解决了以往解禁量子临界点"标度失效"的困难。姚宏等研究了 Kekule 价键晶体和低能 Dirac 费米子的耦合，提出了费米子诱导的量子相变。

二、拓扑物态理论

拓扑学是现代数学研究的重要分支，它与物理学的结合所产生的拓扑物理学，是当代凝聚态物理的主要前沿方向之一。20 世纪 70 年代，苏联的 Berezinskii 与英国的 Kosterlitz 和 Thouless 在理论上独立提出了一类新的相变，其机制是序参量的涡旋的凝聚导致的二维体系中准长程有序的破坏。由于涡旋具有非平凡的拓扑结构，因此这类相变后被称为拓扑相变，它的提出代表了拓扑物理学的开端。20 世纪 80 年代，美国的 Haldane 发现一维自旋链上的有效场论中的拓扑项（θ-项）决定了基态的简并度等重要性质。几乎同时，包括 Thouless 在内的研究团队，指出量子霍尔效应中量子化的电导与拓扑学中的"陈（省身）示性类"之间的定量联系。这两项工作，用拓扑学中的概念和理论描述量子物态，开创了拓扑物态的理论研究。

拓扑态的提出标志着人们发现了一类新的全局的、宏观的量子数，即拓扑不变量。"宏观"表示其可以在宏观大小的系统上定义；"量子"代表该物理量的取值如原子轨道的能量一样是分立取值的。量子霍尔效应/量子反常霍尔效应的霍尔系数就是一个拓扑不变量。从一般的物理常识来看，"宏观"和"量子"似乎是矛盾的，因为量子力学通常被认为是研究微观粒子和过程的理论，而如质量、体积等宏观物理量都是连续取值的。但在拓扑物态中，或者说在拓扑不变量中，这二者被统一起来。Kosterlitz、Thouless 和 Haldane 三人因其在拓扑相变和拓扑物态研究上的开创性贡献，获得了 2016 年诺贝尔物理学奖。

2005 年是拓扑物理学发展史上的重要节点。在这一年美国张首晟等与 Kane 和 Mele 独立提出了由时间反演对称性所保护的"拓扑绝缘体"。从此人们意识到，将对称性与拓扑性质结合考虑，将可能产生一系列由对称性保护的拓扑物态。与之前人们研究的拓扑物态相比，拓扑绝缘体有一些明显的"优势"，这使得其一经提出，就点燃了拓扑物态研究的热潮。首先，与陈绝缘体、量子霍尔效应和量子反常霍尔效应不同，拓扑绝缘体的实现不需要引入磁性或者磁场，这使得其更容易在实际材料和实验室中得以发现和实现；其次，与自旋系统的拓扑物态不同，拓扑绝缘体的实现不需要引入电子关联，这使得人们可以直接通过第一性原理计算相当准确地判断一个材料是否属于拓扑绝缘体；最后，理论学家指出拓扑绝缘体的形成机制是电子能带中"反带"的出现，这为人们在能带结构中筛选拓扑材料提供了重要的线索。

在拓扑物态理论发展的这一关键时期，我国在拓扑材料的计算和预言方面，走在了世界前列。最早被实验证实的三维拓扑绝缘体中的 Bi_2Se_2 和 Bi_2Te_3，是由我国方忠、戴希与美国张首晟等的联合团队首先在理论上预言的。他们在这一工作中指出 Bi_2Se_2 和 Bi_2Te_3

中的反带是化学键、晶格势和自旋轨道耦合共同作用的结果，并根据 Fu-Kane 公式通过布里渊区高对称点的能带的宇称，预言了材料中非平凡的拓扑不变量。

三维拓扑绝缘体在层状材料中的发现，很快重新激发了人们寻找量子反常霍尔效应的希望。2010 年，我国方忠、戴希和美国张首晟等设想，如果用磁性杂质形成的铁磁序破坏拓扑绝缘体薄膜的时间反演对称性、打开磁性能隙，整个薄膜就可以看成是一个量子反常霍尔态。这一设想后来被我国物理学家薛其坤等在实验中实现。这是人们首次在实验中获得了这一拓扑物态，获得了广泛的关注。

与拓扑绝缘体理论平行发展的是拓扑半金属的理论。2007 年，日本的村上修一在理论上考虑了三维拓扑绝缘体与常规绝缘体之间相变的过程，指出在空间反演对称性破缺的前提下，两个绝缘体相之间存在一个中间相。该中间相具有线性色散的能带交点——外尔点。2011 年，我国万贤纲和美国 Vishwanath 等研究了烧绿石结构的铱氧化物，发现随电子关联强度变化，该体系可能存在轴子绝缘体相和莫特绝缘体相，在这两个相之间存在费米面通过外尔点的半金属相。他们把具有此类费米面的半金属称为外尔半金属，并且指出了外尔半金属表面上"费米弧"的存在：费米弧是开放的一段弧线，这跟传统金属中闭合的费米面形成了强烈的对比，为实验上甄别此类拓扑材料提供了"黄金标准"。2015 年，我国翁红明等，与美国 Bansil 等人，同时、独立预言了 TaAs 在常温常压下即为外尔半金属。TaAs 很快成为首个在实验中被证实的外尔半金属材料。外尔费米子最早在量子场论中被提出，是无质量的复数费米子场量子化的结果。人们在基本粒子中未能发现外尔费米子，却在凝聚态体系中发现了在低能量、长波极限下满足外尔方程的电子激发。除了外尔点，人们还在拓扑半金属中发现了狄拉克点、线节点等具有拓扑性质的能带交点。寻找、探索拓扑能带交点，并研究它们的奇异物性，已经成为拓扑物态研究的主要分支之一。

除了时间反演不变性，凝聚态体系中还有一大类常见的对称性，即晶体对称性。数学上，用来描述对称性的工具是群，人们已经发现三维空间中晶体的对称群共有 230 个。正如时间反演不变性保护了拓扑绝缘体，空间对称性是否能够带来新的拓扑态呢？2011 年，美国的傅亮在一类特殊的模型中指出这是可能的，于 2012 年在 SnTe 中预言了这一拓扑物态的存在，并称之为"拓扑晶体绝缘体（TCI）"。早期的 TCI 理论，集中于研究被镜面/滑移面保护的拓扑物态。2017 年，我国的方辰等、美国的 Bernevig、Hughes 等和德国的 Y. Peng 等，独立、同时指出在三维晶格中，存在着一类由旋转轴或镜面保护的拓扑物态，其特点是在侧表面的棱边上，有着一维无能隙的边缘态。这类拓扑物态后被称为"二阶拓扑绝缘体"。二阶拓扑绝缘体理论的意义在于它完善了拓扑物态中"体边对应原理"的内容，指出存在着比体态小两个维度的拓扑边界态的可能。这一理论后被拓展到更广泛的物理体系（如强关联体系）中，发展为被称为"高阶拓扑物态"的研究子领域。2018 年，人们继而证明了，二阶拓扑绝缘体与一阶拓扑绝缘体，就构成了全部 230 个空间群中的所有可能的拓扑绝缘体。

与高阶拓扑物态理论平行快速发展的，是由美国 Vishwanath 等和 Bernevig 等独立提出的"对称性指标/拓扑量子化学"理论。该理论是拓扑绝缘体研究早期 Fu-Kane 公式在所有晶体群和高阶拓扑绝缘体上的重要推广。简言之，根据该理论，人们可以仅仅根据布里渊区几个高对称点的价带波函数的对称性质，完成材料是否为拓扑绝缘体的快速判别。2018 年，我国方辰等和美国 Vishwanath 等强化了该理论，使得人们不仅能快速判断"是否为拓扑绝缘体"，还能够一并获得所有可能的拓扑不变量，将诊断的准确度从"定性"升级到"定量"。2019 年，我国方辰等、万贤纲等、美国 Bernevig 等的三个独立研究团队，根据"对称性指标/拓扑量子化学"理论在数万种已知结构的材料中，预言了逾 8000 种拓扑电子材料,并据此建立了拓扑电子材料目录。

三、凝聚态理论中的数值计算

原则上,从物理学基本原理出发,通过求解物理学中的各种数学方程,就可以对凝聚态系统的行为给出精确的描述。但由于涉及大量(趋于 10^{23})微观粒子的体系,长期以来,凝聚态物理的研究主要以实验为主。在理论研究方面,除少数模型体系能够严格求解外,众多复杂的实际问题因无法建立准确模型或无法求解而无从下手。长期以来,如何理解和准确描述凝聚态体系的演生现象是实验和理论物理的重大挑战。

20 世纪 40 年代以来,随着计算机技术的迅猛发展、计算能力的快速提高以及计算理论方法的不断改进和完善,通过计算的方式来研究复杂物理体系的性质,逐步成为与实验物理和理论物理并行的一个新的研究范式。在凝聚态物理中,基于密度泛函理论的相关计算方法,在理解价态电子主要由原子 s、p 轨道电子构成、弱关联的电子系统的物理本质,探讨其基态性质和设计新型功能材料等方面取得了诸多成果,得到了学界广泛关注。

2014 年 Nature 杂志在 ISI 汤森路透成立 50 周年之际分析了科学论文的引用情况。他们的统计数据表明,自 1900 年以来,在人类发表的所有论文中,引用最高的前 10 篇论文里有 2 篇属于计算凝聚态领域中密度泛函理论方法的论文。图 1 展示了以"密度泛函""第一性原理计算"为关键词在 ISI 上的论文检索的结果,可见密度泛函理论计算方面的科学论文逐年快速增长,由 1990 年的不到 500 篇/年快速增长到了 2018 年的 30000 多篇/年。这些都充分地说明了计算在凝聚态物理等学科中起到了越来越重要的作用,成为人们研究凝聚态物质以及相关体系的主要手段和得力工具。

另外,在研究有未满的 d 或者 f 电子的电子关联较强的体系

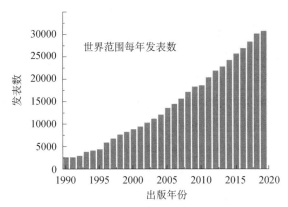

图1 ISI检索"密度泛函""第一性原理计算"关键词得到的论文发表数随出版年份的变化情况

时,上述的密度泛函理论方法有很大的局限性。在研究这类电子间的库仑相互作用与量子涨落都很强的体系时,传统的比如微扰论等研究方法并不适用。为了解决这些问题,人们发展出了严格对角化;数值重正整群;量子蒙特卡罗模拟;动力学平均场等方法。在理解铜氧化物高温超导体、铁基超导体、庞磁阻、重费米子、量子临界等关联量子现象时起到了关键性的作用。

如前所述,目前虽然以凝聚态计算为代表的当代计算物质科学方法已经在物理及其交叉领域取得了很大的成功,但是随着高科技的日新月异以及人们对认识世界的不断追求,计算物质科学的发展面临新的挑战和机遇。以当前应用最广的基于密度泛函理论的第一性原理计算方法为例,它们把先进的计算技术(例如快速傅里叶变换)与赝势方法完美结合,成功地描述了原胞内含 $10^0 \sim 10^3$ 个原子的周期性体系在弱外场、平衡或近平衡态下的物性,并且在预言新功能材料等方面发挥了重要作用。然而,随着对凝聚态体系在强场、非平衡态等真实使役环境下新物理、新现象、新效应研究的深入,人们发现在已有的计算物质科学理论框架之内,简单地将当代计算理论方法和软件拓展到更大更复杂的真实体系,仅仅依靠计算机速度的提升是无法解决的。这是因为,一方面,由于所涉及的原子个数远大于目前能够处理的范围,基于周期性边界条件的传统方法变得低效甚至无效。另一方面,从物理原理来看,已有的第一性原理计算方法基于密度泛函理论,物理上只保证总能量和电荷密度的正确性,但是很多物理量和物理现象涉及真实波函数及其相位,因此原则上这些方法有局限性。虽然,事实上过去已经采用第一性原理计算中的科恩-沈(Kohn-Sham)波函数来探讨物理性质,并取得了很大的成功,但是,对于更复杂(如关联效应强、远离平衡态)的体系,Kohn-Sham 波函数可能与真实波函数相差甚远。此外值得提及的是,诸如巨磁电阻效应、量子霍尔效应等全新物性和颠覆性技术的发现,以及使役环境下器件性能的调控和改善,都与物质与外场的相互作用密切相关。如果可以精准模拟真实物质体系在强场下的行为,就有可能预言新的量子现象,真正实现计算走向与实验并肩,甚至在实验达不到的极端条件下替代实验。然而,当代的计算物质科学方法在计算和模拟凝聚态体系与强场的相互作用方面面临巨大挑战,它的困难不仅涉及非周期性的外场,还涉及激发态和非平衡态的计算和模拟。另外,深入地理解高温超导机制、寻找量子自旋液体等全新的关联电子系统、非平衡以及非厄米量子系统、量子蒙特卡罗方法中的负符号问题、发展和完善张量重正化群方法、发展基于人工智能驱动的研究量子多体系统的新方法等也是当前的趋势。

在计算凝聚态物理及其相关领域,世界各国都投入了大量的人力和物力。早在 1981 年,美国就在其国家科学基金会物理咨询委员会中成立特别小组,以推进计算物理的发展。为鼓励不同研究团队之间的合作以及集体攻关,2015 年欧盟推出了"创新中心"(centers of excellence)计划,投资成立了 E-CAM、NOMAD 和 MaX 等 3 个计算物质科学方面的中心,每个中心均有 10 余名活跃的研究者。这些研究者分属不同的欧盟国家,在计算理论方法的发展、计算程序的编写、材料性能的预测、数据库的发展、对研究者的培训以及和工业界合作等诸多方面进行实质性合作。

  我国对于计算物质科学亦高度重视。2012年把计算物理正式定为物理学的二级学科（代码：140.75），同时进行了有关计算物理的规划和布局工作。这些得力的举措大大推进了我国计算凝聚态物理学科的快速成长。我国在计算凝聚态物理领域已经有了快速发展的基础，在若干研究方向特别是方法的应用上已经达到国际领先水平。目前，我国每年发表的与计算凝聚态物理相关的科学论文数目快速增长，由20世纪90年代远少于西方发达国家，到2014年超过了美国，跃升为世界第一，其中涌现出来一批有重大国际影响的研究成果。目前，和国际先进水平相比，我们在核心计算方法上还缺乏突破，其次国内研究人员大多数采用国外的软件，我们的工作大部分停留在使用他人的方法和程序来解决问题的应用层面。

量子物理领域发展态势

蔡庆宇[1] 李朝红[2] 李 颖[3] 吕新友[4] 石 发[5]
易 俗[5] 周端陆[6]

（1.海南大学 海口 570228；2.深圳大学 深圳 518060；
3.中国工程物理研究院研究生院 北京 100193；4.华中科技大学
武汉 430074；5.中国科学院理论物理研究所 北京 100190；
6.中国科学院物理研究所 北京 100190）

导读：量子物理是研究原子和亚原子层面现象的物理学分支。自20世纪20年代建立以来，量子物理在过去的一个世纪里取得了巨大的进展：在广度上它不仅促进了原子物理、量子光学以及凝聚态物理等众多物理学学科的建立和发展，而且是量子化学和分子生物学奠基性科学理论；在深度上，作为量子理论的顶峰之一，量子规范场论已经成功地描述了强、弱、电磁三种基本相互作用；在应用上，量子理论的应用不仅催生了以激光、半导体和核能为代表的新技术革命，而且推动了晶体管、光纤技术的发明。可以毫不夸张地说，量子力学不仅是当代物理学大厦的两大支柱之一，也是当代科技创新的科学基石。特别是，自20世纪80年代以来，量子物理与信息科学结合形成了新兴的量子信息学科。该领域的研究表明，量子物理的应用不仅有望解决经典计算无法有效解决的问题，实现可证明安全的保密通信，还可以为精密测量提供新方法和新思路。

近年来，量子信息领域科学和技术发展日新月异，有望催生新一轮信息产业革命。

本文将从量子物理基础研究、量子物理应用研究以及人工量子系统等三个方面对量子物理领域的发展态势进行简要回顾。旨在帮助读者了解这一引人入胜的研究领域中的基本概念和应用。

一、量子物理基础研究

自20世纪初量子理论诞生以来，有关量子物理基础的研究从来没有停止过。从最初争辩量子理论的正确性，到后来质疑量子力学的完备性，都属于量子物理基础研究范畴。以下我们将重点介绍量子力学的诠释和量子力学非定域性方面的研究进展。

1. 量子力学的诠释

量子力学诠释主要是指人们对于量子力学理论中各种概念的解释和理解方式。由于量子理论的数学形式往往与我们对现实的直观理解相矛盾，量子力学的诠释长期以来一直是物理学家争论的焦点。在量子力学诸多诠释中，影响力较大的主要包括哥本哈根诠释、爱因斯坦-波多尔斯基-罗森（EPR）诠释、德布罗意-玻姆诠释和多世界诠释。

哥本哈根诠释认为，微观粒子的行为只能通过波函数描述，不确定性是微观世界的固有属性，而不是由于测量精度造成的。波粒二象性、不确定原理和对应原理是古典哥本哈根学派诠释的重要内容，而测量会导致波函数随机坍缩。即使是同一个物理系统，每次处于相同的状态，对其观测的结果也不尽相同，这就是波函数随机坍缩。波函数随机坍缩违背了因果律，从而导致哥本哈根诠释令人难以接受。

EPR诠释认为，世界具有定域实在性，这是一种定域隐变量理论。EPR 认为，世界应该是定域的，这是从相对论获得的经验。此外，世界应该是决定性的。微观世界的不确定性来源于信息的缺失，譬如，无法观测到的隐变量。EPR 诠释不仅维持了定域性，而且恢复了因果律，符合人们的日常经验，让人容易接受。不过，随着科学的进步，尤其是贝尔不等式实验检验的进展，定域实在性假说的正确性基本上被排除。

德布罗意-玻姆诠释是一种非定域隐变量理论，其核心是德布罗意-玻姆量子轨道方程。它在数学上和薛定谔方程是等价的，但是其物理解释完全不同。德布罗意-玻姆诠释认为世界本质是非定域的、决定性的，只要给定了粒子的初始位置和动量，其后的行为完全可以预测。而粒子的行为又受到其他体系的影响，体现出非定域性。德布罗意-玻姆诠释在许多领域都取得了成功，但需要进一步的实验检验。

多世界诠释由物理学家 Everett 在 1957 年提出。根据多世界诠释，每个量子测量结果都会导致分支，创造出一个新的分支宇宙，使得所有可能的结果都在不同的分支宇宙中实现。这个诠释认为，宇宙是无限的，且包含着无数个不同的分支宇宙。多世界诠释具有逻辑自洽性，受到了越来越多的重视。

2. 量子力学的非定域性

定域是指物理过程仅在局部区域内发生，且不能在瞬间跨越较大距离。在经典物理学中，定域是一个基本原则，即信息和相互作用不能比光速传播得更快。然而，量子力学中的纠缠使定域的概念受到挑战。纠缠描述了量子力学两个或多个量子系统之间的强相关性。当两个粒子纠缠在一起时，即使它们类空间隔，它们的属性（如自旋、位置等）仍紧密关联。这种现象被称为"非定域性"，因为纠缠粒子之间的关联似乎瞬间跨越了空间，所以违反了定域原则。

1935年爱因斯坦等基于定域实在性提出了著名的EPR悖论，以质疑量子力学的非定域性和完备性。1964年贝尔提出了贝尔不等式来检测量子力学中的定域实在性。随后，以Clauser（1972年）、Aspect（1982年）和Zeilinger（1998年）等为代表的研究人员在一系列实验中证明了量子力学中的非定域性是一个真实的现象，进一步显示了量子力学与经典物理学之间的根本区别。

总之，量子力学非定域关联的概念加深了我们对量子力学基础的理解，揭示了量子系统与经典物理系统之间的显著差异。量子纠缠等非定域性资源已经是量子信息处理超越经典信息处理的核心资源。研究人员将继续探讨它们在量子物理学的更广泛应用。

二、量子物理应用研究

随着理论研究的深入和实验技术的进步，对量子物理应用的研究逐渐从单纯利用量子体系的不连续特性，拓展到需要对量子态进行精确调控阶段。特别是通过与信息科学的结合，形成了新兴的量子信息学科，其研究方向包括量子计算、量子通信和量子精密测量等。

1. 量子计算

量子计算机是使用量子力学原理进行计算的机器。在经典计算机中，信息存储的基本单元是比特，每个比特有0和1两个状态；计算通过逻辑门进行，常用的逻辑门是单比特或两比特的二进制函数，例如非门和与非门等；逻辑门的组合可以实现复杂的计算。在量子计算机中，信息存储的基本单元是量子比特，每个量子比特是一个两态的量子系统，可以处于0和1的任意叠加态；计算通过量子门进行，常用的量子门是对单量子比特或两量子比特量子态的酉变换，例如，阿达马（Hadamard）门和受控非门等；量子门的组合可以实现多量子比特状态的复杂酉变换；最后通过对变换后的量子态进行测量读取计算结果。由于利用了量子态，量子计算机具有超出经典计算机的计算能力，能够解决一些经典计算机无法解决的问题。一个著名的例子是整数分解问题：已知最有效的经典计算机算法求解因式分解问题需要的时间随着整数长度亚指数增长，而量子算法（Shor算法）需要的时间则呈多项式增长；因此，相较于经典算法，量子算法具有指数加速。

量子计算机有许多潜在的应用。由于在求解因数分解问题上的优势，量子计算机可以用来破解RSA等一些公钥密码系统。量子计算机还可以用来求解量子多体系统问题，例如，时间演化问题和基态问题等，进而用于核物理、量子化学和凝聚态等领域的研究；相应的量子算法包括特洛特展开（Trotterisation）、量子相位估计和变分量子本征求解器等。由于量子态空间的维度随着粒子数指数增长，一般认为许多量子多系统问题无法在经典计算机上求解，因此量子计算机在这类问题上同样具有优势。量子计算机还在许多其他问题上具有优势，例如，非结构化搜索（Grover算法）和线性方程组（HHL算法）等。

实现量子计算的主要障碍是量子比特容易受到与环境的相互作用等因素的影响发生退相干，进而在计算中产生错误。量子计算中处理错误的两个主要方法分别是量子纠错和量子错误缓解。在量子纠错中，量子信息通过量子纠错码存储在量子比特中。通常来说，一个量子纠错码是一组量子比特的可观测量；当量子信息没有发生错误的时候，量子比特处于这组可观测量的特定本征态；因此，通过对可观测量的测量可以检测错误，进而纠正错误。量子纠错的效果依赖于量子比特的数量；在量子比特数量有限的条件下，量子纠错保护的量子计算仍然会发生错误，被称为逻辑错误。量子纠错码包括CSS码、表面码和色码等；一般认为表面码最有希望在实际量子计算中实现量子纠错。量子错误缓解可以在错误发生的前提下，通过对量子线路的设计和对数据的处理，降低计算过程中错误对最终计算结果的影响。量子错误缓解方法包括错误外推（零噪声外推）、随机错误消除和虚拟提纯等。与量子纠错相比，量子错误缓解不需要使用大量的量子比特用于编码；然而，如果计算过程中发生了过多的错误，量子错误缓解无法有效地恢复正确计算结果。目前，量子纠错保护的量子计算尚无法实现，量子错误缓解可以用于相对简单的量子计算；如果要实现更复杂的量子计算，需要发展量子纠错技术，利用量子纠错至少将逻辑错误率降低到量子错误缓解可以处理的水平。一般认为，实现有应用价值的肖尔（Shor）算法，量子纠错技术是必需的。

2. 量子通信

量子通信主要是指使用量子态编码信息，进行信息传递。狭义地，量子通信主要是指量子保密通信（量子密码）。由于 Shor 大数因子分解量子算法严重威胁了李维斯特-萨莫尔-阿德曼（Rivest-Shamir-Adleman，RSA）公钥密码的安全性，量子密码成为未来量子计算时代保密通信的候选之一。量子保密通信分为两步实现，首先通过专用装置分发密钥，通过后处理确保密钥安全性之后，再使用一次一密方案，进行保密通信。原理上，量子密钥分发（quantum key distribution，QKD）的安全性由物理原理所保证，是物理安全的。由于量子器件的非理想性，量子密码在实际应用中无法做到无条件安全或者绝对安全，而只能做到相对安全。

尽管 Bennett 和 Brassard 早在 1984 年就提出了第一个 QKD 协议（BB84 协议），但其无条件安全性直到 2000 年才得以证明。在 QKD 研究领域，无条件安全性实质是指准理想条件，也就是说，证明过程中采用的是准理想模型（量子比特（qubit）模型），而不考虑实际量子器件的缺陷。QKD 安全性证明实质是准确计算出从初始密钥中能够获得多少安全的密钥。由于实际量子信道存在窃听或噪声，密钥分发过程中会产生误码。一个有误码的密码本不可以直接使用，而是需要经过纠错（error correction）和私密放大（privacy amplification）环节，才能获得安全的密码本。纠错是把双方的密码本调节一致，而私密放大是把密码本中窃听者知道的部分去除掉，使密码本变得安全。安全性证明的核心任务就是在获取了实验参数后（如误码率），计算出纠错和私密放大需要进行到何种程度，才可以获得安全的密码本。一般而言，安全性证明需要给出产生最终密钥的效率，用于指导实验。

侧信道攻击是量子密码实用化的拦路虎。由于实际量子器件的非完美性，窃听者可能通过侧信道攻击（side channel attack），获取密钥，而不被通信双方发现。譬如，Shor 和 Preskill 给出的 BB84 协议无条件安全性证明使用的是 qubit 模型，这就暗含了光源是理想单光子光源的假设。实际应用中，一般使用弱相干光源，从而导致多光子脉冲的存在。一旦窃听者发现一个多光子脉冲，她会将其中一个光子保留在量子寄存器中，而将另外的光子转送给接收者。待通信双方公开测量基之后，窃听者再测量其截获的光子，准确获取编码信息，而不会引起误码。上述攻击方案被称为劈裂光子数攻击（photon-number splitting attack，PNS attack）。在这个攻击方案下，光纤 QKD 安全距离一般不会超过 20km，这严重伤害了 QKD 的实用性。为了解决 PNS 攻击的问题，科学家提出了诱骗态方案防止 PNS 攻击。针对实际系统的非完美性，科学家开发了各种侧信道攻击方案。当然，一旦知道系统可能遭受某种侧信道攻击，一般可以迅速找到解决方案，顺利打上补丁。然后，如果窃听者开发出某种侧信道攻击方案却不公开，则会对通信造成致命伤害。为了解决针对探测器的侧信道攻击问题，加拿大多伦多大学的 Hoi-Kwong Lo 等提出了 measurement-device independent（MDI）QKD 方案。MDIQKD 协议极大增强了 QKD 抵抗针对探测器的侧信道攻击。由此可见，人们既可以通过提高量子器件性能进行抵御侧信道攻击，也可以通过构建新的 QKD 协议避免侧信道攻击。

量子密码领域目前仍有一些问题亟须解决，其中一个就是身份认证问题。在 QKD 协议中，一般假设通信双方身份是可靠的。在实际应用中，如何认证双方的身份，从来都是一个难题。在传统密码术中，可以使用公钥密码进行身份认证。如果在量子密码中继续使用公钥密码进行身份认证，那么 QKD 安全性将降低到和公钥密码安全性相当的水平。

量子密码的最终目的是实用化。实用化需要克服三大障碍：安全性、密钥量和通信距离。只有密钥足够安全、通信距离足够远、产生密码本的速度足够快，量子密码才会真正被广泛应用。

3. 量子精密测量

量子精密测量利用量子系统的独特性质实现极高的准确性和灵敏度。这些测量可以应用于从探测引力波到开发超精确原子钟的广泛科学和技术领域。量子精密测量的进步得益于新颖实验技术的发展，如量子压缩和纠缠增强干涉测量，这些技术使得以前所未有的精度操纵和控制量子系统成为可能。

量子精密测量是基于量子力学的基本原理对特定物理量实施测量，并利用量子策略突破传统测量瓶颈的交叉科学。主要研究包括：如何利用量子干涉等量子原理对特定物理量进行精密测量，如何操控量子关联、量子纠缠、量子压缩等量子资源进一步提升测量精度，如何针对实际应用场景发展实用的量子传感技术。

量子干涉是实施量子精密测量的最常用手段，首先制备所需的量子叠加态，然后利用态的量子演化积累待测物理量的信息，最后通过量子干涉提取信息。实验上已经能构筑不同的量子叠加态，测量手段也从系综测量迈进单量子体系测量。利用自旋回波、动力学解耦和量子逻辑门等量子调控手段，可实现频率、磁场、电场、加速度等众多物理量的精密测量。此外，还可利用相变临界性对特定物理量实现精密测量。基于临界点附近的量子态对微小扰动的响应，可对特定物理量实现灵敏探测：一方面，通过驱动系统靠近相变临界点，测量平衡态或动力学性质可实现特定物理量的探测；另一方面，利用非厄米体系在奇异点的本征态对微小扰动的响应，也可实现特定物理量的探测。

量子精密测量的核心是如何突破传统测量方案的瓶颈，有效解决传统测量方案无法测量和无法测准的那些问题。利用自旋压缩态、双数态、自旋猫态、格林贝格-霍恩-洛克斯（Greenberger-Horne-Zeilinger，GHZ）态等量子资源，可实现超越标准量子极限，甚至达到海森伯极限的高精度测量。结合非线性探测，可实现对探测噪声具有鲁棒性的测量。此外，机器学习也逐步被引入量子精密测量，可对纠缠制备、信号积累以及信号提取等过程进行优化，从而实现高效且智能化的量子精密测量。

量子精密测量的终极目标是针对实际应用场景发展量子传感技术，更高精度地检验物理学基本定律、发现新物理，更高精度地测定物理量、发展实用量子传感器件。利用周期调制技术，可实现量子外差和量子锁相放大测量；利用量子混频技术，可拓宽频率测量域；利用量子反馈、量子纠错等技术，可实现高鲁棒性的精密测量。这些新方法已广泛用于原子钟、磁力计、重力仪、陀螺仪、引力波探测、暗物质探测等，必将推动下一代传感技术的发展。

三、人工量子系统

量子计算、量子通信和量子精密测量等方向的研究依赖于良好的实验平台。它们应具有良好量子相干性、精确可控性、可扩展性以及易于读出等特征。这里我们重点介绍几类典型的人工量子体系，包括超冷原子/分子气体、腔光力与腔量子电动力学、囚禁离子和里德伯原子等。目前，这些系统在量子信息科学的研究中占据了重要的地位。

1. 超冷原子/分子气体

超冷原子气体是通过激光冷却和蒸发冷却实现的原子的德布罗意波长与原子间平均距离可比拟的宏观量子气体。20世纪90年代，玻色-爱因斯坦凝聚体和简并费米气体在稀薄中性原子气体中的实现标志着超冷原子物理学科的建立。和其他宏观量子体系相比，超冷原子气体除了有良好的量子相干性外，还具有体系纯净、高度可控以及探测手段灵活多样等特点，为模拟凝聚态物理、高能粒子物理以及天体物理中的新奇量子现象提供了理想研究平台。基于超冷原子的物质波干涉仪和高精度原子钟还可用于寻找基本粒子和检验基本物理规律，是重要的量子传感与精密测量工具。另外，超冷原子体系在相干时间、可扩展性以及量子比特的连通性等指标上的优势也使其成为研究量子计算和量子信息处理的重要平台。与原子相比，分子气体的冷却面临更大的挑战。虽然相关研究从20世纪90年代就已经开始了，但是直到最近研究人员才在少数几种异核碱金属双原子分子气体中实现了量子简并。超冷分子气体除了在量子模拟、量子计算以及量子精密测量等方面具有广阔的应用前景以外，还可以用来研究化学反应中的量子效应和基于强偶极相互作用的新奇量子物态与量子相变等。

2. 腔光力与腔量子电动力学

旨在全量子框架下研究光子、原子、声子之间非线性相互作用及其应用。相关研究不仅对于展示宏观量子效应、探索经典与量子边界等量子力学基本问题有着重要的基础研究价值，而且可以为量子传感、量子计算以及新型量子器件的研发提供关键资源。其中，基于腔量子电动力学系统的单原子/光子相干操控已经在检验态叠加原理、量子纠缠、测量假设以及退相干等基本量子效应方面发挥了重要作用。鉴于光频测量的超高精度和机械振子在感应质量变化、弱力、弱磁场等方面的先天优势，腔光力系统也为量子精密测量的执行提供了新的平台。此外，随着微纳加工技术的发展，基于约瑟夫森效应的超导量子电路系统在实现量子比特-场强耦合甚至超强耦合、调控灵活性和可集成/扩展性方面展示出独特的优势。因此，超导量子电动力学系统成为探索临界物理以及实现可集成量子技术/器件的重要平台。一方面，超强耦合机制下的电路量子电动力学系统为探索基态量子相变以及实现超快量子信息处理提供了新途径。另一方面，耦合的电路量子电动力学系统为实现多体量子模拟和量子网络的构建提供了重要的基础。相关未来的研究方向可能包括：超强耦合机制下，大尺度耦合腔量子系统中的量子信息处理、量子精密测量、量子模拟以及新型量子器件研发等。

3. 囚禁离子

中性原子失去外层电子可以形成带电的离子，通过施加外电场可以将离子囚禁。利用外加激光场可以有效地操控离子的内态和离子围绕平衡位置的振动状态。由于囚禁离子易于操控且损耗很低，它不仅是实现数字量子计算的理想平台，而且成为一个重要的量子模拟器。现今被广泛应用的离子阱包括微（micro）阱、保罗（Paul）阱和彭宁（Penning）阱等，利用这些成熟的技术可以实现对低维多体系统的量子计算和量子模拟。这包括利用激光场耦合离子振动自由度和内部状态实现对凝聚态系统中电声子强相互作用的模拟、实现声子的非平凡拓扑和超流相，以及利用离子内态模拟自旋自由度和费米子实现对磁性材料和一维格点规范场的数字量子计算等。

4. 里德伯原子

当原子的核外电子处于高里德伯激发态时，原子之间存在着强的偶极相互作用。里德伯原子在量子信息处理、量子模拟、量子计算和精密测量方面都扮演着重要的角色。里德伯原子间的长程相互作用可用于制备具有奇特量子统计的多光子态，这可以用于单光子和多光子源、决定性地制备纠缠光子对等。随着光镊技术的发展，里德伯原子阵列得以实现。通过外加光场可以在里德伯原子阵列中制备丰富的强关联多体态。这不仅可以用来实现对磁性材料等凝聚态系统中多体物理的量子计算和模拟，还可以探索其中新颖的多体动力学行为，如量子疤痕等。里德伯原子还可以用于对电场的精密测量。

附录 1
国家自然科学基金"理论物理专款"大事记（1993~2023 年）

- 1993 年 2 月 11 日，基金委委务会认为"理论物理是重要的基础研究，科学基金是其研究经费的重要来源，我国理论物理学科队伍强，工作也不错，又有获得诺贝尔奖的华裔科学家的关心支持，加强支持是必要的，同意自一九九三年始（暂定三年）增拨 100 万元'专款'。同时建立理论物理学术领导小组，以加强对这项专款的管理。"
- 1995 年，"理论物理专款"的计划经费增加为 140 万元/年。
- 1996 年 8 月 21 日至 25 日，召开了"第一届全国理论物理学在国民经济中的作用研讨会"。针对国民经济和国家安全所提出的重要问题，从理论物理的角度做软科学的研究，对技术路线的战略性决策以及技术途径的可行性提供理论依据。
- 1999 年，"理论物理专款"的计划经费增加为 200 万元/年。
- 1999 年，设立"理论物理前沿专题"系列讲习班（暑期学校），并得到教育部的支持，教育部给承办学校发文，承认学员的学分。举办这一类研究生暑期学校对于提高我国物理学基础的教学水平和科研水平,加强各高校研究生课程的建设,提高研究生培养质量,加快基础学科人才的成长是卓有成效的。

● 2001年,设立东西部合作项目,其目的是支持西部学者或研究组(内蒙古、陕西、宁夏、甘肃、青海、新疆、西藏、贵州、云南、重庆、四川、广西这12个西部地区的非国务院各部委、中国科学院和人民解放军所属单位的科研人员),通过与东部教授合作,完成项目研究任务。

● 2001年,设立"理论物理前沿课题高级研讨班"(简称高级研讨班)。高级研讨班将学术研讨与课题研究结合起来,即以研讨班的形式,做深入的课题研究,为正在从事该课题研究或准备进行该领域课题研究的部分人员提供学术交流和开展合作研究的机会。

● 2003年,"理论物理专款"的计划经费增加为300万元/年。

● 2003年,设立"博士研究人员启动项目",其目的是通过资助近3年期限内获得博士学位并正在从事理论物理研究而又没有科研经费的年轻研究人员,为刚毕业的理论物理博士研究人员解决研究经费的困难,促使他们坚定研究方向、安心从事理论物理研究、积极参加学术交流活动。

● 2004年,设立"西部讲学"活动,其目的是充分发挥"东西部合作项目"对西部地区理论物理研究的推动作用,进一步促进西部地区理论物理研究人才的培养,加快理论物理科研和教学水平的提高。

● 2004年6月1日,"理论物理专款"设立10周年纪念大会在中国科学院理论物理研究所召开。开幕式上,基金委副主任沈文庆院士讲话,周光召院士做关于科学与创新的主题报告,夏建白院士做理论物理专款10年总结报告。葛墨林院士、赵维勤研究员、马余强教授、段文山教授、史华林研究员、陶瑞宝院士作为资助项目典型代表,分别报告项目执行情况。

● 2005年,设立"彭桓武理论物理论坛"。彭桓武先生是"两弹一星"功勋，为我国原子弹、氢弹的研制做出了杰出的贡献。该论坛是中国理论物理学界学习彭桓武先生学术思想和科学精神、缅怀彭桓武先生（彭先生逝世后）的重要学术活动。论坛邀请学术界资深专家根据理论物理发展的前沿和最新研究结果，做相关学术报告，进一步加强理论物理内部各领域之间的学术合作与学术交流，加强理论物理和数学、生物、化学、地学、天文以及应用学科的交叉融合。每一届的论坛召开地点由学术领导小组集体决定，基本原则是挑选有理论物理基础的大学或研究所，希望通过该论坛活动，吸引更多的年轻人员加入到理论物理的研究队伍中来，促进我国理论物理的发展。

● 2005年6月4日，第一届彭桓武理论物理论坛在中国科学院理论物理研究所举办，彭桓武先生亲临论坛，戴元本院士、郝柏林院士、贺贤土院士、于渌院士应邀做学术报告。

● 2006年10月15日，第二届彭桓武理论物理论坛在中国科学院理论物理研究所举办，何祚庥院士、张宗烨院士、朱少平研究员、孙昌璞研究员应邀做学术报告。

● 2007年11月11日，第三届彭桓武理论物理论坛在中国科学技术大学举办，闵乃本院士、杨炳麟教授、侯建国院士、孙昌璞研究员应邀做学术报告。

● 2008年10月18日，第四届彭桓武理论物理论坛在南京大学举办，龚昌德院士、郝柏林院士、邹冰松研究员应邀做学术报告。

● 2009年，"理论物理专款"的计划经费增加为800万元/年。

● 2009年，为了扩大资助面，"东西部合作项目"升级为"合作研修项目"，其目的是支持全国范围理论物理研究条件较差的学者或研究组，通过与国内理论物理研究相对实力强的学者合作研修，提高科研能力和水平，促进理论物理薄弱地区的科研人才的培养，同时希望通过科研促进当地教师教学水平的提高。

● 2009年，高级研讨班改为研究型高级研讨班，要求主题鲜明、规模小，突出"高、研、讨"相结合的特点，强调内容前沿、专一、深入，能就某一问题深入钻研，并开展热烈的讨论乃至争论。资助年限3年，并可延续资助2年。

- 2009年起，实施"高校理论物理学科发展与交流平台项目"，分批分层次开展资助工作。目的是稳定高校理论物理学科队伍，通过扶持研究条件相对较弱的高校与国内外理论物理研究水平高的单位和学者的交流，促进高校理论物理发展。

- 2009年10月16日，第五届彭桓武理论物理论坛在浙江大学举办，潘建伟研究员、邢定钰院士、欧阳顾教授、吴岳良院士应邀做学术报告。

- 2010年"理论物理专款"的计划经费增加为1000万元/年。

- 2010年10月17日，第六届彭桓武理论物理论坛在山东大学举办，王恩哥院士、黄涛研究员、方忠研究员、梁作堂教授应邀做学术报告。

- 2011年，"理论物理专款"的计划经费增加为1500万元/年。

- 2011年10月22日，第七届彭桓武理论物理论坛在四川大学举办，徐至展院士、贺贤土院士、薛其坤院士、陆埮院士、王顺金教授应邀做学术报告。

- 2012年10月20日，第八届彭桓武理论物理论坛在南开大学举办，葛墨林院士、邢志忠研究员、向涛研究员、卢建新教授应邀做学术报告。

- 2013年，"理论物理专款"设立20周年纪念大会在北京召开。

- 2013年10月20日，第九届彭桓武理论物理论坛在清华大学举办。薛其坤院士、方忠研究员、吴岳良院士应邀做学术报告。

- 2014年，"理论物理专款"的计划经费增加为2500万元/年。

- 2014年10月18日，第十届彭桓武理论物理论坛在湖南师范大学举办。赵政国院士、张卫平教授、蔡荣根院士、匡乐满教授应邀做学术报告。

- 2015年5月16日，第十一届彭桓武理论物理论坛在兰州大学举办。詹文龙院士、常凯研究员、任中洲教授应邀做学术报告。
- 2016年5月16日，第十二届彭桓武理论物理论坛在中国工程物理研究院举办。孙承纬院士、刘杰研究员、谢心澄院士应邀做学术报告。
- 2016年，设立理论物理创新研究中心，目的是以构建交流平台、促进合作与研究为主旨，支持高端和前沿问题的理论物理研究与论坛，以前沿性、交叉性和创新性为目标，通过多种形式的学术交流研讨活动，凝聚研究队伍，聚焦科学问题，培养青年学术骨干，动员全国优秀的理论物理研究力量，集中攻关，做出协同性的创新成果，推动理论物理学科发展。
- 2017年5月19日，第十三届彭桓武理论物理论坛在厦门大学举办。韩家淮院士、汤超教授、欧阳钟灿院士应邀做学术报告。
- 2018年，"理论物理专款"的计划经费增加为3500万元/年。
- 2018年，设立理论物理博士后项目，目的是为了鼓励从事理论物理研究的入站博士后在国内开展创新研究工作，培养理论物理学科领域的优秀青年人才。
- 2019年5月17日，第十五届彭桓武理论物理论坛在东北师范大学举办。刘益春教授、高原宁教授、马琰铭教授应邀做学术报告。
- 2020年，"理论物理专款"的计划经费增加为4500万元/年。
- 2020年10月29日上午，第十六届彭桓武理论物理论坛在重庆大学举办。张维岩院士、张新民研究员、尤力教授应邀做学术报告。
- 2020年10月29日下午，第一届彭桓武理论物理青年科学家论坛在重庆大学举办。王垡教授、吴兴刚教授、蔡庆宇研究员和何颂研究员应邀做学术报告。
- 2021年5月10日，第十七届彭桓武理论物理论坛在西北大学举行。郭光灿院士、胡江平研究员和杨文力教授应邀做学术报告。

- 2021年5月11日，第二届彭桓武理论物理青年科学家论坛在西北大学举行。李颖研究员、张潘研究员、郭奉坤研究员和邵立晶教授应邀做学术报告。

- 2022年，"理论物理专款"的计划经费增加为6000万元/年。

- 2022年，设立理论物理重点专项，目的是充分发挥学术领导小组顶层设计的作用，探索资助具有理论物理特色的前沿研究项目，以学科的重要科学问题为导向，理论物理思想为指导，推动物理及其交叉学科的发展。

- 2023年5月10日，第十八届彭桓武理论物理论坛在云南大学呈贡校区举行。孙昌璞院士、韩占文院士和郑波教授应邀做学术报告。

- 2023年5月11日，第三届彭桓武理论物理青年科学家论坛在云南大学呈贡校区举行。方辰研究员、许志芳教授、马滟青研究员和耿立升教授应邀做学术报告。

- 2023年7月12日至25日，第一届物理学拔尖学生基础理论菁英暑期学校在南开大学举行，内容包含物理学基础理论的深入学习、前沿报告、师生交流、教育教学论坛等活动，来自全国近百名物理学拔尖学生培养基地的师生代表参加。高原宁院士做邀请报告，二十余位专家学者为学生授课。

附录2
"理论物理专款"历届学术领导小组成员名单

1. 第一届理论物理专款学术领导小组（1993年2月11日～1996年5月）

  组　　长：彭桓武
  副组长：于敏、何祚庥
  成　　员：胡济民、苏肇冰、夏建白、黄涛、陶瑞宝、闫沐霖、
      陈润生、孙昌璞

2. 第二届理论物理专款学术领导小组（1996年6月～1999年3月）

  组　　长：何祚庥
  副组长：苏肇冰、夏建白
  成　　员：于敏、黄涛、陶瑞宝、陈润生、孙昌璞、邱孝明、
      曾谨言、邢定钰、丁鄂江

3. 第三届理论物理专款学术领导小组（1999年4月～2002年5月）

  组　　长：苏肇冰

  副组长：夏建白、黄涛

  成　　员：陶瑞宝、陈润生、孙昌璞、邢定钰、胡岗、吴岳良、
      陈永寿、李定、张维岩、熊传胜、欧阳钟灿（增补）

4. 第四届理论物理专款学术领导小组（2002年6月～2008年5月）

  组　　长：欧阳钟灿

  副组长：夏建白、黄涛

  成　　员：陶瑞宝、陈润生、孙昌璞、邢定钰、胡岗、吴岳良、
      陈永寿、李定、朱少平、刘玉鑫、岳瑞宏、段文晖

5. 第五届理论物理专款学术领导小组（2008年6月～2014年5月）

  组　　长：欧阳钟灿

  副组长：陶瑞宝、陈润生

  成　　员：邢定钰、吴岳良、孙昌璞、李定、朱少平、冯世平、
      邹冰松、方忠、朱世琳、庄鹏飞、罗民兴、卢建新、
      梁作堂、李学潜

  顾　　问：黄涛、赵光达、夏建白

6. 第六届理论物理专款学术领导小组（2014 年 6 月～2017 年 5 月）

组　　长：欧阳钟灿

副组长：孙昌璞、李树深

成　　员：谢心澄、郑杭、王玉鹏、吴岳良、罗民兴、邢志忠、卢建新、庄鹏飞、任中洲、梁作堂、刘杰、张卫平、楼森岳、蔡荣根

顾　　问：陶瑞宝、陈润生、黄涛、赵光达、夏建白

7. 第七届理论物理专款学术领导小组（2017 年 6 月～2022 年 5 月）

组　　长：孙昌璞

副组长：向涛、罗民兴、邹冰松

成　　员：王炜、王建国、尤力、卢建新、许甫荣、常凯、马余刚、蔡荣根（增补）

顾　　问：欧阳钟灿、李树深

秘　　书：赵强、易俗

8. 第八届理论物理专款学术领导小组（2022 年 6 月～）

组　　长：向涛

副组长：蔡荣根

成　　员：马余刚、许甫荣、王恩科、刘玉斌、赵强、常凯、苏刚、王建国、尤力、王炜、王雪华